高等职业教育"十三五"创新示范教材

GAODENG SHUXUE

高等数学

主　编　陈蕾蕾　邱　慧

参　编　周　理　刘鸿雁　李美容

高等教育出版社·北京

内容提要

本书是"十三五"创新示范教材,是以教育部制定的《高职高专教育高等数学课程教学基本要求》为依据,本着"以应用为目的,以必须够用为原则"的指导思想,结合高职院校生源的多样性和差异性,同时考虑高等职业教育对人才培养的要求编写而成的.

本书共分为 10 章,内容包括初等数学、极限与连续、导数与微分、导数的应用、不定积分、定积分、常微分方程、多元函数微分学、多元函数积分学和级数. 本书语言简练、淡化理论、突出实用,并配备了丰富的教学资源. 其中,部分资源可以通过扫描二维码获取. 教师可以通过封底的联系方式获取更多资源.

本书可作为高等职业院校工科类、经管类专业高等数学课程教材,也可作为"专升本"及学历文凭考试的教材或参考书.

图书在版编目(CIP)数据

高等数学 / 陈蕾蕾,邱慧主编. —北京:高等教育出版社,2018.7

ISBN 978-7-04-049928-5

Ⅰ.①高… Ⅱ.①陈… ②邱… Ⅲ.①高等数学 – 高等职业教育 – 教材 Ⅳ.①013

中国版本图书馆 CIP 数据核字(2018)第 127463 号

| 策划编辑 | 王 威 | **责任编辑** | 张忞琳 陆鞢良 | **封面设计** | 张文豪 | **责任印制** | 高忠富 |

出版发行	高等教育出版社	网　址　http://www.hep.edu.cn
社　　址	北京市西城区德外大街 4 号	http://www.hep.com.cn
邮政编码	100120	http://www.hep.com.cn/shanghai
印　　刷	上海华教印务有限公司	网上订购　http://www.hepmall.com.cn
开　　本	787mm×1092mm　1/16	http://www.hepmall.com
印　　张	14.5	http://www.hepmall.cn
字　　数	305 千字	版　次　2018 年 7 月第 1 版
购书热线	010-58581118	印　次　2018 年 7 月第 1 次印刷
咨询电话	400-810-0598	定　价　30.00 元

出 版 说 明

当今，新一轮科技革命和产业升级，对现有的产业结构、生产方式和生活方式产生了深远的影响，也对高等职业教育提出了更高的要求和新的挑战。"十三五"时期是我国高等职业教育现代化建设的关键时期，加快发展现代高等职业教育已成为我国教育发展的重要战略。深化教学改革，提高教学质量，培养社会迫切需要的发展型、复合型和创新型的技术技能人才，促进高等职业教育健康持续发展，是高等职业教育工作者的历史使命。

课程和教材是高等职业教育教学改革的关键与核心，其开发和建设也伴随着我国经济发展进入了新的阶段。"十三五"期间，高等教育出版社组织来自全国高等职业院校的骨干教师、行业企业的教育培训专家和从事高等职业教育教学研究的专家，申报、立项了一批中国职业技术教育学会教学工作委员会、教材工作委员会有关高等职业教育课程改革和教材建设的研究课题。这些课题研究成果体现了高等职业教育教学改革的新思想、新观念，有力地促进了高等职业教育教学改革的发展。在此基础上，高等教育出版社上海出版事业部组织编写、修订并出版了一批反映当前高等职业教育教学改革研究与实践成果的创新示范教材。教材的编写着重在以下几个方面进行了创新尝试。

精炼编写内容

教材内容紧扣立德树人的核心要求，把培养学生的职业道德、职业素养和创新创业能力融入教学内容和教学活动设计中，力图通过全局设计、过程贯通、细节安排提升职业教育课程教学的内涵，培养德智体美全面发展的社会主义事业接班人。

技术的快速发展、经济转型升级使职业教育的专业结构调整、课程内容更新更为常态化，编写满足培养行业、企业人才需要的职业教育新教材，也是本系列教材在创新示范方面的突出特色。

系列教材对部分重点课程还采用了"一纲多本"的编写形式，即同一课程编写多种版本，较好地解决了"通用性"和"个性化"的矛盾。教材内容编写遵守共同基础与多样选择相统一的原则，构建更加开放、更具弹性的课程教材体系，为教师选择和使用教材提供空间，以适应"分层教学"和"专业需求多元化"的现实。

丰富内容组织

高等职业教育课程内容的多样化特征决定了教材多样化的特点。本系列教材不拘于统一的内容组织形式，以满足课程教学需要、有助于职业人才的培养为核心，切实服务于任务引领、项目驱动等多种形式的职业教育课程改革。

本系列教材在内容组织和编写体例方面,根据课程性质、教材内容特点和教学的实际需要进行了多样化的尝试,避免了"章节体"一统天下的局面。教材在结构编排上,在每部分内容的开始有导学,构建学习情景,提出本部分内容的学习目标,在结束时用小结方式强调重点,最后用习题等形式帮助学生自我检查评价。在呈现形式上,体例新颖活泼、直观,用大量的插图表达,双色、彩色印刷使"重点""难点"醒目、鲜明。着重在"便教"与"利学"上努力创新,强化教材的使用功能。

服务教学设计

教学设计是教师以教育教学原理为依据,为了达到教学目标,根据学生认知特点,对教学过程、教学内容、教学组织形式、教学方法和使用的教学手段进行的策划。教学资源在服务教学设计中具有举足轻重的作用。应用现代教育技术的数字化教学资源,具有丰富的表现力,可以突破教学重点和难点;交互性强,可以充分发挥学生的主体作用;信息量大,更新方便,大大提高学习效率;可碎片化,易于二次开发,方便综合化利用和共享。本系列教材依托高等教育出版社已建设成熟的 MOOC、SPOC 平台,数字出版技术,以及二维码资源平台,统筹规划教学资源建设,为课程教学设计和创新教学方法提供有力的支撑。

教师是教学改革的主体。教学改革与教材建设只有得到教师的支持与参与,才有成功的可能。在教材和配套教学资源建设的同时,我们陆续组织了各种形式的教师培训、教学研讨活动,以帮助教师确立现代职业教育理念,促进教学质量与效率的提高,实现教学改革与教材建设的同步发展。

本系列创新示范教材的出版及其配套工作是一项持续进行、不断完善的工程,我们殷切希望能够得到广大教师的支持和积极参与,共同创新、示范,分享高等职业教育教学改革的成果与经验,为我国高等职业教育的发展做出应有的贡献。

高等教育出版社

2017 年 6 月

前　言

　　本书是"十三五"创新示范教材,是根据当前高等职业院校招生改革,考虑到高等职业院校生源愈加多样化(包括高中毕业生、职高生、技校生和中专生),学生的层次和学习能力有所不同,同时考虑到高等职业教育中高等数学课程对人才培养的要求编写而成的.

　　本书编写是以教育部制定的《高职高专教育高等数学课程教学基本要求》为依据,本着"以应用为目的,以必须够用为原则"的指导思想,并结合了高等职业院校生源的多样性和差异性,特别注重高等数学与初等数学的衔接.本书以初等数学知识作为开篇,简明扼要地将高等数学常用的一些初等数学知识和方法进行回顾和整理,目的是为不同层次和起点的学生学习高等数学打下良好的基础.

　　本书语言简练、淡化理论、突出实用,在内容的选择上略去了一些传统高等数学教材中较为复杂的定理、公式等的推导和证明,但对必要的基本理论、基本方法和基本技能阐释尽可能详细具体、深入浅出.本书注重数学思维的培养和方法的应用,讲练结合,对重要知识点的表述力求简明扼要,尽可能从学生熟悉且易于理解或感兴趣的问题入手,使理论知识的学习更加易于理解和掌握.本书针对学生认知水平和学习要求的差异性,对内容进行了分层处理.同时,为了培养学生应用数学知识解决实际问题的意识和能力,在部分章节中结合生活实例、专业实例安排了"应用拓展"的内容,促使学生感受到数学知识的趣味性和实用性,提高学生的学习兴趣.

　　本书包括初等数学、极限与连续、导数与微分、导数的应用、不定积分、定积分、常微分方程、多元函数微分学、多元函数积分学和级数共十章内容.本书可作为高等职业院校工科类、经管类等专业高等数学课程教材,也可作为"专升本"及学历文凭考试的教材或参考书.

　　本书由四川邮电职业技术学院陈蕾蕾、邱慧任主编,周理、刘鸿雁、李美容参与了本书的编写.

　　本书在编写过程中,得到了编者所在单位领导的大力支持,同时也得到了教研室同行的帮助,在此深表谢意.

　　由于编者的水平有限,书中有不当之处在所难免,恳请同仁和读者的批评指正.

编　者

2018 年 1 月

目　　录

第 1 章　初等数学 ·· (001)

1.1　集合 ··· (001)

1.2　函数 ··· (006)

1.3　初等函数 ··· (014)

1.4　基本运算法则及公式 ··· (023)

1.5　平面解析几何 ··· (026)

习题一 ·· (030)

第 2 章　极限与连续 ·· (032)

2.1　极限的概念 ··· (032)

2.2　极限的运算 ··· (041)

2.3　两个重要极限 ··· (045)

2.4　函数的连续性 ··· (050)

习题二 ·· (056)

第 3 章　导数与微分 ·· (059)

3.1　导数的概念 ··· (059)

3.2　导数的基本公式和求导法则 ··································· (066)

3.3　复合函数与隐函数的求导 ····································· (069)

3.4　高阶导数 ··· (078)

3.5　微分 ··· (081)

习题三 ·· (086)

第 4 章　导数的应用 ·· (089)

4.1　拉格朗日中值定理及函数的单调性 ····························· (089)

4.2　函数的极值与最值 ··· (093)

*4.3　函数的凹凸性与函数作图 ····································· (097)

4.4　洛必达法则 ··· (101)

习题四 ·· (104)

第 5 章 　不定积分 ……………………………………………………………… (106)

　5.1　不定积分的概念及性质 ………………………………………………… (106)

　5.2　不定积分的计算 ………………………………………………………… (112)

　　习题五 ……………………………………………………………………… (122)

第 6 章 　定积分 ………………………………………………………………… (124)

　6.1　定积分的概念及性质 …………………………………………………… (124)

　6.2　微积分基本公式 ………………………………………………………… (130)

　6.3　定积分的计算 …………………………………………………………… (133)

　6.4　定积分的应用 …………………………………………………………… (139)

　　习题六 ……………………………………………………………………… (148)

第 7 章 　常微分方程 …………………………………………………………… (151)

　7.1　常微分方程的基本概念 ………………………………………………… (151)

　7.2　可分离变量的微分方程 ………………………………………………… (153)

　7.3　一阶线性微分方程 ……………………………………………………… (156)

　*7.4　可降阶的高阶微分方程 ………………………………………………… (160)

　　习题七 ……………………………………………………………………… (163)

第 8 章 　多元函数微分学 ……………………………………………………… (165)

　8.1　空间直角坐标系及曲面方程 …………………………………………… (165)

　8.2　多元函数的概念 ………………………………………………………… (169)

　8.3　偏导数 …………………………………………………………………… (173)

　8.4　全微分 …………………………………………………………………… (179)

　8.5　多元复合函数与隐函数微分法 ………………………………………… (182)

　8.6　多元函数的极值 ………………………………………………………… (185)

　　习题八 ……………………………………………………………………… (191)

第 9 章 　多元函数积分学 ……………………………………………………… (193)

　9.1　二重积分的概念及其性质 ……………………………………………… (193)

　9.2　二重积分的计算 ………………………………………………………… (197)

　　习题九 ……………………………………………………………………… (201)

第 10 章 　级数 …………………………………………………………………… (203)

　10.1　数项级数 ……………………………………………………………… (203)

　10.2　幂级数 ………………………………………………………………… (209)

　10.3　傅里叶级数 …………………………………………………………… (216)

　　习题十 ……………………………………………………………………… (220)

参考文献 ………………………………………………………………………… (222)

第 1 章
初等数学

初等数学的知识是高等数学的基础,高等数学是初等数学的延续和深入.良好的基础有利于学习的顺利进行.本章的内容主要是帮助学习起点不同、层次不同的同学们学习、回顾和整理在高等数学中需要用到的初等数学的重要知识,从而起到承上启下的作用,使同学们更快地由初等数学的学习阶段顺利过渡到高等数学的学习阶段.

1.1 集合

1.1.1 集合的定义

定义 1.1.1 一般地,我们把研究的对象统称为元素,把具有某种特定性质的元素组成的总体称为集合(简称集).给定的集合,它的元素必须是确定的、互不相同的.

只要构成两个集合的元素是一样的,就可以称这两个集合是相等的.

通常用大写拉丁字母 A,B,C,$\cdots$ 表示集合;用小写拉丁字母 a,b,c,$\cdots$ 表示集合中的元素.如果 a 是集合 A 的元素,就说"a 属于集合 A",记作"$a \in A$";如果 a 不是集合 A 的元素,就说"a 不属于集合 A",记作"$a \notin A$".比如:将"不大于 7 的正整数"记为集合 A,则 $3 \in A$,而 $12 \notin A$.

由数组成的集合称为数集,数学中常用的数集如下.

由全体非负整数组成的集合称为非负整数集(或自然数集),记作 **N**.

由所有正整数组成的集合称为正整数集,记作 $\mathbf{N}^*$ 或 $\mathbf{N}_+$.

由全体整数组成的集合称为整数集,记作 **Z**.

由全体有理数组成的集合称为有理数集,记作 **Q**.

由全体实数组成的集合称为实数集,记作 **R**.

不含任何元素的集合叫作空集,记作 $\varnothing$.

1.1.2 集合的表示

1. 列举法

把集合的元素一一列举出来,并用大括号"{ }"表示集合的方法

称为列举法. 如由不大于 7 的正整数构成的集合可以表示为

$$\{1, 2, 3, 4, 5, 6, 7\}.$$

注意：两个相等的集合是指两个集合中的元素完全相同，而与列举的顺序无关，所以 $\{7, 6, 5, 4, 3, 2, 1\}$ 仍然是表示由不大于 7 的正整数构成的集合.

2. 描述法

用集合所有元素的共同特性来表示集合的方法称为描述法. 如 $\{x \mid x$ 是直角三角形$\}$，由平面上第一象限所有点构成的集合可表示为 $\{(x, y) \mid x > 0, y > 0\}$，不大于 7 的正整数构成的集合可表示为 $\{x \in \mathbf{N}^* \mid x \leqslant 7\}$.

1.1.3 用区间表示的集合

微视频：区间

区间是指数轴上介于两点（含无穷远点）之间的线段或直线上实数的全体构成的集合，通常有如下的几种形式：

1. 闭区间

典型的闭区间 $[a, b] = \{x \mid a \leqslant x \leqslant b\}$（其中 $a < b$），如图 1-1-1 所示.

图 1-1-1   图 1-1-2

2. 开区间

典型的开区间 $(a, b) = \{x \mid a < x < b\}$（其中 $a < b$），如图 1-1-2 所示.

比如 $(-\infty, +\infty)$ 表示实数集，$(a, +\infty)$ 表示由全体大于 a 的实数构成的集合，$(-\infty, b)$ 表示由全体小于 b 的实数构成的集合.

3. 半开半闭区间

典型的半开半闭区间 $(a, b] = \{x \mid a < x \leqslant b\}$ 或 $[a, b) = \{x \mid a \leqslant x < b\}$（其中 $a < b$），比如，$[a, +\infty)$ 表示由全体不小于 a 的实数构成的集合，如图 1-1-3 所示.

图 1-1-3   图 1-1-4

$(-\infty, b]$ 表示由全体不大于 b 的实数构成的集合，如图 1-1-4 所示.

4. 邻域

设 a 与 δ 是两个实数,且 $\delta > 0$,区间 $(a-\delta, a+\delta)$(也可用 $\{x \mid |x-a| < \delta\}$ 表示)称为点 a 的 δ 邻域,记作"$U(a, \delta)$",如图 1-1-5 所示.

微视频:邻域

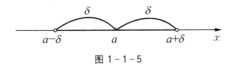

图 1-1-5

由图 1-1-5 可见,点 a 是这个邻域的中心,δ 是这个邻域的半径.点 a 的去心 δ 邻域记作"$\mathring{U}(a, \delta)$",即

$\mathring{U}(a, \delta) = (a-\delta, a) \bigcup (a, a+\delta)$(也可用 $\{x \mid 0 < |x-a| < \delta\}$ 表示).

1.1.4 集合的基本关系及运算

1. 集合的基本关系

一般地,若集合 A 的任意一个元素都属于集合 B,那么可以说集合 A 与集合 B 有包含关系,称集合 A 是集合 B 的子集,记作"$A \subseteq B$",读作"A 包含于 B"或者"B 包含 A",即

$$\{x \mid \forall x \in A \Rightarrow x \in B\},$$

如图 1-1-6 所示.

比如 $\mathbf{N} \subseteq \mathbf{Z} \subseteq \mathbf{Q} \subseteq \mathbf{R}$.

如果集合 $A \subseteq B$ 且 $B \subseteq A$,则此时集合 A 与集合 B 中的元素是一样的,因此集合 A 与集合 B 相等,记作"$A = B$".

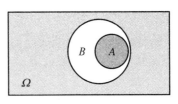

图 1-1-6

2. 集合的运算

(1)交集

由集合 A 与集合 B 的所有公共元素构成的集合称为两个集合的交集,记作"$A \bigcap B$",读作"A 交 B",即

$$A \bigcap B = \{x \mid x \in A \text{ 且 } x \in B\},$$

如图 1-1-7 所示.

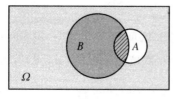

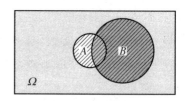

图 1 - 1 - 7   图 1 - 1 - 8

一般地，$A \bigcap A = A$，$A \bigcap \varnothing = \varnothing$.

（2）并集

由所有属于集合 A 或集合 B 的元素构成的集合称为两个集合的并集，记作"$A \bigcup B$"，读作"A 并 B"，即

$$A \bigcup B = \{x \mid x \in A \text{ 或 } x \in B\},$$

如图 1 - 1 - 8 所示.

一般地，$A \bigcup A = A$，$A \bigcup \varnothing = A$.

（3）补集

一般地，如果一个集合含有我们所研究问题中涉及的所有元素，那么就称这个集合为全集，通常记作"Ω".

对于一个集合 A，由全集 Ω 中不属于集合 A 的所有元素构成的集合称为集合 A 相对于全集 Ω 的补集，简称为集合 A 的补集，记作"$\complement_\Omega A$"，即

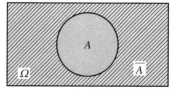

图 1 - 1 - 9

$$\complement_\Omega A = \{x \mid x \in \Omega \text{ 且 } x \notin A\},$$

如图 1 - 1 - 9 所示.

例 1.1.1 已知集合 $A = \{2, 4, 6, 8, 10\}$，集合 $B = \{3, 5, 8, 9\}$，求 $A \bigcap B$ 及 $A \bigcup B$.

解 $A \bigcap B = \{2, 4, 6, 8, 10\} \bigcap \{3, 5, 8, 9\} = \{8\}$.

$A \bigcup B = \{2, 4, 6, 8, 10\} \bigcup \{3, 5, 8, 9\} = \{2, 3, 4, 5, 6, 8, 9, 10\}$.

例 1.1.2 已知集合 $A = [-1, 3)$，集合 $B = (-3, 2]$，求 $A \bigcap B$ 及 $A \bigcup B$.

解 $A \bigcap B = [-1, 3) \bigcap (-3, 2] = [-1, 2]$.

$A \bigcup B = [-1, 3) \bigcup (-3, 2] = (-3, 3)$.

1.1.5 应用拓展

集合的思想可以帮助人们解决日常生活中的一些统计问题，比如

有一个关于数学的脑筋急转弯：

两对父子一起到餐厅用餐，服务员却只给了他们三副餐具，为什么？其实，"两对父子"只有儿子、爸爸和爷爷三个人，重复了爸爸这个人，因此只需要三副餐具. 这个脑筋急转弯体现出集合思想在生活中的应用.

例 1.1.3　某班有学生 50 人，每人至少懂得一种外语（英语或日语），其中懂得英语的有 40 人，懂得日语的 20 人，问同时懂得英语和日语两种语言的有多少人？

解　设 $A=\{$班上懂得英语的学生$\}$，$B=\{$班上懂得日语的学生$\}$，$A\bigcup B=\{$班上的学生$\}$，$A\bigcap B=\{$班上既懂得英语又懂得日语的学生$\}$.

$$n(A\bigcap B)=n(A)+n(B)-n(A\bigcup B)=40+20-50=10.$$

能力训练 1.1

1. 下列各组中的对象能构成集合吗？为什么？

(1) 所有很大的实数；

(2) 好心的人；

(3) 不超过 30 的非负实数；

(4) 直角坐标平面中横坐标与纵坐标相等的点；

(5) 1, 2, 2, 3, 4, 5.

2. 请用适当的符号填空.

(1) a____$\{a,b,c\}$；

(2) 1____$\{x\mid x-1=0\}$；

(3) $\{1,2\}$____$\{x\mid x^2-3x+2=0\}$；

(4) $\varnothing$____**R**.

3. 用集合表示"不等式 $4x-5<3$ 的解集"为：_____.

4. 已知集合 $A=\{x\mid |x-1|<2\}$，集合 $B=\{x\mid |x+1|>1\}$，则 $A\bigcap B=$_____，$A\bigcup B=$_____.

5. 已知集合 $A=\{0,1,a^2-a\}$，实数 $a\in A$，则 a 的值是_____.

6. 集合 $M=\left\{y\,\middle|\,y=\dfrac{8}{x+3},x\in\mathbf{Z},y\in\mathbf{Z}\right\}$ 的元素个数是_____.

7. 已知集合 $A=\{x\mid -2\leqslant x\leqslant 5\}$，集合 $B=\{x\mid m+1\leqslant x\leqslant 2m-1\}$，且 $A\bigcup B=A$，则实数 m 的取值范围是_____.

8. 50 名学生参加甲、乙两项体育活动,每人至少参加了一项,参加甲项的学生有 30 名,参加乙项的学生有 25 名,则仅参加了一项活动的学生人数为_____.

9. 一个班有 48 人.班主任在班会上问:"谁做完了数学作业?"这时有 42 人举手.又问:"谁做完了语文作业?"这时有 37 人举手.最后又问:"谁的语文和数学作业都没有做完?"没有人举手.请问:这个班语文、数学作业都做完的有几人?

*10. 某班有 36 名同学参加数学、物理、化学课外兴趣小组,每名同学至多参加两个小组.已知参加数学、物理、化学小组的人数分别为 26、15、13,同时参加数学和物理小组的有 6 人,同时参加物理和化学小组的有 4 人,则同时参加数学和化学小组的有_____人.

1.2 函 数

1.2.1 函数的概念

定义 1.2.1 设有两个变量 x 和 y,当变量 x 在非空数集 D 内取某一数值时,变量 y 按照某种对应法则 f,总有确定的数值与之对应,则称变量 y 为变量 x 的**函数**,记作

$$y = f(x),$$

其中 x 称为**自变量**,y 称为**函数**或**因变量**,数集 D 称为函数 $f(x)$ 的**定义域**,相应 y 值的集合称为函数的**值域**.如果自变量在定义域内任意取一个确定的值时,函数只有唯一一个确定的值和它对应,这种函数叫作**单值函数**,否则叫作**多值函数**.本书所说的函数都指的是单值函数.

当自变量 x 在其定义域内取某定值 x_0 时,将因变量 y 按照函数关系 $y = f(x)$ 求出的对应值 y_0 称为"当 $x = x_0$ 时的函数值",记作"$f(x_0)$"或"$y\mid_{x=x_0}$".

函数的定义域、对应法则、值域称为函数的三要素.函数的表示方法一般有**解析法**、**表格法**、**图像法**等.

当函数用解析法表示时,求函数定义域的原则是使函数表达式有意义.一般地,函数的定义域要求如下.

(1) 分式中,分母不能等于 0.

(2) 开偶次方根,被开方式必须大于等于 0.

(3) 对数的真数必须大于 0，底大于 0 且不等于 1.

(4) 正切符号下的式子必须不等于 $k\pi + \dfrac{\pi}{2}\ (k \in \mathbf{Z})$.

(5) 余切符号下的式子必须不等于 $k\pi\ (k \in \mathbf{Z})$.

(6) 反正弦、反余弦符号下的式子的绝对值必须小于等于 1.

如果表达式中同时涉及以上几种情况，那么就应该求它们的交集作为定义域. 特别地，在实际应用问题中，除了要根据函数表达式本身来确定自变量的取值范围以外，还要考虑到变量的**实际意义**. 比如：距离与时间的函数关系 $s = 2t^2 + 10$ 中，时间 t 的定义域就不能取到负数.

例 1.2.1 下列函数是否相同，为什么？

(1) $y = x$ 与 $y = \dfrac{x^2}{x}$；　　　　(2) $y = (\sqrt{x})^2$ 与 $y = x$；

(3) $y = \sqrt[3]{x^3}$ 与 $y = x$；　　　　(4) $\omega = \sqrt{u}$ 与 $y = \sqrt{x}$.

微视频：两个函数是否相同？

解　(1) $y = x$ 与 $y = \dfrac{x^2}{x}$ 不是相同函数，因为其定义域不同.

(2) $y = (\sqrt{x})^2$ 与 $y = x$ 不是相同函数，因为其定义域不同.

(3) $y = \sqrt[3]{x^3}$ 与 $y = x$ 是相同函数，因为其定义域、对应法则和值域都是相同的.

(4) $\omega = \sqrt{u}$ 与 $y = \sqrt{x}$ 是相同函数，因为其定义域、对应法则和值域都是相同的.

特别需要指出的是，两个函数相同的本质，是它们的定义域与对应法则完全一致，而不在于自变量、因变量用何种字母表示. 只要它们的定义域与对应法则是一致的，那么这两个函数相同.

例 1.2.2 求下列函数的定义域

(1) $y = \dfrac{3x}{x^2 - 2x}$；　　　　　　(2) $y = \sqrt{x^2 - 4x + 3}$；

(3) $y = \dfrac{\ln(x + 3)}{x + 1}$；

*(4) $y = \dfrac{\arcsin(x - 1)}{\sqrt{4 - x^2}} + \log_3(2x - 1)$.

解　(1) 由分式的分母不能等于 0，得 $x^2 - 2x \neq 0$，解得 $x \neq 0$ 且 $x \neq 2$，即定义域为 $(-\infty, 0) \bigcup (0, 2) \bigcup (2, +\infty)$.

(2) 由偶次方根被开方式大于等于 0，得 $x^2 - 4x + 3 \geqslant 0$，解得

$x \geqslant 3$ 或 $x \leqslant 1$，即定义域为 $(-\infty, 1] \bigcup [3, +\infty)$.

（3）由对数的真数必须大于 0，得 $\begin{cases} x+3>0, \\ x+1 \neq 0, \end{cases}$ 解得 $\begin{cases} x>-3, \\ x \neq -1, \end{cases}$ 即

定义域为 $(-3, -1) \bigcup (-1 + \infty)$.

*（4）本题包含了多种情况，要使式子有意义，x 必须同时满足

$$\begin{cases} |x-1| \leqslant 1, \\ 4-x^2 > 0, \\ 2x-1 > 0, \end{cases} \quad 即 \begin{cases} 0 \leqslant x \leqslant 2, \\ -2 < x < 2, \\ x > \dfrac{1}{2}, \end{cases}$$

解得 $\dfrac{1}{2} < x < 2$；即定义域为 $\left(\dfrac{1}{2}, 2 \right)$.

例 1.2.3 设 $f(x+1) = x^2 - 3x$，求 $f(x)$.

解 令 $x+1 = t$，则 $x = t-1$，

所以 $f(t) = (t-1)^2 - 3(t-1) = t^2 - 5t + 4$

$f(x) = x^2 - 5x + 4$.

1.2.2 分段函数

微视频：分段函数

如果在函数的定义域内，自变量 x 在不同的取值范围内，函数有着不同的对应关系，这样的函数通常叫作**分段函数**，比如

$$y = |x| = \begin{cases} -x, & x < 0, \\ x, & x \geqslant 0. \end{cases}$$

注意，分段函数是一个函数，而不是几个函数；分段函数的定义域是各段定义域的并集，值域是各段值域的并集.

例 1.2.4 设函数 $f(x) = \begin{cases} 2, & x > 0, \\ x, & x \leqslant 0, \end{cases}$ 求：

（1）定义域； （2）$f(1)$，$f(0)$.

解 （1）因为分段函数的定义域是各段自变量取值集合的并集，所以其定义域为 $R = (-\infty, +\infty)$.

（2）因为 $1 > 0$，所以 $f(1) = 2$；

因为 $0 \leqslant 0$，所以 $f(0) = x = 0$.

例 1.2.5 用分段函数表示函数 $f(x) = |x-1| + 2$，并画出函数的图像.

解 根据绝对值定义可知，

当 $x-1\geqslant 0$，即 $x\geqslant 1$ 时，$|x-1|=x-1$，

当 $x-1<0$ 即 $x<1$ 时，$|x-1|=-(x-1)=1-x$，

所以 $f(x)=\begin{cases}3-x, & x<1,\\ x+1, & x\geqslant 1.\end{cases}$

函数图像如图 $1-2-1$ 所示.

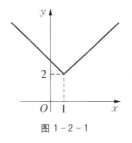

图 $1-2-1$

1.2.3　反函数

定义 1.2.2　设函数 $y=f(x)$ 的定义域为 D，值域为 M，如果对于 M 中的每一个 y 值，都有一个确定的、且满足 $y=f(x)$ 的 x 值与之对应，则确定了一个以 y 为自变量的函数 $x=\varphi(y)$，通常把这个函数称为 $y=f(x)$ 的**反函数**，常记作

$$x=f^{-1}(y),$$

这个函数的定义域为 M，值域为 D，并称 $y=f(x)$ 为原函数，为了符合大家用 x 表示自变量，用 y 表示因变量的习惯，通常将 $x=f^{-1}(y)$ 改写为 $y=f^{-1}(x)$.

函数与反函数的图像关于 $y=x$ 对称，如图 $1-2-2$ 所示，进一步可得，单调函数一定有反函数.

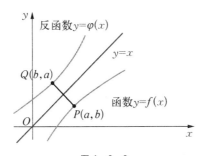

图 $1-2-2$

求反函数的方法是：首先从 $y=f(x)$ 解出 $x=f^{-1}(y)$，然后交换字母 x 和 y，即可得到反函数.

例 1.2.6　求下列函数的反函数.

(1) $y=2x-3$；　　　　　　　　(2) $y=x^2+3\ (x<0)$.

解　(1) 由函数 $y=2x-3$，解出 $x=\dfrac{y+3}{2}$，然后交换字母 x 和 y，即得 $y=\dfrac{x+3}{2}$.

（2）由函数 $y = x^2 + 3$ 先求出 $x^2 = y - 3$，考虑 $x < 0$，故 $x = -\sqrt{y-3}$，然后交换字母 x 和 y，即得 $y = -\sqrt{x-3}$.

1.2.4 函数的基本性质

1. 有界性

微视频：函数的有界性

定义 1.2.3 设函数 $y = f(x)$ 的定义域为 D，如果存在正数 M，使得对任意的 $x \in D$，有

$$|f(x)| \leqslant M,$$

则称函数 $f(x)$ 为**有界函数**；否则称为**无界函数**. 有界函数的图像 $y = f(x)$ 必介于两条平行于 x 轴的直线 $y = -M$ 和 $y = M$ 之间.

比如：常见的函数 $y = \sin x$，$y = \cos x$ 是有界函数，因为 $|\sin x| \leqslant 1$，$|\cos x| \leqslant 1$. 而 $y = x^2$ 是无界函数.

2. 单调性

微视频：函数的单调性

定义 1.2.4 设函数 $f(x)$ 在区间 I 上有定义，如果任意两个数 x_1、$x_2 \in I$，当 $x_1 < x_2$ 时，有

$$f(x_1) < f(x_2),$$

则称函数 $f(x)$ 在 I 上是**单调增加的**，如图 $1-2-3$ 所示；当 $x_1 < x_2$ 时，有

$$f(x_1) > f(x_2),$$

则称函数 $f(x)$ 在 I 上是**单调减少的**，如图 $1-2-4$ 所示. 单调增加函数与单调减少函数统称为单调函数.

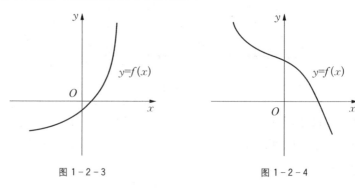

图 $1-2-3$ 图 $1-2-4$

3. 奇偶性

微视频：函数的奇偶性

定义 1.2.5 设函数 $y = f(x)$ 的定义域 D 关于原点对称，如果对任意的 $x \in D$，都有

$$f(-x) = -f(x),$$

则称函数 $f(x)$ 为**奇函数**；如果对任意的 $x \in D$，

$$f(-x) = f(x),$$

则称函数 $f(x)$ 为**偶函数**. 既不是奇函数，又不是偶函数的函数称为**非奇非偶函数**.

注意：讨论函数是否具有奇偶性的前提条件是该函数的定义域必须是关于原点的对称区间，否则就没有讨论的意义了. 在平面直角坐标系中，奇函数的图形关于原点对称，如图 $1-2-5$ 所示；偶函数的图形关于 y 轴对称，如图 $1-2-6$ 所示.

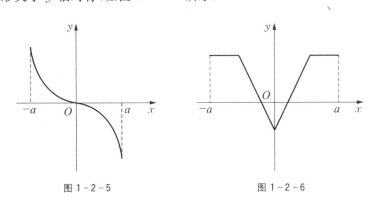

图 $1-2-5$　　　　　　　　　图 $1-2-6$

例 1.2.7　判断函数 $y = x^2$ 的奇偶性.

解　因为 $y = x^2$ 的定义域为 $(-\infty, +\infty)$，是关于原点对称的，且

$$f(-x) = (-x)^2 = x^2 = f(x),$$

所以函数 $y = x^2$ 在其定义域区间内是偶函数.

微视频：判断函数的奇偶性

4. 周期性

定义 1.2.6　设函数 $y = f(x)$ 的定义域为 D，如果存在不为 0 的常数 T，对任意的 $x \in D$，有 $x + T \in D$，且使

$$f(x + T) = f(x)$$

恒成立，那么称函数 $y = f(x)$ 为**周期函数**，T 称为函数 $y = f(x)$ 的**周期**，通常把满足上式的最小正数 T 称为函数 $y = f(x)$ 的**最小正周期**.

微视频：函数的周期性

1.2.5　应用拓展

在"心灵感应"魔术中，魔术师请出一位助手，让这位助手背对着所有观众坐在椅子上，并且用布蒙住助手的双眼，然后魔术师走到观

众身边,随机地拿起观众的私人物品,比如手表、纸巾、钥匙等,面朝所有观众高高举起这些物品以便观众能看到,然后魔术师让助手猜他拿到的是什么物品,每次助手都能正确作出回答,这是为什么呢?

事实上,魔术师事先就与助手设计了一整套"函数",其"定义域"就是魔术师说出的话,而其"值域"就是魔术师手里拿到的各种物品的名称,对应法则则是由他和助手事先约定好的,比如:

f(这是什么东西)=手表;

f(这个东西是什么)=钥匙;

f(想想看,这是什么东西)=纸巾;

f(猜猜,这是什么)=手机;

f(我手里拿的是什么)=钞票;

……

也就是说,如果魔术师问:"这是什么东西?",助手就会回答:"手表.";魔术师问:"想想看,这是什么东西?",助手就会回答:"纸巾.";……

所以每个人都可以玩这个游戏,不过需要游戏参与者具有良好的记忆力和心理素质.

能力训练 1.2

1. 设 $f(x)=2x^2+x-1$,求 $f(-1)$,$f(0)$,$f(x-1)$.

2. 已知函数 $f\left(\dfrac{1}{x}\right)=\dfrac{2}{x}$,求 $f(x)$,$f(2)$.

3. 设函数 $f(x)=\begin{cases} x^2, & x\geqslant 0, \\ x+1, & x<0, \end{cases}$ 求 $f(-2)$,$f(0)$,$f(1)$,并作出它们的图像.

4. 求下列函数的定义域:

(1) $y=\dfrac{\sqrt{x+1}}{x-1}$;   (2) $y=\ln(x^2-3x+2)$;

(3) $y=\arcsin(x-2)$;   (4) $y=\dfrac{\sqrt{1-x^2}}{\ln x}$.

5. 求下列每组中的两个函数是否相同?

(1) $y=(\sqrt{x})^2$ 与 $y=\sqrt{x^2}$;

(2) $y=\dfrac{x^2-1}{x-1}$ 与 $y=x+1$;

(3) $y=\ln x^2$ 与 $y=2\ln x$;

(4) $y=\sqrt{x}\,\sqrt{x+1}$ 与 $y=\sqrt{x(x+1)}$.

6. 判断下列函数在定义域内的奇偶性:

(1) $y = |x|$;　　　　(2) $y = x + \sin x$;　　　　(3) $y = x^{-3}$.

*7. 求函数 $y = \dfrac{1-x}{1+x}$ 的反函数.

8. 图 $1-2-7$ 中,哪几个图像分别与下列三个故事吻合得最好?
并请为剩下的那个图像写一个故事.

(1) 小明离开家不久,发现把手机忘在家里了,于是返回家里找
到手机再出发;

(2) 小明出发后心情轻松,缓慢前行,后来为了赶时间开始加速前进;

(3) 小明骑着车一路匀速行驶,只是在途中遇到一长串交通堵
塞,耽搁了一些时间.

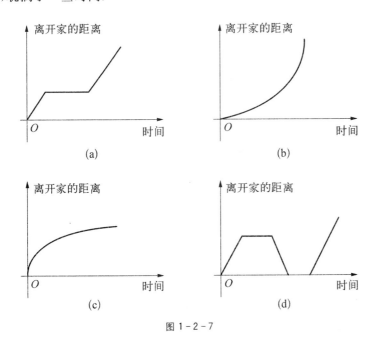

图 $1-2-7$

9. 根据我国目前个人所得税的计算方法,居民全月工资、薪金所得
不超过 3 500 元的部分不必纳税,超过 3 500 元的部分为全月应纳所得
额,应纳个人所得税=应纳所得额×税率,累进税率见表 $1-2-1$.

表 $1-2-1$

全月应纳税所得额	税率/%
不超过 1 500 元的部分	3
超过 1 500 元至 4 500 元的部分	10
超过 4 500 元至 9 000 元的部分	20

试计算(1) 某人当月工资、薪金共计 5 679 元,应纳税多少?

(2) 某人某月应缴纳此项税款为 303 元,那么他当月的工资、薪金是多少?

1.3 初等函数

1.3.1 基本初等函数

通常,把以下六类函数统称为**基本初等函数**.

常函数: $\quad\quad\quad y = C$ (C 为常数).

幂函数: $\quad\quad\quad y = x^{\mu}$ ($\mu \in \mathbf{R}$ 且 $\mu \neq 0$).

指数函数: $\quad\quad y = a^x$ ($a > 0$ 且 $a \neq 1$).

对数函数: $\quad\quad y = \log_a x$ ($a > 0$ 且 $a \neq 1$).

三角函数: $\quad\quad y = \sin x$, $y = \cos x$, $y = \tan x$, $y = \cot x$,

$\quad\quad\quad\quad\quad\quad y = \sec x$, $y = \csc x$.

反三角函数: $\quad y = \arcsin x$, $y = \arccos x$,

$\quad\quad\quad\quad\quad\quad y = \arctan x$, $y = \text{arccot}\, x$.

1. 常函数

定义 1.3.1 形如 $y = C$ (C 为常数)的函数称为常函数.

常函数的定义域是 $\mathbf{R}$, $C \neq 0$ 时,函数图像是一条平行于 x 轴的直线.

2. 幂函数

定义 1.3.2 形如

$$y = x^{\mu} (\mu \in \mathbf{R} \text{ 且 } \mu \neq 0)$$

微视频:幂函数

的函数称为幂函数.

幂函数的情况比较复杂,当 μ 取不同值的时候,幂函数的定义域是不同的,在这里主要讨论 $x \in [0, +\infty)$ 时的情形,而当 $x \in (-\infty, 0)$ 时的情形可以根据函数的奇偶性来确定.这里主要分 $\mu > 0$ 和 $\mu < 0$ 两种情况来讨论.

(1) 当 $\mu > 0$ 时,幂函数的图像过原点 $(0, 0)$ 和点 $(1, 1)$,在 $x \in [0, +\infty)$ 时是单调增加的.当 $0 < \mu < 1$ 时,函数图像与 x 轴形成开口,函数值的增长速度越来越慢;当 $\mu > 1$ 时,函数图像与 y 轴形成开口,函数值的增长速度越来越快,如图 1 - 3 - 1.

(2) 当 $\mu < 0$ 时,幂函数的图像过点 $(1, 1)$,在 $x \in [0, +\infty)$ 时

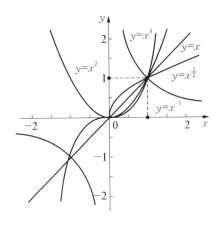

图 1 - 3 - 1

是单调减少的,并且图像以 x 轴和 y 轴为渐近线.

3. 指数函数

定义 1.3.3　形如

$$y = a^x (a > 0 \text{ 且 } a \neq 1)$$

的函数称为指数函数,其中常数 a 称为底数.

微视频:指数函数

(1) 当 $a > 1$ 时,指数函数单调增加;当 $0 < a < 1$ 时,指数函数单调减少;

(2) 指数函数 $y = a^x (a > 0$ 且 $a \neq 1)$ 的定义域为 $(-\infty, +\infty)$,值域为 $(0, +\infty)$,由于 $a^0 = 1$,因此所有的指数函数的图像都会过点 $(0, 1)$,且以 x 轴为水平渐近线,如图 1 - 3 - 2 所示.

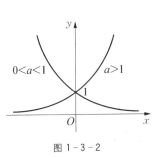

图 1 - 3 - 2

例 1.3.1　试比较下列两个数的大小:

(1) $1.7^{2.1}$, 1.7^3;　(2) $0.7^{-2.1}$, 0.7^{-3};　(3) $1.7^{0.3}$, $0.9^{3.1}$.

解　(1) $1.7^{2.1}$ 与 1.7^3 可看作指数函数 $y = 1.7^x$ 的两个函数值,由于 $1.7 > 1$,所以指数函数 $y = 1.7^x$ 在 $(-\infty, +\infty)$ 上是单调增加的,由于 $2.1 < 3$,故 $1.7^{2.1} < 1.7^3$.

(2) $0.7^{-2.1}$ 与 0.7^{-3} 可看作指数函数 $y = 0.7^x$ 的两个函数值,由于 $0 < 0.7 < 1$,所以指数函数 $y = 0.7^x$ 在 $(-\infty, +\infty)$ 上是单调减少的,由于 $-2.1 > -3$,故 $0.7^{-2.1} < 0.7^{-3}$.

(3) $1.7^{0.3}$ 与 $0.9^{3.1}$ 虽然不能看作是同一个指数函数的两个函数值,但是可以先在这两个数值之间找一个数值,将这一个数值与原来两个数值分别比较大小,然后确定原来两个数值的大小关系. 由于

$1.7^{0.3} > 1.7^0 = 1$，$0.9^{3.1} < 0.9^0 = 1$，故 $1.7^{0.3} > 0.9^{3.1}$.

例 1.3.2 某人想将 10 万元用于投资理财,选定某种理财产品的年浮动收益率为 4.6%,请问多少年后,他的所获本利合计 13 万元?

解 若该种理财产品的年浮动收益率为 4.6%,那么设经过 x 年后,他的所获本利合计 13 万

$$13 = 10(1 + 4.6\%)^x$$

当 $x = 6$ 时,$y = 10(1 + 4.6\%)^6 \approx 13$(万元)

所以投资该种理财产品 6 年后,此人的所获本利合计 13 万元.

4. 对数函数

微视频:对数函数

定义 1.3.4 一般地,如果 $a^x = N$ $(a > 0$ 且 $a \neq 1)$,那么数 x 叫作以 a 为底的 N 的对数,记作 $x = \log_a N$,其中 a 叫作对数的底数,N 叫作真数.

通常,把以 10 为底的对数叫作**常用对数**,并把 $\log_{10} N$ 记作 $\lg N$. 另外,将以无理数 $e(e = 2.71828\cdots)$ 为底的对数叫作**自然对数**,并把 $\log_e N$ 记为 $\ln N$.

定义 1.3.5 形如

$$y = \log_a x \quad (a > 0 \text{ 且 } a \neq 1)$$

的函数称为对数函数,其中常数 a 称为底数.

(1) 当 $a > 1$ 时,对数函数单调增加,函数图像以 y 轴为渐近线;当 $0 < a < 1$ 时,对数函数单调减少,函数图像以 y 轴为渐近线,如图 $1-3-3$ 所示.

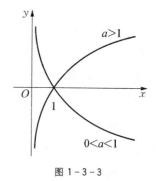

图 $1-3-3$

(2) 对数函数 $y = \log_a x$ $(a > 0$ 且 $a \neq 1)$ 的定义域为 $(0, +\infty)$,值域为 $(-\infty, +\infty)$,由于 $a^0 = 1$,即 $0 = \log_a 1$,因此所有的对数函数的图像都会过点 $(1, 0)$.

(3) 同底数的指数函数和对数函数互为反函数,故它们的图像关于直线 $y = x$ 对称.

例 1.3.3 将下列指数式化为对数式,对数式化为指数式:

(1) $2^4 = 16$;

(2) $3^{-2} = \dfrac{1}{9}$;

(3) $\log_{\frac{1}{2}} 8 = -3$;

(4) $\lg 100 = 2$.

解　（1）$\log_2 16 = 4$.　　　（2）$\log_3 \dfrac{1}{9} = -2$.

（3）$\left(\dfrac{1}{2}\right)^{-3} = 8$.　　　（4）$10^2 = 100$.

5. 三角函数

角可以看成平面内一条射线绕端点从一个位置旋转到另一个位置所形成的图形. 一般规定, 按逆时针方向旋转形成的角叫作**正角**; 按顺时针方向旋转形成的角叫作**负角**; 如果一条射线没有作任何旋转, 就称它为零角. 角可以用度为单位进行度量, 1 度的角等于周角的 $\dfrac{1}{360}$, 这种制度称为角度制. 数学上还采用另一种度量角的制度, 即弧度制.

微视频: 正弦函数、余弦函数

定义 1.3.6　把长度等于半径的弧所对的圆心角叫作 1 弧度角, 用符号 rad 表示, $360° = 2\pi$ rad, 所以 $1° = \dfrac{\pi}{180}$ rad, 1 rad $\approx 57.3° = 57°18'$.

微视频: 正切函数、余切函数

在平面坐标系中, 用如下方法定义任意角 θ 的三角函数, 如图 1-3-4 所示, 其中 $r = |OP|$:

① $\sin\theta = \dfrac{y}{r}$;　② $\cos\theta = \dfrac{x}{r}$;

③ $\tan\theta = \dfrac{y}{x}$;　④ $\cot\theta = \dfrac{x}{y}$;

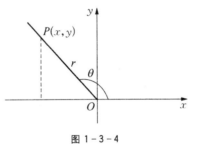

图 1-3-4

⑤ $\sec\theta = \dfrac{1}{\cos\theta} = \dfrac{r}{x}$;　⑥ $\csc\theta = \dfrac{1}{\sin\theta} = \dfrac{r}{y}$.

注意: 本书在讨论三角函数的自变量 x 时都采用弧度制, 转换方法是 π rad $= 180°$.

常用特殊角的三角函数值见表 1-3-1.

表 1-3-1

三角函数	角度/rad				
	0	$\dfrac{\pi}{6}$	$\dfrac{\pi}{4}$	$\dfrac{\pi}{3}$	$\dfrac{\pi}{2}$
$y = \sin x$	0	$\dfrac{1}{2}$	$\dfrac{\sqrt{2}}{2}$	$\dfrac{\sqrt{3}}{2}$	1
$y = \cos x$	1	$\dfrac{\sqrt{3}}{2}$	$\dfrac{\sqrt{2}}{2}$	$\dfrac{1}{2}$	0

续　表

三角函数	角度/rad				
	0	$\dfrac{\pi}{6}$	$\dfrac{\pi}{4}$	$\dfrac{\pi}{3}$	$\dfrac{\pi}{2}$
$y = \tan x$	0	$\dfrac{\sqrt{3}}{3}$	1	$\sqrt{3}$	不存在
$y = \cot x$	不存在	$\sqrt{3}$	1	$\dfrac{\sqrt{3}}{3}$	0

微视频：反正弦函数、
反余弦函数

微视频：反正切函数、
反余切函数

微视频：反三角函数

6. 反三角函数

（1）反正弦函数 $y = \arcsin x$，其定义域为 $x \in [-1, 1]$，值域为 $y \in \left[-\dfrac{\pi}{2}, \dfrac{\pi}{2}\right]$，函数为奇函数，在定义域内单调增加，有界.

（2）反余弦函数 $y = \arccos x$，其定义域为 $x \in [-1, 1]$，值域为 $y \in [0, \pi]$，函数在定义域内单调减少，有界.

（3）反正切函数 $y = \arctan x$，其定义域为 $x \in (-\infty, +\infty)$，值域为 $y \in \left(-\dfrac{\pi}{2}, \dfrac{\pi}{2}\right)$，函数为奇函数，在定义域内单调增加，有界.

（4）反余切函数 $y = \operatorname{arccot} x$，其定义域为 $x \in (-\infty, +\infty)$，值域为 $y \in (0, \pi)$，函数在定义域内单调减少，有界.

例 1.3.4 求出下列反三角函数的值.

（1）$\arcsin \dfrac{\sqrt{2}}{2}$；　　　　（2）$\arccos \dfrac{\sqrt{3}}{2}$；

（3）$\arctan 1$；　　　　（4）$\arcsin(-1)$.

解　（1）因 为 $\sin \dfrac{\pi}{4} = \dfrac{\sqrt{2}}{2}$，且 $\dfrac{\pi}{4} \in \left[-\dfrac{\pi}{2}, \dfrac{\pi}{2}\right]$，所 以 $\arcsin \dfrac{\sqrt{2}}{2} = \dfrac{\pi}{4}$.

（2）因为 $\cos \dfrac{\pi}{6} = \dfrac{\sqrt{3}}{2}$，且 $\dfrac{\pi}{6} \in [0, \pi]$，所以 $\arccos \dfrac{\sqrt{3}}{2} = \dfrac{\pi}{6}$.

（3）因为 $\tan \dfrac{\pi}{4} = 1$，且 $\dfrac{\pi}{4} \in \left(-\dfrac{\pi}{2}, \dfrac{\pi}{2}\right)$，所以 $\arctan 1 = \dfrac{\pi}{4}$.

（4）因 为 $\sin\left(-\dfrac{\pi}{2}\right) = -1$，且 $-\dfrac{\pi}{2} \in \left[-\dfrac{\pi}{2}, \dfrac{\pi}{2}\right]$，所 以 $\arcsin(-1) = -\dfrac{\pi}{2}$.

上述六大类基本初等函数的主要特征汇总见表 $1-3-2$.

表 1-3-2

微视频：基本初等函数

函数	表达式	定义域与值域	图 像	性 质
常函数	$y = C$	$x \in (-\infty, +\infty)$; $y \in \{C\}$		函数是偶函数
幂函数	$y = x^{\mu}$ ($\mu \in \mathbf{R}$ 且 $\mu \neq 0$)	定义域与值域随着 μ 的不同而不同		$\mu > 0$ 时，函数图像过 $(0, 0)$ 和 $(1, 1)$，当 $x \in [0, +\infty)$ 时函数单调增加；$\mu < 0$ 时，函数图像过 $(1, 1)$，当 $x \in [0, +\infty)$ 时函数单调减少
指数函数	$y = a^x$ ($a > 0$ 且 $a \neq 1$)	$x \in (-\infty, +\infty)$; $y \in (0, +\infty)$		函数图像过 $(0, 1)$，以 x 轴为水平渐近线；当 $a > 1$ 时，函数单调增加；当 $0 < a < 1$ 时，函数单调减少
对数函数	$y = \log_a x$ ($a > 0$ 且 $a \neq 1$)	$x \in (0, +\infty)$; $y \in (-\infty, +\infty)$		函数图像过 $(1, 0)$，以 y 轴为垂直渐近线；当 $a > 1$ 时，函数单调递增；当 $0 < a < 1$ 时，函数单调递减
正弦函数	$y = \sin x$	$x \in (-\infty, +\infty)$; $y \in [-1, 1]$		函数为奇函数，$T = 2\pi$，有界函数

函数	表达式	定义域与值域	图 像	性 质
余弦函数	$y = \cos x$	$x \in (-\infty, +\infty)$; $y \in [-1, 1]$		函数为偶函数，$T = 2\pi$，有界函数
正切函数	$y = \tan x$	$x \neq k\pi \pm \dfrac{\pi}{2}$ $(k \in \mathbf{Z})$; $y \in (-\infty, +\infty)$		函数为奇函数，$T = \pi$
余切函数	$y = \cot x$	$x \neq k\pi$ $(k \in \mathbf{Z})$; $y \in (-\infty, +\infty)$		函数为奇函数，$T = \pi$
反正弦函数	$y = \arcsin x$	$x \in [-1, 1]$; $y \in \left[-\dfrac{\pi}{2}, \dfrac{\pi}{2}\right]$		函数为奇函数，单调增加，有界
反余弦函数	$y = \arccos x$	$y \in [-1, 1]$; $y \in \left[-\dfrac{\pi}{2}, \dfrac{\pi}{2}\right]$		函数单调减少，有界
反正切函数	$y = \arctan x$	$x \in (-\infty, +\infty)$; $y \in \left(-\dfrac{\pi}{2}, \dfrac{\pi}{2}\right)$		函数单调增加，有界
反余切函数	$y = \operatorname{arccot} x$	$x \in (-\infty, +\infty)$; $y \in (0, \pi)$		函数单调减少，有界

1.3.2　复合函数

定义 1.3.7　设函数 $y = f(u)$ 且在 D 上有定义,而 u 是 x 的函数:$u = \varphi(x)$ 且定义域为 D_1,若函数 $u = \varphi(x)$ 的值域 $\varphi(D_1) \subset D$,则称此函数为 $y = f(u)$ 和 $u = \varphi(x)$ 复合而成的函数,简称复合函数,记作 $y = f[\varphi(x)]$,其中 u 称为中间变量.

注意:(1) 不是任何两个函数都可以复合成一个函数,比如:$y = \sqrt{u}$,$u = -x^2$,因为函数 $y = \sqrt{u}$ 的定义域 $D:u \in [0, +\infty]$,函数 $u = -x^2$ 的值域 $\varphi(D_1):u \in [-\infty, 0]$,即 $\varphi(D_1) \not\subset D$,所以这两个函数不能复合.

(2) 复合函数不仅可以有一个中间变量,还可以有多个中间变量,比如:$y = \sin u$,$u = \sqrt{v}$,$v = x^2 + 1$,则它们可以复合成函数 $y = \sin\sqrt{x^2 + 1}$.

例 1.3.5　将下列函数 y 表示成 x 的复合函数.

(1) $y = \sqrt{u}$,$u = \ln x$;　　　　(2) $y = \mathrm{e}^u$,$u = \cos v$,$v = \dfrac{x}{2}$;

(3) $y = \arcsin u$,$u = \mathrm{e}^x$.

解　(1) 将函数 $u = \ln x$ 代入 $y = \sqrt{u}$,得 $y = \sqrt{\ln x}$,此时函数的定义域为 $x \in [1, +\infty)$.

(2) 先将函数 $v = \dfrac{x}{2}$ 代入 $u = \cos v$,得 $u = \cos\dfrac{x}{2}$,再将 $u = \cos\dfrac{x}{2}$ 代入 $y = \mathrm{e}^u$,得 $y = \mathrm{e}^{\cos\frac{x}{2}}$,此时函数的定义域为 $x \in (-\infty, +\infty)$.

(3) 将函数 $u = \mathrm{e}^x$ 代入 $y = \arcsin u$,得 $y = \arcsin \mathrm{e}^x$,此时函数的定义域为 $x \in (-\infty, 0]$.

例 1.3.6　写出下列函数的复合过程:

(1) $y = \sin x^2$;　　　　　　(2) $y = \sin^2 x$;

(3) $y = \ln\sin\dfrac{1}{x}$;　　　　(4) $y = \mathrm{e}^{\sqrt{x^3+1}}$.

解　(1) $y = \sin x^2$ 由 $y = \sin u$,$u = x^2$ 复合而成.

(2) $y = \sin^2 x$ 由 $y = u^2$,$u = \sin x$ 复合而成.

(3) $y = \ln\sin\dfrac{1}{x}$ 由 $y = \ln u$,$u = \sin v$,$v = \dfrac{1}{x}$ 复合而成.

(4) $y = e^{\sqrt{x^3+1}}$ 由 $y = e^u$，$u = v^{\frac{1}{2}}$，$v = x^3 + 1$ 复合而成.

注意：以上复合函数的定义域虽然没有写出来，但是函数的复合都是默认在定义域范围以内进行的，以后若没有明确要求，都可省略复合函数定义域.

1.3.3 初等函数

定义 1.3.8　由基本初等函数和常数经过有限次四则运算和有限次复合所构成、且是用一个解析式表示的函数称为初等函数.

注意：分段函数不一定是初等函数，比如：$y = \begin{cases} -x, & x < 0, \\ x, & x \geqslant 0, \end{cases}$ 我们可以将其表示为初等函数 $y = \sqrt{x^2}$，但是有些分段函数是不能这么表示的，比如 $f(x) = \begin{cases} -1, & x < 0, \\ 1, & x > 0. \end{cases}$

能力训练 1.3

1. 设 $f(x) = \dfrac{1}{1+x}$，求 $f[f(x)]$.

2. 将下列函数 y 表示成 x 的复合函数，并求出它们的定义域：

(1) $y = \cos u$，$u = \sqrt{x} + 1$；　　(2) $y = u^3$，$u = \tan x$；

(3) $y = \ln u$，$u = \arcsin v$，$v = e^x$.

3. 写出下列函数的复合过程.

(1) $y = \sqrt{1 - x^2}$；　　　　　　(2) $y = \ln(\ln x)$；

(3) $y = \tan x^3$；　　　　　　　　(4) $y = \cos \dfrac{1}{x-1}$；

(5) $y = \arcsin e^{\sqrt{x}}$；　　　　　(6) $y = e^{\sin \ln x}$.

4. 英国物理学家和数学家伊萨克·牛顿（Issac Newton）曾提出，物体的温度在常温环境下温度变化的冷却函数，如果物体的初始温度是 θ_1(℃)，环境温度是 θ_0(℃)，则经过时间 t 后物体的温度 θ(℃)将满足

$$\theta = \theta_0 + (\theta_1 - \theta_0)e^{-kt}，其中 k 为正常数$$

请讨论：(1) 一杯开水的温度降到 50℃，大约需要多少时间？

(2) 炒菜之前多长时间将冰箱里的肉拿出来解冻比较合适（假定冰箱冷冻室温度是 -18℃）？

(3) 在寒冷的冬季，冷水管和热水管哪个更容易结冰？

1.4　基本运算法则及公式

1.4.1　代数运算法则

1. 绝对值的运算法则

实数 x 的绝对值,记作 $|x|$,为了去绝对值符号,规定 $|x| = \begin{cases} -x, & x < 0, \\ x, & x \geqslant 0, \end{cases}$ 其主要性质如下:

$$|-x| = |x|, \qquad\qquad |x| = \sqrt{x^2},$$

$$|xy| = |x| \cdot |y|, \qquad\qquad \left|\frac{x}{y}\right| = \frac{|x|}{|y|}, \quad y \neq 0.$$

2. 指数的运算法则

(1) 同底数幂的乘法: $a^m \cdot a^n = a^{m+n}$.

(2) 同底数幂的除法: $\dfrac{a^m}{a^n} = a^{m-n}$.

(3) 幂的乘方: $(a^m)^n = a^{mn}$.

(4) 乘积的幂: $(ab)^n = a^n b^n$.

(5) 商的幂: $\left(\dfrac{a}{b}\right)^n = \dfrac{a^n}{b^n}$.

(6) 分式指数幂: $a^{\frac{m}{n}} = \sqrt[n]{a^m}$.

例 1.4.1　将下列各式化为幂指数的形式:

(1) $\dfrac{1}{\sqrt{a}}$;　　　　(2) $\dfrac{1}{b^3}$;　　　　(3) $\dfrac{\sqrt[3]{a^2}}{\sqrt{a}}$;

(4) $\dfrac{\sqrt[3]{a} \cdot a^2}{a^3}$;　　　(5) $\sqrt{x\sqrt{x}}$;　　　(6) $\dfrac{1}{\sqrt[3]{(x-1)^2}}$.

解　(1) $\dfrac{1}{\sqrt{a}} = a^{-\frac{1}{2}}$.

(2) $\dfrac{1}{b^3} = b^{-3}$.

(3) $\dfrac{\sqrt[3]{a^2}}{\sqrt{a}} = \dfrac{a^{\frac{2}{3}}}{a^{\frac{1}{2}}} = a^{\frac{2}{3} - \frac{1}{2}} = a^{\frac{1}{6}}$.

(4) $\dfrac{\sqrt[3]{a} \cdot a^2}{\sqrt{a}} = \dfrac{a^{\frac{1}{3}} \cdot a^2}{a^{\frac{1}{2}}} = a^{\frac{1}{3} + 2 - \frac{1}{2}} = a^{\frac{11}{6}}$.

(5) $\sqrt{x\sqrt{x}}=\sqrt{x\cdot x^{\frac{1}{2}}}=\sqrt{x^{\frac{3}{2}}}=x^{\frac{3}{4}}$.

(6) $\dfrac{1}{\sqrt[3]{(x-1)^2}}=\dfrac{1}{(x-1)^{\frac{2}{3}}}=(x-1)^{-\frac{2}{3}}$.

3. 对数的运算法则

(1) $\log_a(MN)=\log_a M+\log_a N\ (M,N>0)$.

(2) $\log_a\dfrac{M}{N}=\log_a M-\log_a N\ (M,N>0)$.

(3) $\log_a M^\mu=\mu\log_a M\ (M>0)$.

(4) $\log_a b=\dfrac{\log_c b}{\log_c a}$.

(5) $a^{\log_a M}=M\ (M>0)$.

(6) $\log_a 1=0,\ \log_a a=1$.

例 1.4.2 用 $\log_a x$、$\log_a y$、$\log_a z$ 表示下列各式（其中 x，y，$z>0$）：

(1) $\log_a\dfrac{xy}{z}$;　　　　(2) $\log_a\dfrac{x^2\sqrt{y}}{\sqrt[3]{z}}$.

解　(1) $\log_a\dfrac{xy}{z}=\log_a(xy)-\log_a z=\log_a x+\log_a y-\log_a z$.

(2) $\log_a\dfrac{x^2\sqrt{y}}{\sqrt[3]{z}}=\log_a(x^2\sqrt{y})-\log_a\sqrt[3]{z}$

$$=\log_a x^2+\log_a y^{\frac{1}{2}}-\log_a z^{\frac{1}{3}}$$

$$=2\log_a x+\frac{1}{2}\log_a y-\frac{1}{3}\log_a z.$$

4. 乘法公式、因式分解

(1) 平方差公式：$a^2-b^2=(a+b)(a-b)$.

(2) 完全平方公式：$(a+b)^2=a^2+2ab+b^2$,

$$(a-b)^2=a^2-2ab+b^2.$$

(3) 立方差公式：$a^3-b^3=(a-b)(a^2+ab+b^2)$.

(4) 立方和公式：$a^3+b^3=(a+b)(a^2-ab+b^2)$.

例 1.4.3 利用完全平方公式计算 102^2 和 197^2 的值.

解　$102^2=(100+2)^2=100^2+2\cdot100\cdot2+2^2=10\,404$;

$197^2=(200-3)^2=200^2-2\cdot200\cdot3+3^2=38\,809$.

例 1.4.4 利用平方差公式将 $\dfrac{x}{\sqrt{x+1}-1}$ 分母有理化.

解 $\dfrac{x}{\sqrt{x+1}-1}=\dfrac{x(\sqrt{x+1}+1)}{(\sqrt{x+1}-1)(\sqrt{x+1}+1)}$

$$=\frac{x(\sqrt{x+1}+1)}{x}=\sqrt{x+1}+1.$$

5. 分式的基本性质：$\dfrac{a}{b}=\dfrac{a\cdot m}{b\cdot m}\ (m\neq0).\quad \dfrac{a}{b}=\dfrac{\dfrac{a}{m}}{\dfrac{b}{m}}\ (m\neq0).$

1.4.2 三角运算法则

1. 同角三角比关系

（1）倒数关系：$\tan x\cdot\cot x=1,\qquad \sin x\cdot\csc x=1,$
$$\cos x\cdot\sec x=1.$$

（2）商的关系：$\tan x=\dfrac{\sin x}{\cos x},\qquad \cot x=\dfrac{\cos x}{\sin x}.$

（3）平方关系：$\sin^2 x+\cos^2 x=1,\qquad \tan^2 x+1=\sec^2 x,$
$$\cot^2 x+1=\csc^2 x.$$

2. 三角比的倍角公式

$\sin 2x=2\sin x\cos x,$

$\cos 2x=2\cos^2 x-1=1-2\sin^2 x=\cos^2 x-\sin^2 x,$

$\tan 2x=\dfrac{2\tan x}{1-\tan^2 x}.$

3. 三角比的降幂公式

$$\sin^2 x=\frac{1-\cos 2x}{2},\qquad\qquad \cos^2 x=\frac{1+\cos 2x}{2}.$$

例 1.4.5 化简.

（1）$(\sin\alpha+\cos\alpha)^2$；　　　　　（2）$\cos^4\theta-\sin^4\theta$；

（3）$\dfrac{1}{1-\tan\theta}-\dfrac{1}{1+\tan\theta}$；　　　（4）$\sin x\cos x\cos 2x$.

解 （1）$(\sin\alpha+\cos\alpha)^2=\sin^2\alpha+2\sin\alpha\cos\alpha+\cos^2\alpha$
$$=1+\sin 2\alpha.$$

（2）$\cos^4\theta-\sin^4\theta=(\cos^2\theta)^2-(\sin^2\theta)^2$
$$=(\cos^2\theta+\sin^2\theta)(\cos^2\theta-\sin^2\theta)=\cos 2\theta.$$

$$(3) \frac{1}{1-\tan\theta} - \frac{1}{1+\tan\theta} = \frac{1+\tan\theta}{(1-\tan\theta)(1+\tan\theta)} -$$

$$\frac{1-\tan\theta}{(1-\tan\theta)(1+\tan\theta)}$$

$$= \frac{2\tan\theta}{1-\tan^2\theta} = \tan 2\theta.$$

$$(4) \sin x \cos x \cos 2x = \frac{1}{2}(2\sin x \cos x)\cos 2x = \frac{1}{2}\sin 2x \cos 2x$$

$$= \frac{1}{4}(2\sin 2x \cos 2x) = \frac{1}{4}\sin 4x.$$

能力训练 1.4

1. 将下列各式化为幂指数的形式.

$(1) \sqrt{\sqrt{a}}$; $(2) \dfrac{b^2\sqrt{b}}{\sqrt[3]{b}}$; $(3) \dfrac{1}{\sqrt{a}\cdot 2\sqrt[3]{a^2}}$.

2. 用 $\log_a x$、$\log_a y$、$\log_a z$ 表示下列各式.

$(1) \log_a(xyz)$; $(2) \log_a \dfrac{x\sqrt{y}}{z}$; $(3) \log_a \dfrac{y^2}{xz}$.

3. 化简.

$(1) 1+\cos 2x + 2\sin^2 x$; $(2) \dfrac{1+\sin 2\alpha}{\sin\alpha + \cos\alpha}$.

1.5   平面解析几何

1.5.1   直线

1. 倾斜角与斜率

平面直角坐标系中,当直线 l 与 x 轴相交时,我们取 x 轴作为基准,x 轴正方向与直线 l 向上方向之间所成的角 α 叫作直线 l 的**倾斜角**,其取值范围是 $\alpha \in [0, \pi)$.

直线 l 的倾斜角 α 的正切值 $\tan\alpha$ 称为该直线的斜率,一般记作 k,即

$$k = \tan\alpha \left(0 \leqslant \alpha < \pi, \alpha \neq \frac{\pi}{2}\right).$$

若已知直线上任意两点 $M_1(x_1, y_1)$,$M_2(x_2, y_2)$,则该直线的斜率为

$$k = \frac{y_2 - y_1}{x_2 - x_1} \ (x_1 \neq x_2).$$

2．直线方程

（1）点斜式

已知直线 l 经过点 $P_0(x_0, y_0)$，且斜率为 k，设 $P(x, y)$ 是直线 l 上不同于 $P_0(x_0, y_0)$ 的任意一点，因此有

$$k = \frac{y - y_0}{x - x_0}, \ \text{即} \ y - y_0 = k(x - x_0).$$

我们将该等式称为直线 l 的点斜式方程．

（2）斜截式

我们把直线 l 与 y 轴的交点 $(0, b)$ 的纵坐标 b 叫作直线 l 在 y 轴上的截距 b．

将 $(0, b)$ 代入直线的点斜式方程，可得

$$y = kx + b.$$

我们将该等式称为直线 l 的斜截式方程，其中 k 为直线的斜率，b 为截距．

（3）两点式

已知直线 l 经过点 $P_1(x_1, y_1)$、$P_2(x_2, y_2)$，当 $x_1 \neq x_2$ 时，所求直线 l 的斜率 $k = \frac{y_2 - y_1}{x_2 - x_1}$，取 $P_1(x_1, y_1)$、$P_2(x_2, y_2)$ 中的任意一点，由点斜式方程的定义，当 $y_1 \neq y_2$ 时，直线 l 的方程可写为 $y - y_1 = \frac{y_2 - y_1}{x_2 - x_1}(x - x_1)$．

当 $y_1 \neq y_2$ 时，可写作 $\frac{y - y_1}{y_2 - y_1} = \frac{x - x_1}{x_2 - x_1}$．

我们将该等式称为直线 l 的两点式方程（其中 $x_1 \neq x_2$，$y_1 \neq y_2$）．

（4）一般式

通过观察，可以发现直线的点斜式、斜截式、两点式方程都是关于 x，y 的二元一次方程，那么对于任意一个二元一次方程 $Ax + By + C = 0$（A、B 不同时为 0）能否表示直线呢？

当 $B \neq 0$ 时，上述方程可变为 $y = -\frac{A}{B}x - \frac{C}{B}$，它表示斜率为

$-\dfrac{A}{B}$、截距为 $-\dfrac{C}{B}$ 的直线方程.

因此,将二元一次方程

$$Ax + By + C = 0 \ (A、B \text{ 不同时为 } 0)$$

称为直线 l 的一般式方程,简称一般式.

例 1.5.1 已知直线 l 经过点 $P_0(2, -3)$,且倾斜角为 $\dfrac{\pi}{6}$,求直线 l 的方程.

解 由已知条件可得直线 l 的斜率为 $k = \tan \dfrac{\pi}{6} = \dfrac{\sqrt{3}}{3}$.
由直线方程的点斜式

$$y - (-3) = \dfrac{\sqrt{3}}{3}(x - 2),$$

即

$$\dfrac{\sqrt{3}}{3}x - y - \dfrac{2\sqrt{3}}{3} - 3 = 0.$$

例 1.5.2 已知直线 l 经过点 $P_1(1, 0)$、$P_2(0, 1)$,求直线 l 的方程.

解 由已知条件,用由直线方程的两点式

$$\dfrac{y - 0}{1 - 0} = \dfrac{x - 1}{0 - 1},$$

即

$$y + x - 1 = 0.$$

3. 平面直线的位置关系

设平面直角坐标系下有两条直线 l_1,l_2,它们的斜率分别为 k_1,k_2.

(1) 平行

若直线 $l_1 \ /\!/ \ l_2$,则 l_1 与 l_2 的倾斜角相等,其对应的斜率相等,即 $k_1 = k_2$. 反之,若 $k_1 = k_2$,则 $l_1 \ /\!/ \ l_2$. 于是,可以得到

$$k_1 = k_2 \Leftrightarrow l_1 \ /\!/ \ l_2 (\text{当然},l_1 \text{ 与 } l_2 \text{ 也有重合的可能}).$$

(2) 垂直

若直线 $l_1 \perp l_2$,k_1,k_2 存在且均不为零,则

$$k_1 \cdot k_2 = -1 \Leftrightarrow l_1 \perp l_2.$$

1.5.2　圆

1. 两点间的距离公式

已知平面上的两点 $P_1(x_1, y_1)$, $P_2(x_2, y_2)$, 则点 P_1、P_2 间的距离记为 $|P_1P_2|$, 由勾股定理可得

$$|P_1P_2| = \sqrt{(x_2 - x_1)^2 + (y_2 - y_1)^2}.$$

特别地, 原点 $O(0, 0)$ 与任意一点 $P(x, y)$ 的距离

$$|OP| = \sqrt{x^2 + y^2}.$$

2. 圆的标准方程

由于圆是到定点的距离等于定长的点的集合, 因此, 在平面直角坐标系中, 根据两点间的距离公式, 任一点 $P(x, y)$ 到定点 (a, b) 的距离等于定长 R 的表达式为

$$\sqrt{(x - a)^2 + (y - b)^2} = R.$$

两边同时平方得

$$(x - a)^2 + (y - b)^2 = R^2.$$

该等式称之为圆的标准方程, 其中 R 为圆的半径, 点 (a, b) 为圆心.

例 1.5.3　已知圆心为点 $C(-8, 3)$, 且圆经过点 $M(-5, -1)$, 求圆的标准方程.

解　由于圆上的点到圆心的距离即为圆的半径, 由已知条件可求出该圆的半径为

$$R = \sqrt{[-5 - (-8)]^2 + (-1 - 3)^2} = 5,$$

则由圆的标准方程可得

$$[x - (-8)]^2 + (y - 3)^2 = 5^2,$$

即

$$(x + 8)^2 + (y - 3)^2 = 25.$$

能力训练 1.5

1. 求经过点 $M(-2, 0)$ 且与 x 轴垂直的直线方程.

2. 求与直线 $y - 2 = x - 1$ 平行的且过点 $(2, 0)$ 的直线方程.

3. 直线经过两点 $A(-m, 6)$, $B(1, 3m)$, 当 m 为何值时, 其斜率为 12.

4. 求过点 $(-1, 2)$ 且与直线 $y = 2$ 垂直的直线方程.

5. 求与圆 $x^2 + y^2 - 2x + 4y + 1 = 0$ 圆心相同,半径为 1 的圆的方程.

习题一

1. 指出下列各组中的两个集合 P 和 Q 是否表示同一集合:

(1) $P = \{1, \sqrt{3}, \pi\}$, $Q = \{\pi, 1, |-\sqrt{3}|\}$;

(2) $P = \{\pi\}$, $Q = \{3.14159\}$;

(3) $P = \{2, 3\}$, $Q = \{(2, 3)\}$;

(4) $P = \{x \mid -1 < x \leqslant 1, x \in \mathbf{N}\}$, $Q = \{1\}$.

2. 请用列举法写出集合 $M = \left\{ y \mid y = \dfrac{8}{3-x}, x \in \mathbf{Z}, y \in \mathbf{Z} \right\}$ 的元素.

3. 设 $A = \{x \mid x^2 + 4x = 0\}$, $B = \{x \mid x^2 + 2(a+1)x + a^2 - 1 = 0\}$, 求:

(1) 若 $A \bigcap B = B$, 求 a 的值;

(2) 若 $A \bigcup B = B$, 求 a 的值.

4. 已知 $A = \{x \mid 2a \leqslant x \leqslant a + 3\}$, $B = \{x \mid x < -1 \text{ 或 } x > 5\}$, 如果 $A \bigcap B = \varnothing$, 求 a 的取值范围.

5. 求下列函数的函数值:

(1) $f(x) = \dfrac{1}{2} \sin \dfrac{1}{x}$, 求 $f\left(\dfrac{2}{\pi}\right)$, $f\left(\dfrac{6}{\pi}\right)$;

(2) $f(x) = \begin{cases} 2 + x, & x \leqslant 0, \\ 2^x, & x > 0, \end{cases}$ 求 $f(-3)$, $f(0)$, $f(2)$.

6. 求下列函数的定义域:

(1) $f(x) = \sqrt{9 - x^2}$; 　　　　　(2) $f(x) = \dfrac{1}{2x - 5}$;

(3) $f(x) = \ln(x^2 - 4)$; 　　　　　(4) $f(x) = \arcsin(2x - 5)$;

(5) $f(x) = \begin{cases} x, & -1 \leqslant x < 0, \\ 1 + x, & x \geqslant 0; \end{cases}$ 　　(6) $f(x) = \sqrt{\dfrac{2 - x}{x + 2}}$.

7. 下列各组函数是否相同,为什么?

(1) $y = \ln x^2$ 与 $y = 2\ln x$; 　　(2) $\omega = \tan u$ 与 $y = \tan x$;

(3) $y = \sqrt[3]{x^3}$ 与 $y = \sqrt{x^2}$; 　　(4) $y = x - 1$ 与 $y = \dfrac{x^2 - 1}{x + 1}$;

（5）$y=\mid x\mid$ 与 $y=(\sqrt{x})^{2}$；

（6）$y=\cos x$ 与 $y=\sqrt{1-\sin^{2}x}$.

8. 在一圆柱形容器内倒入某种溶液，该容器的底半径为 r，高为 H. 当倒入溶液后液面的高度为 h 时，溶液的体积为 V. 试把 h 表示为 V 的函数，并指出 h 的定义区间.

9. 某市的行政管理部门，在保证居民正常用水需要的前提下，为了节约用水，制定了如下收费方法：每户居民每月用水量不超过 4.5 吨时，水费按 0.64 元/吨计算；超过 4.5 吨的部分，每吨以不超过 4.5 吨时的 5 倍价格收费. 试建立每月用水费用与用水量之间的函数关系，并计算用水量分别为 3.5 吨、4.5 吨、5.5 吨时的用水费用.

10. 下列函数是由哪些基本初等函数复合而成的？

（1）$y=(1+x)^{20}$；　　　　　　（2）$y=(\arcsin x^{2})^{2}$；

（3）$y=\lg(1+\sqrt{1+x^{2}})$；　　（4）$y=2^{\sin^{2}x}$；

（5）$y=\sqrt{\sin\dfrac{x}{2}}$；　　　　　（6）$y=\mathrm{e}^{\sin\sqrt{x^{2}+1}}$；

（7）$y=\sqrt{\tan 2x}$；　　　　　（8）$y=\sqrt{4-x^{2}}$；

（9）$y=\lg(\lg x)$；　　　　　　（10）$y=3^{-x^{2}}$；

（11）$y=\cos(3x^{2}+1)$；　　　　（12）$y=\sqrt[3]{\ln\sin^{3}x}$.

11. 已知函数 $f(x)=\begin{cases}2x-1,&-1\leqslant x<0,\\ x^{2},&0\leqslant x<1,\\ 3,&x\geqslant 1,\end{cases}$　求：

（1）$f(x)$ 的定义域，并找出其分段点；

（2）$f(-1)$，$f(0)$，$f\left(\dfrac{1}{3}\right)$，$f(1)$，$f(2)$；

（3）作 $f(x)$ 的图像.

12. 判断下列函数的奇偶性.

（1）$f(x)=\ln\dfrac{a-x}{a+x}\ (a>0)$；

（2）$f(x)=x(\mathrm{e}^{x}+\mathrm{e}^{-x})$；

（3）$f(x)=(\cos 3x)^{2}$；

（4）$f(x)=x^{2}-2\mid x\mid+3$.

文本：习题一参考答案

第2章
极限与连续

极限理论是高等数学的重要理论基础,极限思想将贯穿于高等数学学习的整个过程.微积分中的极限既是一个非常重要的概念,也是一种基本的运算.后面对导数、积分的学习都离不开对极限的理解和应用.本章着重讨论极限的概念、性质、计算方法和函数的连续性.

2.1 极限的概念

2.1.1 数列的极限

微视频:极限的概念

我国著名的哲学家庄周在其所著的《庄子·天下篇》中就曾提到,"一尺之棰,日取其半,万世不竭."这句话的意思是:一根一尺长的木棒,每天截取其原来长度的一半,这样下去,可以无限地重复这个过程,但仍有剩余.为什么呢? 我们把上述事实的用数学方法列出来其实是一个无穷数列:

$$\frac{1}{2}, \frac{1}{4}, \frac{1}{8}, \cdots, \frac{1}{2^n}, \cdots$$

随着过程的无限进行,发现 $\frac{1}{2^n}$ 的值越来越接近于 0,这时,就可以说 $\left\{\frac{1}{2^n}\right\}$ 的极限是 0.

下面我们就从数列开始研究极限问题.

在数轴上表示出下列数列中各项数值,并观察它们有什么特点.

(1) $\frac{1}{2}, \frac{2}{3}, \frac{3}{4}, \cdots, \frac{n}{n+1}, \cdots$(如图 2-1-1 所示);

图 2-1-1

(2) $-1, 1, -1, \cdots, (-1)^n, \cdots$(如图 2-1-2 所示);

（3）$2,4,8,\cdots,2^n,\cdots$（如图 2-1-3 所示）；

（4）$2,-1,\dfrac{1}{2},\cdots,(-1)^{n+1}\left(\dfrac{1}{2}\right)^{n-2},\cdots$（如图 2-1-4 所示）；

图 2-1-2

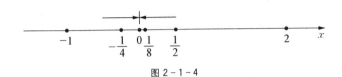

图 2-1-3

图 2-1-4

通过观察可以发现，当 $n\to+\infty$ 时，$x_n=\dfrac{n}{n+1}\to 1$，$x_n=(-1)^n$

在 -1 与 1 处左右摆动，$x_n=2^n\to+\infty$，$x_n=(-1)^{n+1}\left(\dfrac{1}{2}\right)^{n-2}\to 0$.

定义 2.1.1　按正整数 $1,2,3,\cdots$ 编号依次排列的一列数

$$x_1,x_2,\cdots,x_n,\cdots,$$

称为无穷数列，简称数列.数列中的每一个数称为数列的项，x_n 称为
通项（一般项），记作 $\{x_n\}$.

定义 2.1.2　对于数列 $\{x_n\}$，如果当 n 无限增大（即 $n\to$
$+\infty$）时，x_n 趋向于一个确定的常数 A（即 $x_n\to A$），则称当 n 趋向于
无穷大时，数列 $\{x_n\}$ 的极限为 A，记作

$$\lim_{n\to+\infty}x_n=A\ \text{或}\ x_n\to A(n\to+\infty).$$

微视频：数列极限的定义

也称数列 $\{x_n\}$ **收敛**于 A，否则就称数列 $\{x_n\}$ 是**发散**的.

例 2.1.1　考察下列数列的变化趋势，求出它们的极限.

（1）$x_n=\dfrac{1}{2^n}-1$；　　　　　　（2）$x_n=2$；

（3）$x_n=(-1)^n\dfrac{1}{n}$；　　　　　（4）$x_n=3^n-1\,000$；

（5）$x_n=\dfrac{n}{n+1}$；　　　　　　　（6）$x_n=\dfrac{1}{\sqrt{n}}$.

解 （1）因为当 $n \to +\infty$ 时，$2^n \to +\infty$，所以 $\dfrac{1}{2^n} \to 0$，故

$$\lim_{n \to +\infty} \left(\frac{1}{2^n} - 1 \right) = -1.$$

（2）因为当 $n \to +\infty$ 时，$x_n = 2$ 中所有的项都是常数 2，故 $\lim\limits_{n \to +\infty} 2 = 2$.

（3）因为当 $n \to +\infty$ 时，$\dfrac{1}{n} \to 0$，故 $\lim\limits_{n \to +\infty} (-1)^n \dfrac{1}{n} = 0$.

（4）因为当 $n \to +\infty$ 时，$3^n \to +\infty$，所以 $x_n = 3^n - 1\,000$ 的极限不存在.

（5）因为当 $n \to +\infty$ 时，$n \to n+1$，所以 $\lim\limits_{n \to +\infty} \dfrac{n}{n+1} = 1$.

（6）因为当 $n \to +\infty$ 时，$\sqrt{n} \to +\infty$，所以 $\lim\limits_{n \to +\infty} \dfrac{1}{\sqrt{n}} = 0$.

微视频：自变量趋向于
有限值时函数极限的定义

2.1.2 函数的极限

1. 当 $x \to x_0$ 时，函数 $y = f(x)$ 的极限

引例 图 2-1-5 所示为函数 $y = f(x)$ 的图像，考察当 $x \to 0$ 时函数值的变化趋势.

从图像上可以观察到，当自变量 $x \to 0$ 时，函数值 $f(x) \to 1$.

（1）当 $x \to x_0^+$ 时，函数 $y = f(x)$ 的极限

定义 2.1.3 设函数 $y = f(x)$ 在 x_0 的右半邻域 $(x_0, x_0 + \delta)$ 内有定义，当自变量 x 在此半邻域内无限趋近于

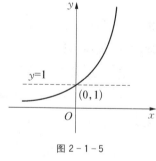

图 2-1-5

x_0 时，相应的函数值 $f(x)$ 无限趋近于一个确定常数 A，则称 A 为函数 $y = f(x)$ 在 x_0 处的右极限，记作

$$\lim_{x \to x_0^+} f(x) = A \text{ 或 } f(x) \to A (x \to x_0^+).$$

（2）当 $x \to x_0^-$ 时，函数 $y = f(x)$ 的极限

定义 2.1.4 设函数 $y = f(x)$ 在 x_0 的左半邻域 $(x_0 - \delta, x_0)$ 内有定义，当自变量 x 在此半邻域内无限趋近于 x_0 时，相应的函数值

$f(x)$ 无限趋近于一个确定常数 B，则称 B 为函数 $y=f(x)$ 在 x_0 处的左极限，记作

$$\lim_{x \to x_0^-} f(x) = B \text{ 或 } f(x) \to B (x \to x_0^-).$$

定义 2.1.5　设函数 $y=f(x)$ 在 x_0 的邻域 $(x_0-\delta, x_0+\delta)$ 内有定义，当自变量 x 在此邻域内无限趋近于 x_0 时，相应的函数值 $f(x)$ 无限趋近于一个确定常数 A，则称 A 为函数 $y=f(x)$ 在 x_0 处的极限，记作

$$\lim_{x \to x_0} f(x) = A \text{ 或 } f(x) \to A (x \to x_0).$$

定理 2.1.1　当 $x \to x_0$ 时，函数 $y=f(x)$ 以常数 A 为极限的充要条件是函数 $y=f(x)$ 在 $x \to x_0^+$ 与 $x \to x_0^-$ 时的极限存在且都等于 A，即

$$\lim_{x \to x_0} f(x) = A \Leftrightarrow \lim_{x \to x_0^+} f(x) = \lim_{x \to x_0^-} f(x) = A.$$

例 2.1.2　设函数 $f(x) = \dfrac{x^2-1}{x-1}$，求

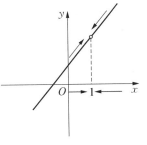

$\lim\limits_{x \to 1^+} f(x)$，$\lim\limits_{x \to 1^-} f(x)$，$\lim\limits_{x \to 1} f(x)$.

解　函数 $f(x) = \dfrac{x^2-1}{x-1} = x+1 \ (x \ne$

1) 观察函数的图像（图 $2-1-6$），可以发现：

图 $2-1-6$

当 $x \to 1^+$ 时，函数值无限趋近于 2，即 $\lim\limits_{x \to 0^+} f(x) = 2$；

当 $x \to 1^-$ 时，函数值也无限趋近于 2，即 $\lim\limits_{x \to 0^+} f(x) = 2$.

因为当 $x \to 1$ 时，函数 $y=f(x)$ 的左极限与右极限都存在，且它们都等于 2，所以 $\lim\limits_{x \to 1} f(x) = 2$.

注意：从例 2.1.2 中可以看出，函数的极限与函数在该点是否有定义以及函数值 $f(x_0)$ 的大小无关.

例 2.1.3　设函数 $f(x) = \begin{cases} x^2, & x < 0, \\ x+1, & x \geqslant 0, \end{cases}$　求：

(1) $\lim\limits_{x \to 0^+} f(x)$，$\lim\limits_{x \to 0^-} f(x)$，$\lim\limits_{x \to 0} f(x)$；

(2) $\lim\limits_{x \to 1^+} f(x)$，$\lim\limits_{x \to 1^-} f(x)$，$\lim\limits_{x \to 1} f(x)$.

解　(1) 观察函数的图像（图 $2-1-7$），可以发现：

当 $x \to 0^+$ 时, 所有的 x 取值都大于 0, 故选择函数表达式 $y = x + 1$, 此时函数值无限趋近于 1, 即 $\lim\limits_{x \to 0^+} f(x) = 1$;

当 $x \to 0^-$ 时, 所有的 x 的取值都小于 0, 故选择函数表达式 $y = x^2$, 此时函数值无限趋近于 0, 即 $\lim\limits_{x \to 0^-} f(x) = 0$.

虽然当 $x \to 0$ 时, 函数 $y = f(x)$ 的左极限与右极限都存在, 但是它们不相等, 所以 $\lim\limits_{x \to 0} f(x)$ 不存在.

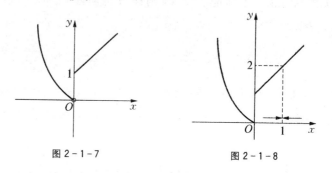

图 2 - 1 - 7　　　　　　　　图 2 - 1 - 8

(2) 观察函数的图像 (图 2 - 1 - 8), 可以发现, 当 $x \to 1^+$ 时, 所有的 x 取值都大于 1, 故选择函数表达式 $y = x + 1$, 此时函数值无限趋近于 2, 即 $\lim\limits_{x \to 1^+} f(x) = 2$; 当 $x \to 1^-$ 时, 所有的 x 取值仍然都大于 0, 故仍选择函数表达式 $y = x + 1$, 此时函数值仍然无限趋近于 2, 即 $\lim\limits_{x \to 1^-} f(x) = 2$.

因为, 当 $x \to 1$ 时, 函数 $y = f(x)$ 的左极限与右极限都存在, 且都等于 2, 所以

$$\lim\limits_{x \to 1} f(x) = 2.$$

注意: 理解 $x \to x_0$ 的含义为 x 既要从左趋近于 x_0, 也要从右趋近于 x_0.

例 2.1.4　讨论下列函数极限的存在性.

(1) $\lim\limits_{x \to 0} \dfrac{1}{x}$;　　　(2) $\lim\limits_{x \to \frac{\pi}{2}} \sin x$;　　　(3) $\lim\limits_{x \to 0} \dfrac{|x|}{x}$.

解　(1) 观察函数图像 (图 2 - 1 - 9), 有

$$\lim\limits_{x \to 0^+} \dfrac{1}{x} = +\infty, \ \lim\limits_{x \to 0^-} \dfrac{1}{x} = -\infty,$$

此时左、右极限都不存在, 故 $\lim\limits_{x \to 0} \dfrac{1}{x}$ 不存在.

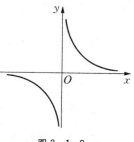

图 2 - 1 - 9

（2）观察函数图像（图 2 - 1 - 10），有

$$\lim_{x \to \frac{\pi^+}{2}} \sin x = 1, \quad \lim_{x \to \frac{\pi^-}{2}} \sin x = 1,$$

此时左、右极限存在且都等于 1，故 $\lim\limits_{x \to \frac{\pi}{2}} \sin x = 1$.

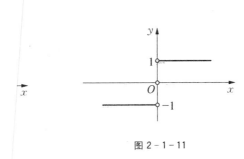

图 2 - 1 - 11

- 1 - 11），有

$$\frac{x\ |}{x} = \lim_{x \to 0^+} \frac{x}{x} = 1,$$

$$\frac{|}{} = \lim_{x \to 0^-} \frac{-x}{x} = -1,$$

相等，故 $\lim\limits_{x \to 0} \dfrac{|\,x\,|}{x}$ 不存在.

$y = f(x)$ 的极限

函数 $y = f(x)$ 的极限

量 x 取正值且无限增大时，函数 $y = f(x)$ 无
，则称 A 为函数 $y = f(x)$ 当 $x \to +\infty$ 时的

$= A$ 或 $f(x) \to A(x \to +\infty)$.

，函数 $y = f(x)$ 的极限

变量 x 取负值且其绝对值无限增大时，函数
$y = f(x)$ 无限趋近于一个确定常数 B，则称 B 为函数 $y = f(x)$ 当
$x \to -\infty$ 时的极限，记作

$$\lim_{x \to -\infty} f(x) = B \text{ 或 } f(x) \to B(x \to +\infty).$$

定义 2.1.8　当自变量 x 的绝对值无限增大时，函数 $y = f(x)$ 无
限趋近于一个确定常数 A，则称 A 为函数 $y = f(x)$ 当 $x \to \infty$ 时的极

微视频：自变量趋向于
无穷大时函数极限的定义

限,记作

$$\lim_{x \to \infty} f(x) = A \text{ 或 } f(x) \to A (x \to \infty).$$

定理 2.1.2 当 $x \to \infty$ 时,函数 $y = f(x)$ 以常数 A 为极限的充要条件是函数 $y = f(x)$ 在 $x \to +\infty$ 与 $x \to -\infty$ 时的极限存在且都等于 A,即

$$\lim_{x \to \infty} f(x) = A \Leftrightarrow \lim_{x \to +\infty} f(x) = \lim_{x \to -\infty} f(x) = A.$$

例 2.1.5 讨论下列函数的极限是否存在.

(1) $\lim\limits_{x \to \infty} \dfrac{1}{x}$;   (2) $\lim\limits_{x \to \infty} \sin x$;   (3) $\lim\limits_{x \to \infty} e^x$.

解 (1) 观察函数图像(图 2-1-12),有

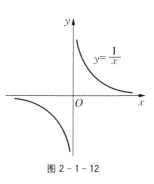

图 2-1-12

$$\lim_{x \to +\infty} \frac{1}{x} = 0, \quad \lim_{x \to -\infty} \frac{1}{x} = 0,$$

此时 $\lim\limits_{x \to +\infty} \dfrac{1}{x} = \lim\limits_{x \to -\infty} \dfrac{1}{x} = 0$,故 $\lim\limits_{x \to \infty} \dfrac{1}{x} = 0$.

(2) 观察函数图像(图 2-1-13),可知

$\lim\limits_{x \to +\infty} \sin x$ 与 $\lim\limits_{x \to -\infty} \sin x$ 都不能趋近于一个固定的常数,故 $\lim\limits_{x \to \infty} \sin x$ 不存在.

(3) 观察函数图像(图 2-1-14),我们发现 $\lim\limits_{x \to +\infty} e^x = +\infty$,$\lim\limits_{x \to -\infty} e^x = 0$,此时 $\lim\limits_{x \to +\infty} e^x \neq \lim\limits_{x \to -\infty} e^x$,故 $\lim\limits_{x \to \infty} e^x$ 不存在.

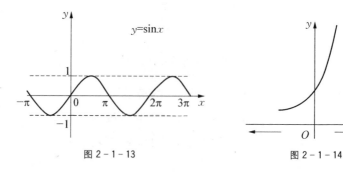

图 2-1-13   图 2-1-14

注意:通过例 2.1.4 与例 2.1.5 可以发现,$\lim\limits_{x \to 0} \dfrac{1}{x}$ 不存在,$\lim\limits_{x \to \infty} \dfrac{1}{x}$ 存在且 $\lim\limits_{x \to \infty} \dfrac{1}{x} = 0$,同样是函数 $f(x) = \dfrac{1}{x}$,自变量变化趋势不同,结

果不同.故在求极限时一定要注意自变量的变化过程.

2.1.3　无穷小量与无穷大量

1. 无穷小

定义 2.1.9　如果函数 $y = f(x)$ 在其自变量的某种变化趋势下极限为 0,则称函数 $f(x)$ 为这种变化趋势下的**无穷小量**,简称无穷小.

注意:同一函数在不同的变化趋势下有不同的结果.例如, $\lim\limits_{x \to \infty} \dfrac{1}{x} = 0$,当 $x \to \infty$ 时,函数 $f(x) = \dfrac{1}{x}$ 为无穷小;但 $\lim\limits_{x \to 1} \dfrac{1}{x} = 1 \neq 0$,那么当 $x \to 1$ 时,函数 $f(x) = \dfrac{1}{x}$ 不是无穷小.

2. 无穷小量的运算性质

性质 2.1.1　有限个无穷小的代数和是无穷小.

注意:无限多个无穷小的代数和未必是无穷小.例如,当 $n \to \infty$ 时, $\dfrac{1}{n^2}, \dfrac{2}{n^2}, \cdots, \dfrac{n}{n^2}$ 均为无穷小,但其和 $\lim\limits_{n \to \infty} \left(\dfrac{1}{n^2} + \dfrac{2}{n^2} + \cdots + \dfrac{n}{n^2} \right) = \lim\limits_{n \to \infty} \dfrac{n(n+1)}{2n^2} = \lim\limits_{n \to \infty} \left(\dfrac{1}{2} + \dfrac{1}{2n} \right) = \dfrac{1}{2}$,不是无穷小.

性质 2.1.2　无穷小与有界量的积是无穷小.

推论 1　常数与无穷小的积是无穷小.

推论 2　有限个无穷小的积仍是无穷小.

微视频:x 趋于 0 的无穷小

3. 无穷大

定义 2.1.10　如果函数 $y = f(x)$ 在其自变量的某种变化趋势下,其函数值的绝对值 $|f(x)|$ 无限增大,即趋向于 ∞,则称函数 $f(x)$ 为这种变化趋势下的**无穷大量**,简称无穷大.

注意:同一函数在不同的变化趋势下有不同的结果.例如,在 $x \to 0$ 时, $\left| \dfrac{1}{x} \right|$ 无限增大,故当 $x \to 0$ 时,函数 $f(x) = \dfrac{1}{x}$ 是无穷大;但当 $x \to 1$ 时,函数 $f(x) = \dfrac{1}{x}$ 不是无穷大.

4. 无穷小与无穷大的关系

定理 2.1.3　在自变量的同一变化过程中,如果 $f(x)$ 为无穷大,则 $\dfrac{1}{f(x)}$ 为无穷小;反之,如果 $f(x)$ 为无穷小,且 $f(x) \neq 0$,则

$\dfrac{1}{f(x)}$ 为无穷大. 即非 0 的无穷小与无穷大是倒数关系.

同理,对于数列,当 $x_n \neq 0$ 时:有 $\lim\limits_{x \to \infty} x_n = 0 \Rightarrow \lim\limits_{x \to \infty} \dfrac{1}{x_n} = \infty$;

$\lim\limits_{x \to \infty} x_n = \infty \Rightarrow \lim\limits_{x \to \infty} \dfrac{1}{x_n} = 0.$

2.1.4 应用拓展

例 2.1.6 假定某种疾病流行 t 天后感染的人数 N 可由函数关系式

$$N = \frac{1\,000\,000}{1 + 5\,000\mathrm{e}^{-0.1t}},$$

求:如果不加以控制,将有多少人感染上这种疾病呢?

解 如果不加以控制,也就是说该疾病流行的时间 $t \to +\infty$,那么,感染上这种疾病的人数为

$$N = \lim_{t \to +\infty} \frac{1\,000\,000}{1 + 5\,000\mathrm{e}^{-0.1t}} = 1\,000\,000.$$

也就是说,如果该疾病不加以控制,那么将有 $1\,000\,000$ 人感染.

能力训练 2.1

1. 指出下列数列是否有极限? 若有,请求出极限.

(1) $0.9,\ 0.99,\ 0.999,\ 0.999\,9,\ \cdots$;　　(2) $x_n = 2n - 1$;

(3) $x_n = \dfrac{n-1}{n+1}$;　　　　　　　　　　(4) $x_n = (-1)^n n$;

(5) $x_n = (-1)^n \dfrac{n}{n^2+1}$;　　　　　　　(6) $x_n = \dfrac{1+(-1)^n}{2}$.

2. 讨论当 $x \to \infty$ 时,下列函数的极限.

(1) $y = x^2 + 1$;　　　　　　　　　　　　(2) $y = \cos x$;

(3) $y = \dfrac{1}{x^2+1}$;　　　　　　　　　　(4) $y = \arctan x$.

3. 观察下列各题中,哪些是无穷小,哪些是无穷大.

(1) $\dfrac{1+x}{x}$,当 $x \to 0$ 时;　　　　　　　(2) $\dfrac{x+1}{x^2-9}$,当 $x \to 3$ 时;

(3) $2^{-x} - 1$,当 $x \to 0$ 时;　　　　　　　(4) $\ln|x|$,当 $x \to 0$ 时;

(5) $2\sin x\cos x$，当 $x\to 0$ 时；　　(6) $\mathrm{e}^{\frac{1}{x}}$，当 $x\to 0$ 时.

4. 用观察法指出下列函数在 $x\to 0$ 时的极限.

(1) $f(x)=\begin{cases}-x,&x<0,\\1,&x=0,\\x,&x>0;\end{cases}$　　(2) $f(x)=\dfrac{|x^3|}{x}$；

(3) $f(x)=\cos x$；　　(4) $f(x)=2x^2-1$.

2.2　极限的运算

2.2.1　极限的四则运算法则

定理 2.2.1　设 $\lim f(x)$ 及 $\lim g(x)$ 都存在，且 x 的变化趋势相同，则有下列运算法则：

法则 1　$\lim[f(x)\pm g(x)]=\lim f(x)\pm\lim g(x)$.

法则 2　$\lim[f(x)\cdot g(x)]=\lim f(x)\cdot\lim g(x)$.

特别地，$\lim[C\cdot f(x)]=\lim C\cdot\lim f(x)=C\lim f(x)$，

$\lim[f(x)]^n=[\lim f(x)]^n$.

法则 3　$\lim\dfrac{f(x)}{g(x)}=\dfrac{\lim f(x)}{\lim g(x)}(\lim g(x)\neq 0)$.

例 2.2.1　$\lim\limits_{x\to 0}(x^2+2x-4)$.

解　$\lim\limits_{x\to 0}(x^2+2x-4)=\lim\limits_{x\to 0}x^2+\lim\limits_{x\to 0}2x-\lim\limits_{x\to 0}4$

$=0+2\lim\limits_{x\to 0}x-4=-4$.

例 2.2.2　$\lim\limits_{x\to 2}\dfrac{x+3}{3x^2-2x+1}$.

解　由于 $\lim\limits_{x\to 2}(3x^2-2x+1)=\lim\limits_{x\to 2}3x^2-\lim\limits_{x\to 2}2x+\lim\limits_{x\to 2}1$

$=3\lim\limits_{x\to 2}x^2-2\lim\limits_{x\to 2}x+1$

$=12-4+1=9\neq 0$.

故

$\lim\limits_{x\to 2}\dfrac{x+2}{3x^2-2x+1}=\dfrac{\lim\limits_{x\to 2}(x+2)}{\lim\limits_{x\to 2}(3x^2-2x+1)}=\dfrac{\lim\limits_{x\to 2}x+\lim\limits_{x\to 2}2}{9}=\dfrac{4}{9}$.

例 2.2.3　$\lim\limits_{x\to 0}\dfrac{2x-4}{\mathrm{e}^x-1}$.

解　由于 $\lim\limits_{x\to 0}(\mathrm{e}^x-1)=0$，此时不能使用极限的商的运算法则，即

$$\lim_{x \to 0} \frac{2x-4}{e^x-1} \neq \frac{\lim_{x \to 0}(2x-4)}{\lim_{x \to 0}(e^x-1)}.$$

又由于 $\lim_{x \to 0}(2x-4)=-4 \neq 0$，可以求出 $\lim_{x \to 0} \frac{e^x-1}{2x-4}=0$，再利用

无穷大与无穷小的关系，就可以求出 $\lim_{x \to 0} \frac{2x-4}{e^x-1}=\infty$.

2.2.2 特殊函数极限的运算

当 $x \to x_0$(或 $x \to \infty$)时，函数 $f(x)$ 与 $g(x)$ 都趋近于 0 或 ∞，此时，它们的关系式，如

$$\lim_{\substack{x \to x_0 \\ (x \to \infty)}} \frac{f(x)}{g(x)} 、 \quad \lim_{\substack{x \to x_0 \\ (x \to \infty)}} \big[f(x)-g(x)\big]$$

的极限可能存在，也可能不存在，一般将此类极限分别记为"$\dfrac{0}{0}$"型未

定型、"$\dfrac{\infty}{\infty}$"型未定型、"$\infty-\infty$"型未定型等.

1. "$\dfrac{0}{0}$"型未定型

例 2.2.4 求 $\lim_{x \to 4} \dfrac{x^2-7x+12}{x^2-5x+4}$.

解 当 $x \to 4$ 时，分子、分母的极限都为 0，故不能直接使用极限的四则运算法则求解.

通过因式分解，可以发现分子、分母都有因式 $x-4$，故可约去公因式，有

微视频：例 2.2.4 解析

$$\lim_{x \to 4} \frac{x^2-7x+12}{x^2-5x+4} = \lim_{x \to 4} \frac{(x-3)(x-4)}{(x-1)(x-4)} = \lim_{x \to 4} \frac{x-3}{x-1} = \frac{1}{3}.$$

例 2.2.5 求 $\lim_{x \to 0} \dfrac{\sqrt{x+1}-1}{x}$.

解 当 $x \to 0$ 时，分子、分母的极限都为 0，不能直接使用极限的四则运算法则求解. 此时也不能因式分解，于是对分子进行有理化，发现分子、分母都有因式 x，故可约去公因式，有

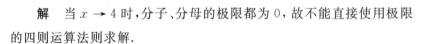

$$\lim_{x \to 0} \frac{\sqrt{x+1}-1}{x} = \lim_{x \to 0} \frac{(\sqrt{x+1}-1)(\sqrt{x+1}+1)}{x(\sqrt{x+1}+1)}$$

$$= \lim_{x \to 0} \frac{x}{x(\sqrt{x+1}+1)}$$

$$= \lim_{x \to 0} \frac{1}{\sqrt{x+1}+1} = \frac{1}{2}.$$

注意：当遇到分子、分母的极限都为零时，可以采用因式分解消去极限为零的公因式；如果分子或分母含有根式，可先进行有理化再消去公因式来求极限.

2. "$\dfrac{\infty}{\infty}$" 型未定型

例 2.2.6　求 $\lim\limits_{x \to \infty} \dfrac{2x^2+x+3}{3x^2-x+2}$.

解　当 $x \to \infty$ 时，分子、分母的极限都为 ∞，不能直接使用极限的四则运算法则求解. 对于有理分式，采取同时除以分子、分母变量的最高次幂的方法进行计算，有

微视频：例 2.2.6 解析

$$\lim_{x \to \infty} \frac{2x^2+x+3}{3x^2-x+2} = \lim_{x \to \infty} \frac{2+\dfrac{1}{x}+\dfrac{3}{x^2}}{3-\dfrac{1}{x}+\dfrac{2}{x^2}} = \frac{2}{3}.$$

推广后有以下结论

$$\lim_{x \to \infty} \frac{a_0 x^n + a_1 x^{n-1} + \cdots + a_n}{b_0 x^m + b_1 x^{m-1} + \cdots + b_m} = \begin{cases} \infty, & \text{当 } m < n, \\ \dfrac{a_0}{b_0}, & \text{当 } m = n, \\ 0, & \text{当 } m > n. \end{cases}$$

微视频：例 2.2.6 结论

例 2.2.7　求 $\lim\limits_{x \to +\infty} \dfrac{x \cos x}{\sqrt{1+x^3}}$.

解　因为当 $x \to \infty$ 时，$x \cos x$ 极限不存在，也不能直接使用极限法则求解，注意到 $\cos x$ 有界（因为 $|\cos x| \leqslant 1$），又

$$\lim_{x \to +\infty} \frac{x}{\sqrt{1+x^3}} = \lim_{x \to +\infty} \frac{x}{x\sqrt{\dfrac{1}{x^2}+x}} = \lim_{x \to +\infty} \frac{1}{\sqrt{\dfrac{1}{x^2}+x}} = 0.$$

根据有界量与无穷小的积仍是无穷小的性质，得

高 等 数 学

$$\lim_{x \to +\infty} \frac{x \cos x}{\sqrt{1 + x^3}} = \lim_{x \to +\infty} \cos x \cdot \frac{x}{\sqrt{1 + x^3}} = 0.$$

注意：当遇到分子、分母的极限都为无穷大时，可以采用同时除以分子或分母的最高次幂，再利用无穷小的性质来求极限.

3. "$\infty - \infty$"型未定型

例 2.2.8 求 $\lim\limits_{x \to 1} \left(\dfrac{3}{1 - x^3} - \dfrac{1}{1 - x} \right)$.

解 当 $x \to 1$ 时，上式中两项极限均为不存在(呈现"$\infty - \infty$"型未定型的形式)，可以先通分，再求极限，有

$$\begin{aligned}
\lim_{x \to 1} \left(\frac{3}{1 - x^3} - \frac{1}{1 - x} \right) &= \lim_{x \to 1} \frac{3 - (1 + x + x^2)}{(1 - x)(1 + x + x^2)} \\
&= \lim_{x \to 1} \frac{(2 + x)(1 - x)}{(1 - x)(1 + x + x^2)} \\
&= \lim_{x \to 1} \frac{2 + x}{1 + x + x^2} = 1.
\end{aligned}$$

注意：当遇到"$\infty - \infty$"型未定型的函数求极限时，可以采用通分、有理化等方法将其转化为"$\dfrac{0}{0}$"型未定型或者"$\dfrac{\infty}{\infty}$"型未定型，再求极限.

能力训练 2.2

1. 已知 $\lim\limits_{x \to 1} f(x) = -3$，$\lim\limits_{x \to 1} g(x) = 2$，求：

(1) $\lim\limits_{x \to 1} [f(x) + g(x)]$；　　(2) $\lim\limits_{x \to 1} [f(x) - g(x)]$；

(3) $\lim\limits_{x \to 1} [f(x) \cdot g(x)]$；　　(4) $\lim\limits_{x \to 1} \dfrac{f(x)}{g(x)}$.

2. 求下列极限.

(1) $\lim\limits_{x \to 3} (2x^2 - 4x + 5)$；　　(2) $\lim\limits_{x \to 2} (-x^2 - 2x + 5)$；

(3) $\lim\limits_{x \to 1} \dfrac{x + 1}{x - 1}$；　　(4) $\lim\limits_{x \to 3} \dfrac{|x - 3|}{x - 3}$；

(5) $\lim\limits_{x \to 2} \dfrac{x^2 - 2}{3x^2 - 4x + 5}$；　　(6) $\lim\limits_{x \to 3} \dfrac{x - 3}{x^2 - 9}$；

(7) $\lim\limits_{x \to \infty} \dfrac{2x^2 - 2x + 1}{x^2 + 6x + 5}$；　　(8) $\lim\limits_{x \to \infty} \dfrac{2x^2 - 2x + 1}{6x + 5}$；

(9) $\lim\limits_{x \to \infty} \dfrac{2x^2 - 2x + 1}{x^3 + 6x + 5}$；　　(10) $\lim\limits_{x \to 1} \left(\dfrac{1}{x - 1} - \dfrac{2}{x^2 - 1} \right)$；

(11) $\lim\limits_{x\to 0}\dfrac{x}{\sqrt{1+x}-1}$;　　　　　　(12) $\lim\limits_{n\to\infty}\dfrac{2^{n+1}+3^{n+1}}{2+3^n}$.

2.3　两个重要极限

1. $\lim\limits_{x\to 0}\dfrac{\sin x}{x}=1$

当 $x\to 0$ 时, 函数 $f(x)=\dfrac{\sin x}{x}$ 的变换趋势, 见表 $2-3-1$.

表 $2-3-1$

x	± 1	± 0.5	± 0.1	± 0.05	± 0.01	± 0.001	$\cdots$
$\dfrac{\sin x}{x}$	0.841 5	0.958 9	0.998 3	0.999 6	0.999 8	0.999 9	$\cdots$

微视频: 重要极限 I 的证明

从表 $2-3-1$ 中可以看出, 当 x 趋近于 0 时, 函数 $f(x)=\dfrac{\sin x}{x}$ 的值趋近于 1. 则可以得出, $\lim\limits_{x\to 0}\dfrac{\sin x}{x}=1$ (证明略).

注意: (1) 这个重要极限主要解决含有三角函数的 "$\dfrac{0}{0}$" 型未定型的极限;

(2) 为了强调其一般形式, 可以把这种极限形象地写成 $\lim\limits_{\square\to 0}\dfrac{\sin\square}{\square}=1$ 或 $\lim\limits_{\square\to 0}\dfrac{\square}{\sin\square}=1$ ("$\square$"代表同一变量).

例 2.3.1　求下列函数的极限.

(1) $\lim\limits_{x\to 0}\dfrac{\sin x}{3x}$;　　　　　　(2) $\lim\limits_{x\to 0}\dfrac{\sin 3x}{x}$;

(3) $\lim\limits_{x\to\pi}\dfrac{\sin x}{\pi-x}$;　　　　　*(4) $\lim\limits_{x\to 0}\dfrac{1-\cos x}{x^2}$.

解　(1) 这是 "$\dfrac{0}{0}$" 型未定型, 可以先使用极限的运算法则将 $\dfrac{1}{3}$ 提到极限符号的前面, 再运用公式 $\lim\limits_{x\to 0}\dfrac{\sin x}{x}=1$, 有

$$\lim\limits_{x\to 0}\dfrac{\sin x}{3x}=\dfrac{1}{3}\lim\limits_{x\to 0}\dfrac{\sin x}{x}=\dfrac{1}{3}.$$

（2）这是"$\dfrac{0}{0}$"型未定型，由于当 $x \to 0$ 时，$3x \to 0$，于是可以先将 $3x$ 看作一个整体，再运用公式 $\lim\limits_{\square \to 0} \dfrac{\sin \square}{\square} = 1$，有

$$\lim_{x \to 0} \frac{\sin 3x}{x} = \lim_{x \to 0} \frac{\sin(3x)}{(3x)} \cdot 3 = 3 \lim_{3x \to 0} \frac{\sin(3x)}{(3x)} = 3.$$

注意：当对公式掌握比较熟练的时候，极限符号下面的 $x \to 0$ 就不需要改写成 $3x \to 0$ 了.

（3）这是"$\dfrac{0}{0}$"型未定型，当 $x \to \pi$ 时，$\pi - x \to 0$，于是可以先将 $x - \pi$ 看作一个整体，运用三角函数公式将 $\sin x$ 化成 $\sin(\pi - x)$，再运用公式 $\lim\limits_{\square \to 0} \dfrac{\sin \square}{\square} = 1$，有

$$\lim_{x \to \pi} \frac{\sin x}{\pi - x} = \lim_{x \to \pi} \frac{\sin(\pi - x)}{\pi - x} = 1.$$

*（4）这是"$\dfrac{0}{0}$"型未定型，但是却没有出现 $\sin x$，这时需要利用三角公式转化为重要极限的形式，再运用公式 $\lim\limits_{\square \to 0} \dfrac{\sin \square}{\square} = 1$，有

$$\lim_{x \to 0} \frac{1 - \cos x}{x^2} = \lim_{x \to 0} \frac{2\sin^2 \dfrac{x}{2}}{x^2} = \lim_{x \to 0} 2\left(\frac{\sin \dfrac{x}{2}}{x}\right)^2 = \lim_{x \to 0} 2\left(\frac{\sin \dfrac{x}{2}}{\dfrac{x}{2} \cdot 2}\right)^2$$

$$= \lim_{x \to 0} 2\left(\frac{\sin \dfrac{x}{2}}{\dfrac{x}{2}} \cdot \frac{1}{2}\right)^2 = \lim_{x \to 0} \frac{1}{2}\left(\frac{\sin \dfrac{x}{2}}{\dfrac{x}{2}}\right)^2$$

$$= \frac{1}{2} \lim_{x \to 0}\left(\frac{\sin \dfrac{x}{2}}{\dfrac{x}{2}}\right)^2 = \frac{1}{2}.$$

2. $\lim\limits_{n \to \infty}\left(1 + \dfrac{1}{x}\right)^x = \mathrm{e}$

当 $x \to \infty$ 时，函数 $f(x) = \left(1 + \dfrac{1}{x}\right)^x$ 的变换趋势，见表 $2 - 3 - 2$.

表 2 - 3 - 2

x	$\left(1+\dfrac{1}{x}\right)^x$	x	$\left(1+\dfrac{1}{x}\right)^x$
10	2.593 742	-10	2.867 972
100	2.704 814	-100	2.731 999
1 000	2.716 924	$-1\ 000$	2.719 642
10 000	2.718 146	$-10\ 000$	2.718 418
100 000	2.718 268	$-100\ 000$	2.718 295
1 000 000	2.718 281	$-1\ 000\ 000$	2.718 283
…	…	…	…

从表 2 - 3 - 2 中可以看出,当 $x \to \infty$ 时,函数 $\left(1+\dfrac{1}{x}\right)^x$ 变化的大

致趋势,可以证明当 $x \to \infty$ 时,$\left(1+\dfrac{1}{x}\right)^x$ 的极限确实存在,并且是一

个无理数,其值为 e $=$ 2.71828$\cdots$,即得此重要极限 $\lim\limits_{n \to \infty}\left(1+\dfrac{1}{x}\right)^x=$ e.

注意:(1)此极限主要解决"1^∞"型未定型的极限;

(2)它可以形象地表示为 $\lim\limits_{\square \to \infty}\left(1+\dfrac{1}{\square}\right)^{\square}=$ e 或 $\lim\limits_{\square \to 0}(1+\square)^{\frac{1}{\square}}=$ e

("$\square$"代表同一变量).

例 2.3.2 求下列函数的极限.

(1) $\lim\limits_{x \to \infty}\left(1+\dfrac{1}{x}\right)^{3x}$;　　　　　(2) $\lim\limits_{x \to \infty}\left(1+\dfrac{1}{3x}\right)^x$;

(3) $\lim\limits_{x \to \infty}\left(1+\dfrac{3}{x}\right)^x$;　　　　　(4) $\lim\limits_{x \to \infty}\left(1-\dfrac{3}{x}\right)^x$.

解　(1)这是"1^∞"型未定型,但形式上与重要极限不一样,利用

指数的性质及极限的运算法则,将其转化为 $\lim\limits_{\square \to \infty}\left(1+\dfrac{1}{\square}\right)^{\square}=$ e 的形式

再来求极限,有

$$\lim_{x \to \infty}\left(1+\dfrac{1}{x}\right)^{3x}=\lim_{x \to \infty}\left(1+\dfrac{1}{x}\right)^{x \cdot 3}=\left[\lim_{x \to \infty}\left(1+\dfrac{1}{x}\right)^{x}\right]^3=e^3.$$

(2)这是"1^∞"型未定型,当 $x \to \infty$ 时,$3x \to \infty$,将 $3x$ 看作一个

整体,再利用公式 $\lim\limits_{\square \to \infty}\left(1+\dfrac{1}{\square}\right)^{\square}=$ e 来求极限,有

$$\lim_{x \to \infty}\left(1+\frac{1}{3x}\right)^{x} = \lim_{x \to \infty}\left(1+\frac{1}{3x}\right)^{3x \cdot \frac{1}{3}} = \left(\lim_{x \to \infty}\left(1+\frac{1}{3x}\right)^{3x}\right)^{\frac{1}{3}} = e^{\frac{1}{3}}.$$

（3）这是"1^{∞}"型未定型，需要将括号内分子化为 1，再利用公式 $\lim\limits_{\square \to \infty}\left(1+\frac{1}{\square}\right)^{\square} = e$ 来求极限，有

$$\lim_{x \to \infty}\left(1+\frac{3}{x}\right)^{x} = \lim_{x \to \infty}\left(1+\frac{1}{\frac{x}{3}}\right)^{x} = \lim_{x \to \infty}\left(1+\frac{1}{\frac{x}{3}}\right)^{\frac{x}{3} \cdot 3}$$

$$= \left[\lim_{x \to \infty}\left(1+\frac{1}{\frac{x}{3}}\right)^{\frac{x}{3}}\right]^{3} = e^{3}.$$

（4）这是"1^{∞}"型未定型，需要将括号内的减号变成加号，再利用公式 $\lim\limits_{\square \to \infty}\left(1+\frac{1}{\square}\right)^{\square} = e$ 来求极限，有

$$\lim_{x \to \infty}\left(1-\frac{3}{x}\right)^{x} = \lim_{x \to \infty}\left(1+\frac{3}{-x}\right)^{x} = \lim_{x \to \infty}\left(1+\frac{1}{\frac{-x}{3}}\right)^{x}$$

$$= \lim_{x \to \infty}\left(1+\frac{1}{\frac{-x}{3}}\right)^{-\frac{x}{3} \cdot (-3)}$$

$$= \left[\lim_{x \to \infty}\left(1+\frac{1}{\frac{-x}{3}}\right)^{-\frac{x}{3}}\right]^{(-3)} = e^{-3}.$$

*例 2.3.3 求函数 $\lim\limits_{x \to \infty}\left(\dfrac{x+1}{x-1}\right)^{x}$ 的极限.

解法 1 这是"1^{∞}"型未定型，利用指数的运算法则将其转化为 $\lim\limits_{\square \to \infty}\left(1+\frac{1}{\square}\right)^{\square} = e$ 的形式，再来求极限，有

$$\lim_{x \to \infty}\left(\frac{x+1}{x-1}\right)^{x} = \lim_{x \to \infty}\left(\frac{x-1+2}{x-1}\right)^{x} = \lim_{x \to \infty}\left(1+\frac{2}{x-1}\right)^{x}$$

$$= \lim_{x \to \infty}\left(1+\frac{1}{\frac{x-1}{2}}\right)^{x} = \lim_{x \to \infty}\left(1+\frac{1}{\frac{x-1}{2}}\right)^{\frac{x-1}{2} \cdot 2 + 1}$$

$$= \lim_{x \to \infty} \left(1 + \cfrac{1}{\cfrac{x-1}{2}} \right)^{\frac{x-1}{2} \cdot 2} \cdot \lim_{x \to \infty} \left(1 + \cfrac{1}{\cfrac{x-1}{2}} \right)^{1}$$

$$= \left[\lim_{x \to \infty} \left(1 + \cfrac{1}{\cfrac{x-1}{2}} \right)^{\frac{x-1}{2}} \right]^{2} \cdot 1 = \mathrm{e}^2.$$

解法 2 $\quad \lim\limits_{x \to \infty} \left(\dfrac{x+1}{x-1} \right)^{x} = \lim\limits_{x \to \infty} \left(\dfrac{1 + \dfrac{1}{x}}{1 - \dfrac{1}{x}} \right)^{x} = \dfrac{\lim\limits_{x \to \infty} \left(1 + \dfrac{1}{x} \right)^{x}}{\lim\limits_{x \to \infty} \left(1 - \dfrac{1}{x} \right)^{x}}$

$$= \frac{\mathrm{e}}{\mathrm{e}^{-1}} = \mathrm{e}^2.$$

能力训练 2.3

1. 求下列极限.

(1) $\lim\limits_{x \to 0} \dfrac{\sin 5x}{\sin 2x}$;

(2) $\lim\limits_{x \to 0} \dfrac{\tan x}{x}$;

(3) $\lim\limits_{x \to 0} \dfrac{1 - \cos x}{3x^2}$;

(4) $\lim\limits_{x \to 0} \dfrac{\sin x^2}{x^2}$;

(5) $\lim\limits_{x \to \infty} x \cdot \sin \dfrac{1}{x}$;

(6) $\lim\limits_{x \to \frac{\pi}{2}} \dfrac{\cos x}{x - \dfrac{\pi}{2}}$;

(7) $\lim\limits_{x \to 1} \dfrac{\sin(x - 1)}{x - 1}$;

(8) $\lim\limits_{x \to \infty} \left(1 + \dfrac{2}{x} \right)^{x}$;

(9) $\lim\limits_{x \to +\infty} \left(1 + \dfrac{1}{x} \right)^{2x}$;

(10) $\lim\limits_{x \to 0} (1 - 2x)^{\frac{1}{x}}$;

(11) $\lim\limits_{x \to \infty} \left(\dfrac{x+1}{x} \right)^{x}$;

(12) $\lim\limits_{x \to \infty} \left(\dfrac{x+3}{x-1} \right)^{x}$.

*2. 求下列极限.

(1) $\lim\limits_{x \to 0} \dfrac{\sin 2x}{x^2 + 2x}$;

(2) $\lim\limits_{x \to 0} \dfrac{\tan 2x}{\sin 5x}$;

(3) $\lim\limits_{x \to 0} \dfrac{3x^2 - x}{\tan x}$;

(4) $\lim\limits_{x \to 0} \dfrac{\mathrm{e}^x - 1}{x}$;

(5) $\lim\limits_{x \to 0} \dfrac{x \tan^2 x}{1 - \cos x}$;

(6) $\lim\limits_{x \to 0} \dfrac{\tan^2 4x}{8(1 - \cos^2 x)}$.

3. 设 $\lim\limits_{x \to 0} \dfrac{\sin ax}{x} = 4$, 求 a 的值.

2.4 函数的连续性

2.4.1 函数连续性的定义

1. 函数的增量

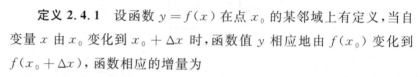

定义 2.4.1 设函数 $y=f(x)$ 在点 x_0 的某邻域上有定义,当自变量 x 由 x_0 变化到 $x_0+\Delta x$ 时,函数值 y 相应地由 $f(x_0)$ 变化到 $f(x_0+\Delta x)$,函数相应的增量为

$$\Delta y = f(x_0+\Delta x) - f(x_0).$$

如图 $2-4-1$ 和图 $2-4-2$ 中所示的 Δy 都叫作函数的增量,函数的增量可正可负.

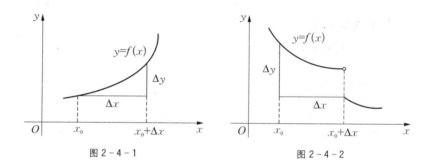

图 $2-4-1$ 　　　　　　　　图 $2-4-2$

例 2.4.1 设函数 $f(x)=x^2-3$,求下列自变量的增量 Δx 和函数的增量 Δy.

(1) 设 x 由 1 变到 0.9;　　(2) 设 x 由 1 变到 1.1;

(3) 设 x 由 1 变到 $1+\Delta x$;　　(4) 设 x 由 x_0 变到 $x_0+\Delta x$.

解 (1) $\Delta x = 0.9 - 1 = -0.1$,

$\Delta y = f(0.9) - f(1) = (0.9^2 - 3) - (1^2 - 3) = -0.19$.

(2) $\Delta x = 1.1 - 1 = 0.1$,

$\Delta y = f(1.1) - f(1) = (1.1^2 - 3) - (1^2 - 3) = 0.21$.

(3) $\Delta x = (1+\Delta x) - 1 = \Delta x$,

$\Delta y = f(1+\Delta x) - f(1) = [(1+\Delta x)^2 - 3] - (1^2 - 3)$
$= 2\Delta x + (\Delta x)^2$.

(4) $\Delta x = (x_0+\Delta x) - x_0 = \Delta x$,

$\Delta y = f(x_0+\Delta x) - f(x_0) = [(x_0+\Delta x)^2 - 3] - (x_0^2 - 3)$
$= 2x_0\Delta x + (\Delta x)^2$.

注意: Δx 和 Δy 可以是正数,也可以是负数,也可以是零,它表示的是自变量和函数值的改变量.

2. 函数 $y = f(x)$ 在点 x_0 处连续

定义 2.4.2　设函数 $y = f(x)$ 在点 x_0 的某邻域内有定义,如果自变量的增量 $\Delta x = x - x_0$ 趋于零时,对应函数的增量也趋于零,即

$$\lim_{\Delta x \to 0} \Delta y = \lim_{\Delta x \to 0} [f(x_0 + \Delta x) - f(x_0)] = 0,$$

则称函数 $f(x)$ 在点 x_0 处是连续的,点 x_0 称为函数 $f(x)$ 的**连续点**;否则就称函数 $f(x)$ 在点 x_0 处是间断的,点 x_0 称为函数 $f(x)$ 的**间断点**.

由于 Δy 也写成 $\Delta y = f(x) - f(x_0)$,所以**定义 2.4.2** 中的表达式也可以写为

$$\lim_{x \to x_0} [f(x) - f(x_0)] = 0, \text{即} \lim_{x \to x_0} f(x) = f(x_0).$$

定义 2.4.3　设函数 $y = f(x)$ 在点 x_0 的某邻域内有定义,若 $\lim_{x \to x_0} f(x) = f(x_0)$,则称函数 $f(x)$ 在点 x_0 处连续.

注意:函数 $f(x)$ 在点 x_0 处连续,必须同时满足以下三个条件

(1) $f(x)$ 在点 x_0 的一个邻域内有定义.

(2) $\lim_{x \to x_0} f(x)$ 存在.

(3) 上述极限值等于函数值 $f(x_0)$.

如果上述条件中至少有一个不满足,则点 x_0 就是函数 $f(x)$ 的间断点.

***定义 2.4.4**　(间断点的分类)设点 x_0 为 $f(x)$ 的一个间断点,如果当 $x \to x_0$ 时,$f(x)$ 的左、右极限都存在,则称点 x_0 为 $f(x)$ 的第一类间断点;否则,称点 x_0 为 $f(x)$ 的第二类间断点. 对第一类间断点还有

(1) 当 $\lim_{x \to x_0^-} f(x)$ 与 $\lim_{x \to x_0^+} f(x)$ 均存在,但不相等时,称点 x_0 为 $f(x)$ 的跳跃间断点.

(2) 当 $\lim_{x \to x_0} f(x)$ 存在,但不等于 $f(x)$ 在点 x_0 处的函数值时,称 x_0 为 $f(x)$ 的可去间断点.

若 $\lim_{x \to x_0} f(x) = \infty$,则称点 x_0 为 $f(x)$ 的无穷间断点,无穷间断点属于第二类间断点.

例 2.4.2　已知函数 $f(x) = \begin{cases} x^2, & x \leqslant 1, \\ x+1, & x > 1, \end{cases}$　讨论 $f(x)$ 在点

$x = 1$ 处的连续性.

解   因为 $\lim\limits_{x \to 1^-} f(x) = \lim\limits_{x \to 1^-} x^2 = 1$，$\lim\limits_{x \to 1^+} f(x) = \lim\limits_{x \to 1^+} (x+1) = 2$，

即该函数在 $x = 1$ 处的左右极限存在但不相等，所以 $\lim\limits_{x \to 1} f(x)$ 不存在，即点 $x = 1$ 是函数 $f(x)$ 的间断点（此间断点为第一类间断点，且为跳跃间断点）.

例 2.4.3   设函数 $f(x) = \begin{cases} \dfrac{x^4}{x}, & x \neq 0, \\ 1, & x = 0, \end{cases}$ 讨论 $f(x)$ 在点 $x = 0$ 处的连续性.

解   因为 $\lim\limits_{x \to 0} f(x) = \lim\limits_{x \to 0} \dfrac{x^4}{x} = \lim\limits_{x \to 0} x^3 = 0$，但是 $f(0) = 1$，即

$$\lim\limits_{x \to 0} f(x) \neq f(0),$$

故点 $x = 0$ 是函数 $f(x)$ 的间断点（此间断点为第一类间断点，且为可去间断点）.

例 2.4.4   讨论函数 $f(x) = |x| = \begin{cases} x, & x \geqslant 0, \\ -x, & x < 0, \end{cases}$ 在点 $x = 0$ 处的连续性.

解   因为 $\lim\limits_{x \to 0^-} f(x) = \lim\limits_{x \to 0^-} (-x) = 0$，$\lim\limits_{x \to 0^+} f(x) = \lim\limits_{x \to 0^+} x = 0$，即该函数的左、右极限存在且相等，此时 $\lim\limits_{x \to 0} f(x) = 0$. 同时，$f(0) = 0$，即

$$\lim\limits_{x \to 0} f(x) = f(0) = 0,$$

故函数在点 $x = 0$ 处是连续的.

例 2.4.5   求函数 $f(x) = \dfrac{1}{(x-1)^2}$ 在点 $x = 1$ 处的连续性.

解   因为函数 $f(x) = \dfrac{1}{(x-1)^2}$ 在点 $x = 1$ 处没有定义，且 $\lim\limits_{x \to 1} \dfrac{1}{(x-1)^2} = \infty$，则 $x = 1$ 为 $f(x)$ 的间断点（该间断点是无穷间断点）.

3. 函数 $y = f(x)$ 在区间 (a, b) 的连续

（1）若 $\lim\limits_{x \to x_0^+} f(x) = f(x_0)$，则称函数在点 x_0 处右连续；

若 $\lim\limits_{x \to x_0^-} f(x) = f(x_0)$，则称函数在点 x_0 处左连续.

（2）如果 $f(x)$ 在区间 (a,b) 内每一点都是连续的，就称 $f(x)$ 在区间 (a,b) 内连续；若 $f(x)$ 在 (a,b) 内连续，且在点 $x=a$ 处右连续，在点 $x=b$ 处左连续，则称 $f(x)$ 在 $[a,b]$ 上连续.

连续函数的图形是一条连续不断的曲线.

2.4.2　初等函数的连续性

1. 初等函数的连续性

定理 2.4.1　一切初等函数在其定义域区间内连续.

求初等函数的连续区间就是求其定义域区间，关于分段函数的连续性，除按上述结论考虑每一段函数的连续性外，还必须讨论分界点处的连续性.

例 2.4.6　求函数 $y=\dfrac{x-2}{x^2-4x+3}$ 的间断点.

解　由 $x^2-4x+3=(x-1)(x-3)=0$ 得 $x_1=1$，$x_2=3$，这两点不在该函数的定义域区间内，故函数 $y=\dfrac{x-2}{x^2-4x+3}$ 的间断点是 $x=1$，$x=3$.

例 2.4.7　求函数 $y=\dfrac{\sqrt{x+1}}{\mathrm{e}^x-1}$ 的连续区间.

解　因为函数需要满足 $\begin{cases} x+1\geqslant 0, \\ \mathrm{e}^x-1\neq 0, \end{cases} \Rightarrow \begin{cases} x\geqslant -1, \\ x\neq 0, \end{cases}$ 即函数的定义域为 $[-1,0)\bigcup(0,+\infty)$，所以函数的连续区间是 $[-1,0)\bigcup(0,+\infty)$.

2. 利用函数的连续性求极限

若 $f(x)$ 在点 x_0 处连续，则 $\lim\limits_{x\to x_0}f(x)=f(x_0)$，即求连续函数的极限的问题，可归结为计算函数值.

例 2.4.8　求极限 $\lim\limits_{x\to\frac{\pi}{2}}[\ln(\sin x)]$.

解　因为 $\ln(\sin x)$ 在 $x=\dfrac{\pi}{2}$ 处连续，故有

$$\lim_{x\to\frac{\pi}{2}}[\ln(\sin x)]=\ln\left(\sin\frac{\pi}{2}\right)=\ln 1=0.$$

3. 复合函数求极限的方法

定理 2.4.2　设有复合函数 $y=f[\varphi(x)]$，若 $\lim\limits_{x\to x_0}\varphi(x)=a$，而

函数 $f(u)$ 在点 $u=a$ 处连续,则

$$\lim_{x \to x_0} f[\varphi(x)] = f[\lim_{x \to x_0} \varphi(x)] = f(a).$$

例 2.4.9 求极限 $\lim\limits_{x \to 0} \ln(1+x)^{\frac{1}{x}}$.

解 由于 $y = \ln(1+x)^{\frac{1}{x}}$ 是由 $y = \ln u$, $u = (1+x)^{\frac{1}{x}}$ 复合而成的,函数 $y = \ln u$ 在 $u = e$ 点连续,故

$$\lim_{x \to 0} \ln(1+x)^{\frac{1}{x}} = \ln[\lim_{x \to 0}(1+x)^{\frac{1}{x}}] = \ln e = 1.$$

2.4.3 闭区间上连续函数的性质

微视频:闭区间上连续
函数的性质

微视频:零点定理

定理 2.4.3 闭区间上连续的函数一定存在最大值和最小值,如图 2-4-3 所示.

定理 2.4.4(零点定理) 若函数 $f(x)$ 在闭区间 $[a,b]$ 上连续,且 $f(a)$ 与 $f(b)$ 异号,则至少存在一点 $\xi \in (a,b)$,使得 $f(\xi) = 0$.

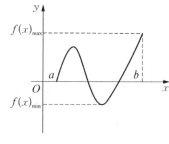

图 2-4-3

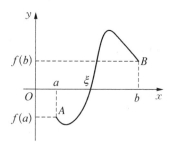

图 2-4-4

零点定理也称为根的存在定理. 如图 2-4-4 所示,从 x 轴下侧的点 A 绘制连续曲线 $y = f(x)$ 到 x 轴上侧的点 B 时,绘出的图像与 x 轴至少相交于一点 $C(\xi, 0)$. 这表明对于方程 $f(x) = 0$,若函数 $f(x)$ 在闭区间 $[a,b]$ 上两个端点处的函数值异号,则该方程在开区间 (a,b) 内至少存在一个根.

例 2.4.10 证明方程 $\sin x - x + 1 = 0$ 在 0 与 π 之间有实根.

证明 设 $f(x) = \sin x - x + 1$,因为 $f(x)$ 在 $(-\infty, +\infty)$ 内连续,所以,$f(x)$ 在 $[0, \pi]$ 上也连续,而 $f(0) = 1 > 0$,$f(\pi) = -\pi + 1 < 0$. 故根据零点定理可知,至少存在一个点 $\xi \in (0, \pi)$,使得 $f(\xi) = 0$,即方程 $\sin x - x + 1 = 0$ 在 0 与 π 之间至少有一个实根.

定理 2.4.5 若函数 $f(x)$ 在闭区间 $[a,b]$ 上连续,且 $f(a) \neq$

$f(b)$，μ 为介于 $f(a)$ 与 $f(b)$ 之间的任意一个数，则至少存在一点 $\xi \in (a,b)$，使得 $f(\xi) = \mu$.

此定理又称介值定理.

2.4.4 应用拓展

例 2.4.11 小军计划到峨眉山顶观看日出. 他 8:00 从山脚下的驻地出发，沿一条路径上山，于 19:00 到达山顶并住宿一晚. 次日观看日出后，于 8:00 沿同一路径下山，于 19:00 到达山脚下的驻地. 试用零点定理分析：小军在两天的上、下山过程中，必有同一时刻到达同一地点的情况.

解 不妨用函数 $f(t)$ 和 $g(t)$ 分别表示小军上山和下山时在 t 时刻距山脚出发地的距离. 另外我们假设该路程的总长度为 s. 由题意，不难得出，$f(8) = 0$，$f(19) = s$，$g(8) = s$，$g(19) = 0$.

设函数 $h(t)$ 表示在 t 时刻时上山与下山路径中相差的距离，即

$$h(t) = f(t) - g(t).$$

则有
$$h(8) = f(8) - g(8) = 0 - s = -s,$$
$$h(19) = f(19) - g(19) = s - 0 = s.$$

由零点定理，$h(8) \cdot h(19) < 0$，故在 $t \in [8, 19]$ 中至少存在一个时刻 t_0，使得

$$h(t_0) = 0,$$

即此时在上山和下山过程中距离山脚的距离相同，也就是说在 t_0 时刻，小军在上山和下山的路径中到达同一地点.

能力训练 2.4

1. 讨论下列函数在指定点处的连续性. (* 若是间断点，请指出其类型)

(1) $f(x) = \begin{cases} x^2 - 1, & x \leqslant 1, \\ x, & x > 1 \end{cases}$ 在点 $x = 1$ 处的连续性；

(2) $f(x) = \begin{cases} \dfrac{x^2 - 1}{x + 1}, & x \neq -1, \\ -2, & x = -1 \end{cases}$ 在点 $x = -1$ 处的连续性；

(3) $f(x) = \begin{cases} x - 1, & x < 1, \\ x + 1, & x \geqslant 1 \end{cases}$ 在点 $x = 1$ 处的连续性.

2. 求下列函数的连续区间：

$(1)\ f(x)=\dfrac{x^2-1}{x^2-3x+2};$ 　　　　$(2)\ f(x)=\dfrac{x}{\sin x};$

$(3)\ f(x)=\sin x\cdot\cos\dfrac{1}{x};$ 　　　　$(4)\ f(x)=(1+x)^{\frac{1}{x}};$

$(5)\ f(x)=\dfrac{\tan 2x}{x};$ 　　　　$(6)\ f(x)=\dfrac{x^2-1}{(x-1)x}.$

3. 已知 $f(x)=\begin{cases}a-\mathrm{e}^x,\ x<0,\\ x^2+1,\ x\geqslant 0,\end{cases}$ 问 a 为何值时函数 $f(x)$ 在

$x=0$ 处连续.

4. 证明方程 $x\cdot 2^x=1$ 至少有一个小于 1 的正根.

习题二

1. 用观察法判断下列数列是否有极限,若有,求其极限.

$(1)\ 1,\dfrac{3}{2},\dfrac{1}{3},\dfrac{5}{4},\dfrac{1}{5},\dfrac{7}{6},\cdots;$ 　　　$(2)\ x_n=\dfrac{1}{\sqrt{n}};$

$(3)\ x_n=\sin\dfrac{n\pi}{2};$ 　　　　$(4)\ x_n=(-1)^n\dfrac{n}{n^3+1}.$

2. 分析下列函数的变化趋势,并求极限.

$(1)\ \lim\limits_{x\to\infty}\dfrac{1}{x^2};$ 　　　　$(2)\ \lim\limits_{x\to+\infty}\dfrac{1}{\sqrt{x}+1};$

$(3)\ \lim\limits_{x\to+\infty}\ln(x+2);$ 　　　　$(4)\ \lim\limits_{x\to-\infty}\dfrac{2x+3}{x+2}.$

3. 下列变量中,哪些是无穷小量,哪些是无穷大量?

$(1)\ 100x^2$,当 $x\to 0$ 时; 　　　　$(2)\ \dfrac{2}{\sqrt{x}}$,当 $x\to 0^+$ 时;

$(3)\ \dfrac{x-1}{x^2-1}$,当 $x\to\infty$ 时; 　　　$(4)\ \mathrm{e}^x$,当 $x\to+\infty$ 时;

$(5)\ \dfrac{n}{n^2+3}$,当 $n\to\infty$ 时; 　　　$(6)\ \dfrac{\sin x}{x}$,当 $x\to\infty$ 时;

$(7)\ \sin\dfrac{1}{x}$,当 $x\to\infty$ 时; 　　　$(8)\ 2^x-1$,当 $x\to 0$ 时.

4. 设函数 $f(x)=\sqrt{x}$,求 $\lim\limits_{t\to 0}\dfrac{f(x+t)-f(x)}{t}$.

5. 设函数 $f(x)=\begin{cases}x^2+1,\ x\geqslant 2,\\2x+1,\ x<2,\end{cases}$ 求 $\lim\limits_{x\to 2}f(x)$.

6. 求下列各式的极限.

(1) $\lim\limits_{x\to -2}(2x^2-x+5)$;

(2) $\lim\limits_{x\to 1}\dfrac{x^2-3}{x^4+x^2+1}$;

(3) $\lim\limits_{x\to 0}\left(1-\dfrac{2}{x-3}\right)$;

(4) $\lim\limits_{x\to\infty}\dfrac{2x^2-x}{x^2+4}$;

(5) $\lim\limits_{x\to 0}\dfrac{1-\sqrt{1+x^2}}{x^2}$;

(6) $\lim\limits_{x\to 2}\dfrac{x-2}{x^2-1}$;

(7) $\lim\limits_{x\to -1}\dfrac{x^2-1}{2x^2+x-1}$;

(8) $\lim\limits_{x\to 1}\dfrac{x^3-1}{x-1}$;

(9) $\lim\limits_{x\to +\infty}x(\sqrt{9x^2+1}-3x)$;

(10) $\lim\limits_{x\to 1}\dfrac{\sqrt{2-x}-\sqrt{x}}{1-x}$;

(11) $\lim\limits_{x\to 3}\dfrac{x^2-5x+6}{x^2-8x+15}$;

(12) $\lim\limits_{x\to\infty}\dfrac{x^2-x-1}{(x-2)^2}$;

(13) $\lim\limits_{x\to\infty}\dfrac{x^2-1}{x+1\,000}$;

(14) $\lim\limits_{x\to 1}\dfrac{\sqrt{x+2}-\sqrt{3}}{x-1}$.

7. (1) 已知 $\lim\limits_{x\to 1}\dfrac{x^2-ax+6}{x-1}=-5$，求 a;

(2) 已知 $\lim\limits_{x\to +\infty}(\sqrt{x^2+kx}-x)=2$，求 k.

8. 求下列极限:

(1) $\lim\limits_{x\to 0}(1-x)^{\frac{2}{x}}$;

(2) $\lim\limits_{x\to\infty}\left(1+\dfrac{4}{x}\right)^{2x}$;

(3) $\lim\limits_{x\to\infty}\left(1-\dfrac{2}{x}\right)^{x-1}$;

(4) $\lim\limits_{x\to\infty}\left(1-\dfrac{2}{x}\right)^{\frac{x}{2}+1}$;

(5) $\lim\limits_{x\to 0}\left(\dfrac{3-x}{3}\right)^{\frac{2}{x}}$;

(6) $\lim\limits_{x\to\infty}\left(\dfrac{1+x}{x}\right)^{x+1}$;

(7) $\lim\limits_{x\to\infty}\left(\dfrac{x-1}{x+1}\right)^{x}$;

(8) $\lim\limits_{x\to\infty}\left(\dfrac{x-1}{x+1}\right)^{x-1}$;

(9) $\lim\limits_{x\to 1^+}(1+\ln x)^{\frac{5}{\ln x}}$;

(10) $\lim\limits_{x\to\frac{\pi}{2}}(1+\cos x)^{\sec x}$.

9. 设函数 $f(x)=\begin{cases}\dfrac{x^2-1}{x-1},\ x\neq 1,\\3,\ x=1,\end{cases}$ 则 $f(x)$ 在点 $x=1$ 处连续吗?

*10. 指出下列函数的间断点,并指明是哪一类的间断点.

(1) $f(x) = \dfrac{1}{x^2-1}$;

(2) $f(x) = e^{\frac{1}{x}}$;

(3) $f(x) = \dfrac{x^2-1}{(x-1)x}$;

(4) $f(x) = \begin{cases} \dfrac{x^2-1}{x+1}, & x \neq -1, \\ 0, & x = -1; \end{cases}$

(5) $f(x) = \begin{cases} x^2+2, & x \leqslant 0, \\ 2^x, & x > 0; \end{cases}$

(6) $f(x) = \begin{cases} \dfrac{x^2-4}{x-2}, & x \neq 2, \\ 3, & x = 2. \end{cases}$

11. 设函数 $f(x) = \begin{cases} \dfrac{\sin x}{x}, & x < 0, \\ k, & x = 0, \\ x\sin\dfrac{1}{x}+1, & x > 0, \end{cases}$ 当 k 为何值时,函数

$f(x)$ 在其定义域内是连续的?

12. 求下列极限.

(1) $\lim\limits_{x \to 1} \arccos \dfrac{\sqrt{x^2+x}}{2}$;

(2) $\lim\limits_{x \to \frac{\pi}{2}} \lg \sin x$;

(3) $\lim\limits_{x \to 0} \dfrac{e^{\sin x}-1}{e^{\cos x}+2}$;

(4) $\lim\limits_{x \to 1} \dfrac{\ln(1+x)-\ln x}{x}$;

(5) $\lim\limits_{x \to +\infty} \dfrac{\sqrt{x^4+x^2+1}}{2x^2}$;

(6) $\lim\limits_{x \to 1} \dfrac{x-\sqrt{x}}{\sqrt{x}-1}$;

(7) $\lim\limits_{x \to e} \dfrac{\ln x}{x}$;

(8) $\lim\limits_{x \to 1} \arctan x$;

(9) $\lim\limits_{x \to +\infty} \dfrac{\sqrt{x^2+2x+2}-1}{x}$;

(10) $\lim\limits_{n \to \infty} \left(\dfrac{1}{n^2} + \dfrac{2}{n^2} + \cdots + \dfrac{n}{n^2} \right)$;

(11) $\lim\limits_{x \to +\infty} \dfrac{(x-1)^{10}(2x-3)^{10}}{(3x-5)^{20}}$.

(12) $\lim\limits_{x \to \infty} \dfrac{\cos x + 1}{x^2}$;

(13) $\lim\limits_{\theta \to 0} \dfrac{1-\cos\theta}{\theta\sin\theta}$;

(14) $\lim\limits_{x \to \infty} \dfrac{x-\cos x}{x}$;

(15) $\lim\limits_{x \to 0} \dfrac{\ln(1+x)}{\sin 2x}$;

(16) $\lim\limits_{x \to 2} \left(\dfrac{1}{x-2} - \dfrac{12}{x^3-8} \right)$.

文本:习题二参考答案

第 3 章
导数与微分

导数与微分是微分学中两个最基本的概念,是高等数学的核心内容之一.许多领域中,如在研究运动的各种形式时,都需要研究函数相对于自变量变化的快慢程度.导数的概念也是从探寻曲线的切线以及确定变速直线运动的瞬时速率中发展而来的.本章将在函数极限的基础上,从实际问题出发引入导数与微分的概念,重点介绍导数与微分的概念及计算,解决一般求导和求微分问题,同时也为下一章导数的应用作好铺垫.

3.1 导数的概念

3.1.1 两个实例

1. 变速直线运动的瞬时速度

设一物体作变速直线运动,其运动方程(位移 s 与 t 之间的函数关系)$s = s(t)$,求该物体在 t_0 时刻的瞬时速度.

分析:设在 t_0 时刻物体的位置为 $s(t_0)$.当时间由 t_0 变化到 $t_0 + \Delta t$ 时,物体的运动方程 $s = s(t)$ 有相应地增量 $\Delta s = s(t_0 + \Delta t) - s(t_0)$,于是比值

$$\frac{\Delta s}{\Delta t} = \frac{s(t_0 + \Delta t) - s(t_0)}{\Delta t},$$

就是物体在 t_0 到 $t_0 + \Delta t$ 时间内的平均速度,记作 $\bar{v}$,即

$$\bar{v} = \frac{\Delta s}{\Delta t} = \frac{s(t_0 + \Delta t) - s(t_0)}{\Delta t},$$

当 $|\Delta t|$ 很小时,$\bar{v}$ 可作为物体在 t_0 时刻瞬时速度的近似值.且 $|\Delta t|$ 越小,$\bar{v}$ 就越接近物体在 t_0 时刻的瞬时速度,即

$$v(t_0) = \lim_{\Delta t \to 0} \bar{v} = \lim_{\Delta t \to 0} \frac{\Delta s}{\Delta t} = \lim_{\Delta t \to 0} \frac{s(t_0 + \Delta t) - s(t_0)}{\Delta t}.$$

因此,变速直线运动的瞬时速度是当时间增量趋近于零时,运动方程的增量和时间的增量之比的极限值.

2. 平面曲线的切线斜率

如图 $3-1-1$ 所示，在曲线 L 上点 M 附近，再取一点 N，作割线 MN，当点 N 沿曲线 L 移动而趋向于点 M 时，MN 越来越接近于 MT，割线 MN 的极限位置 MT 就定义为曲线 L 在点 M 处的切线.

设曲线 L 为函数 $y=f(x)$ 的图像，$M(x_0, f(x_0))$ 和 $N(x, f(x))$ 为曲线 L 上的两点，则割线 MN 的斜率

$$k_{割}=\tan\varphi=\frac{\Delta y}{\Delta x}=\frac{f(x_0+\Delta x)-f(x_0)}{\Delta x}.$$

当 $\Delta x\to 0$ 时，N 沿曲线 L 趋向于 M，则切线的斜率为

$$k_{切}=\lim_{\Delta x\to 0}\tan\varphi=\lim_{\Delta x\to 0}\frac{\Delta y}{\Delta x}=\lim_{\Delta x\to 0}\frac{f(x_0+\Delta x)-f(x_0)}{\Delta x}.$$

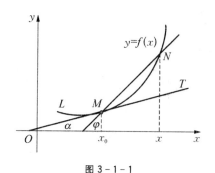

图 $3-1-1$

由此可见，当 $\Delta x\to 0$ 时，曲线 $y=f(x)$ 在点 M 处的纵坐标 y 的增量 Δy 与横坐标 x 的增量 Δx 之比的极限即为曲线在 M 点处切线的斜率.

故曲线 $y=f(x)$ 在点 (x_0, y_0) 处切线方程为

$$y-y_0=k_{切}(x-x_0).$$

3.1.2　导数的概念

1. 函数 $y=f(x)$ 在点 x_0 处的导数

定义 3.1.1　设函数 $y=f(x)$ 在点 x_0 的某一邻域内有定义，当自变量 x 在点 x_0 处有增量 Δx（$\Delta x\neq 0$，$x_0+\Delta x$ 仍在该邻域内）时，相应地，函数有增量

$$\Delta y=f(x_0+\Delta x)-f(x_0).$$

且 Δy 与 Δx 之比为 $\dfrac{\Delta y}{\Delta x}$，当 $\Delta x \to 0$ 时，若

$$\lim_{\Delta x \to 0} \frac{\Delta y}{\Delta x} = \lim_{\Delta x \to 0} \frac{f(x_0 + \Delta x) - f(x_0)}{\Delta x}$$

存在，那么这个极限称为函数 $y = f(x)$ 在点 x_0 处的导数，也可以说成函数 $y = f(x)$ 在点 x_0 处可导，记作 $f'(x_0)$，也记作 $y'|_{x=x_0}$，$\dfrac{\mathrm{d}f(x)}{\mathrm{d}x}\Big|_{x=x_0}$ 或 $\dfrac{\mathrm{d}y}{\mathrm{d}x}\Big|_{x=x_0}$．

如果极限不存在，则说函数 $y = f(x)$ 在点 x_0 处不可导．

注意：用导数的定义求函数 $y = f(x)$ 在点 x_0 处的导数，可以总结为如下三个步骤：

① 求函数的增量：$\Delta y = f(x_0 + \Delta x) - f(x_0)$．

② 算比值：$\dfrac{\Delta y}{\Delta x} = \dfrac{f(x_0 + \Delta x) - f(x_0)}{\Delta x}$．

③ 取极限：$f'(x_0) = \lim\limits_{\Delta x \to 0} \dfrac{f(x_0 + \Delta x) - f(x_0)}{\Delta x}$．

例 3.1.1　用导数的定义求函数 $f(x) = 2x^2 + 1$ 在点 $x = 2$ 处的导数．

解　(1) 求函数的增量：
$$\begin{aligned}
\Delta y &= f(2 + \Delta x) - f(2) \\
&= [2(2 + \Delta x)^2 + 1] - (2 \cdot 2^2 + 1) \\
&= 8\Delta x + 2(\Delta x)^2.
\end{aligned}$$

(2) 算比值：$\dfrac{\Delta y}{\Delta x} = \dfrac{f(x_0 + \Delta x) - f(x_0)}{\Delta x} = \dfrac{8\Delta x + 2(\Delta x)^2}{\Delta x} = 8 + 2\Delta x$．

(3) 取极限：$f'(2) = \lim\limits_{\Delta x \to 0} \dfrac{\Delta y}{\Delta x} = \lim\limits_{\Delta x \to 0}(8 + 2\Delta x) = 8$．

*例 3.1.2**　已知函数 $y = f(x)$ 在点 x_0 处的导数 $f'(x_0)$ 存在，求

$$\lim_{h \to 0} \frac{f(x_0 + 2h) - f(x_0)}{h}, \quad \lim_{h \to 0} \frac{f(x_0 + 2h) - f(x_0 - h)}{h}.$$

解　因为 $f'(x_0)$ 存在，即 $f'(x_0) = \lim\limits_{\Delta x \to 0} \dfrac{f(x_0 + \Delta x) - f(x_0)}{\Delta x}$ 存在，需要将所求的极限化为与此表达式一致的形式，

$$\lim_{h \to 0} \frac{f(x_0 + 2h) - f(x_0)}{h} = \lim_{2h \to 0} \frac{f(x_0 + 2h) - f(x_0)}{2h} \cdot 2$$

$$= 2 \cdot \lim_{2h \to 0} \frac{f(x_0 + 2h) - f(x_0)}{2h}$$

$$= 2f'(x_0).$$

$$\lim_{h \to 0} \frac{f(x_0 + 2h) - f(x_0 - h)}{h}$$

$$= \lim_{h \to 0} \frac{f(x_0 + 2h) - f(x_0) + f(x_0) - f(x_0 - h)}{h}$$

$$= \lim_{h \to 0} \frac{f(x_0 + 2h) - f(x_0)}{h} + \lim_{h \to 0} \frac{f(x_0) - f(x_0 - h)}{h}$$

$$= 2f'(x_0) - \lim_{h \to 0} \frac{f(x_0 - h) - f(x_0)}{h}$$

$$= 2f'(x_0) - \lim_{-h \to 0} \frac{f[x_0 + (-h)] - f(x_0)}{-h} \cdot (-1)$$

$$= 2f'(x_0) + \lim_{-h \to 0} \frac{f[x_0 + (-h)] - f(x_0)}{-h}$$

$$= 3f'(x_0).$$

2. 函数 $y = f(x)$ 的导函数

定义 3.1.2 若函数 $y = f(x)$ 在区间 (a, b) 内每一点都可导，则称 $y = f(x)$ 在区间 (a, b) 内可导.

如果 $y = f(x)$ 在区间 (a, b) 内可导，那么对于区间 (a, b) 中的每一个确定的 x 值，都对应着一个确定的导数值 $f'(x)$. 这样就确定了一个新的函数，此函数称为函数 $y = f(x)$ 的导函数，记作 $f'(x)$，y'，$\dfrac{dy}{dx}$ 或 $\dfrac{df(x)}{dx}$. 在不致发生混淆的情况下，导函数可简称为导数.

显然，函数 $y = f(x)$ 在点 x_0 处的导数 $f'(x_0)$，就是导函数 $f'(x)$ 在点 $x = x_0$ 处的函数值，即 $f'(x_0) = f'(x)\,|_{x = x_0}$.

例 3.1.3 求函数 $f(x) = 2x^2 + 1$ 的导函数，并求出 $f'(2)$，$f'(-3)$，$f'(10)$ 的值.

解 (1) 求函数的增量：$\Delta y = f(x + \Delta x) - f(x)$
$$= [2(x + \Delta x)^2 + 1] - (2 \cdot x^2 + 1)$$
$$= 4x \cdot \Delta x + 2(\Delta x)^2.$$

(2) 算比值：$\dfrac{\Delta y}{\Delta x} = \dfrac{4x \cdot \Delta x + 2(\Delta x)^2}{\Delta x} = 4x + 2\Delta x.$

(3) 取极限：$f'(x) = \lim\limits_{\Delta x \to 0} \dfrac{\Delta y}{\Delta x} = \lim\limits_{\Delta x \to 0} (4x + 2\Delta x) = 4x.$

所以 $f'(2)=f'(x)\mid_{x=2}=8$；$f'(-3)=f'(x)\mid_{x=-3}=-12$；

$\quad f'(10)=f'(x)\mid_{x=10}=40$.

例 3.1.4　已知函数 $f(x)=C$（C 为常数），证明其导函数为 0.

证明　$f'(x)=\lim\limits_{\Delta x\to 0}\dfrac{\Delta y}{\Delta x}=\lim\limits_{\Delta x\to 0}\dfrac{f(x+\Delta x)-f(x)}{\Delta x}$

$\qquad\qquad =\lim\limits_{\Delta x\to 0}\dfrac{C-C}{\Delta x}=0,$

即常数的导数 $C'=0$.

例 3.1.5　求对数函数 $y=\log_a x\ (a>0,\ a\neq 0)$ 的导数.

解　（1）求函数的增量：$\Delta y=f(x+\Delta x)-f(x)$

$\qquad\qquad =\log_a(x+\Delta x)-\log_a x$

$\qquad\qquad =\log_a\dfrac{x+\Delta x}{x}$

$\qquad\qquad =\log_a\left(1+\dfrac{\Delta x}{x}\right).$

（2）算比值：$\dfrac{\Delta y}{\Delta x}=\dfrac{\log_a\left(1+\dfrac{\Delta x}{x}\right)}{\Delta x}=\dfrac{1}{x}\log_a\left(1+\dfrac{\Delta x}{x}\right)^{\frac{x}{\Delta x}}.$

（3）取极限：$\lim\limits_{\Delta x\to 0}\dfrac{\Delta y}{\Delta x}=\lim\limits_{\Delta x\to 0}\dfrac{1}{x}\log_a\left(1+\dfrac{\Delta x}{x}\right)^{\frac{x}{\Delta x}}=\dfrac{1}{x}\log_a\mathrm{e}$

$\qquad\qquad =\dfrac{1}{x\ln a}.$

即 $(\log_a x)'=\dfrac{1}{x\ln a}.$

特别地，当 $a=\mathrm{e}$ 时，得自然对数的导数 $(\ln x)'=\dfrac{1}{x}.$

例 3.1.6　求三角函数 $y=\sin x$ 的导数.

解　（1）求函数的增量：$\Delta y=f(x+\Delta x)-f(x)$

$\qquad\qquad =\sin(x+\Delta x)-\sin x.$

（2）算比值：$\dfrac{\Delta y}{\Delta x}=\dfrac{\sin(x+\Delta x)-\sin x}{\Delta x}=\dfrac{2\cos\left(x+\dfrac{\Delta x}{2}\right)\sin\dfrac{\Delta x}{2}}{\Delta x}.$

（3）取极限：$y'=\lim\limits_{\Delta x\to 0}\dfrac{\Delta y}{\Delta x}=\lim\limits_{\Delta x\to 0}\cos\left(x+\dfrac{\Delta x}{2}\right)\dfrac{\sin\dfrac{\Delta x}{2}}{\dfrac{\Delta x}{2}}=\cos x.$

即 $(\sin x)' = \cos x$.

3.1.3 导数的几何意义——平面曲线的切线斜率

由前面求平面曲线的切线斜率可以知道，图 3-1-1 所示的曲线 $y = f(x)$ 在点 M 处的纵坐标 y 的增量 Δy 与横坐标 x 的增量 Δx 之比，当 $\Delta x \to 0$ 时的极限即为曲线在点 M 处的切线斜率，即

$$k_{切} = \lim_{\Delta x \to 0} \tan \varphi = \lim_{\Delta x \to 0} \frac{\Delta y}{\Delta x} = \lim_{\Delta x \to 0} \frac{f(x + \Delta x) - f(x)}{\Delta x} = f'(x),$$

因此，可以得到曲线 $y = f(x)$ 在点 (x_0, y_0) 处的切线方程为

$$y - y_0 = f'(x_0)(x - x_0),$$

曲线 $y = f(x)$ 在点 (x_0, y_0) 处法线方程为

$$y - y_0 = -\frac{1}{f'(x_0)}(x - x_0), \quad f'(x_0) \neq 0.$$

例 3.1.7 求抛物线 $y = x^2$ 在点 $(1，1)$ 处的切线方程和法线方程.

解 由 $y' = (x^2)' = 2x$ 可以求出函数在点 $(1，1)$ 处的切线斜率为 $k_{切} = 2x \mid_{x=1} = 2$，所以法线的斜率为 $k_{法} = -\frac{1}{2}$，将其代入切线方程和法线方程的函数表达式，则切线方程为

$$y - 1 = 2(x - 1),$$

即
$$y = 2x - 1.$$

法线方程为
$$y - 1 = -\frac{1}{2}(x - 1),$$

即
$$y = -\frac{1}{2}x + \frac{3}{2}.$$

3.1.4 导数可导性与连续性的关系

设函数 $y = f(x)$ 在点 x 处可导，有 $f'(x) = \lim\limits_{\Delta x \to 0} \dfrac{\Delta y}{\Delta x}$，根据函数的极限与无穷小的关系，两端各乘以 Δx，即得

$$\Delta y = f'(x)\Delta x + \alpha(\Delta x)\Delta x,$$

其中 $\alpha(\Delta x)$ 是 $\Delta x \to 0$ 的无穷小. 由此可见 $\lim\limits_{\Delta x \to 0} \Delta y = 0$，这就是说 $y =$ $f(x)$ 在点 x 处连续. 也就是说，如果函数 $y = f(x)$ 在点 x 处可导，那么在点 x 处必连续. 但反过来不一定成立，即在点 x 处连续的函数未必在点 x 处可导. 综上所述，可导一定连续，连续不一定可导.

3.1.5　应用拓展

例 3.1.8　请用导数的定义验证自由落体运动的瞬时速率为 $v = gt$.

解　由高中物理知识可得，自由落体的运动方程为 $s = \dfrac{1}{2}gt^2$. 当时间变量 t 由 t_0 变到 $t_0 + \Delta t$ 时，自由落体的运动距离 s 将由 $\dfrac{1}{2}gt_0^2$ 变到 $\dfrac{1}{2}g(t_0 + \Delta t)^2$，从而可以求出该自由落体运动在时间 Δt 内的平均速度为

$$\bar{v} = \frac{\Delta s}{\Delta t} = \frac{\dfrac{1}{2}g(t_0 + \Delta t)^2 - \dfrac{1}{2}gt_0^2}{\Delta t} = gt_0 + \frac{1}{2}g(\Delta t).$$

那么，当 $|\Delta t| \to 0$ 时，平均速度 $\bar{v}$ 就会无限接近于自由落体运动在 t_0 时刻的瞬时速率 v，因此，平均速度 $\bar{v}$ 的极限值就是自由落体的瞬时速度，可得

$$v = \lim_{\Delta t \to 0} \bar{v} = \lim_{\Delta t \to 0} \frac{\Delta s}{\Delta t} = \lim_{\Delta t \to 0} \frac{\dfrac{1}{2}g(t_0 + \Delta t)^2 - \dfrac{1}{2}gt_0^2}{\Delta t}$$

$$= \lim_{\Delta t \to 0} \left[gt_0 + \frac{1}{2}g(\Delta t) \right] = gt_0.$$

可以看出，这个结果和物理学中自由落体运动的瞬时速率公式是一样的.

能力训练 3.1

1. 用导数的定义求函数 $f(x) = x^{\frac{2}{3}} \cdot \sin x$ 在点 $x = 0$ 处的导数.

2. 用导数的定义求函数 $f(x) = 3\sqrt{x}$ 的导函数.

3. 求曲线 $y = -2x^2 + 3x + 1$ 在点 $(-1, 0)$ 处的切线方程和法

线方程.

4. 若曲线 $y=2x^2-4x+p$ 与直线 $y=1$ 相切,则 p 的值为 _____.

5. 正弦曲线 $y=\sin x\,(0\leqslant x\leqslant 2\pi)$ 上点 _____ 处的切线与直线 $x+y-1=0$ 平行.

6. 若一个物体的运动规律满足方程 $s(t)=10t-\dfrac{1}{2}gt^2$,则在 4 秒末时,该物体的瞬时速率是多少?

7. 若曲线 $y=x^3$ 在点 (x_0,y_0) 处的切线斜率等于 3,求点 (x_0,y_0) 的坐标,并求在该点的切线方程和法线方程.

*8. 设函数 $f(x)=\begin{cases} x^2+1, & x\leqslant 1, \\ ax-b, & x>1 \end{cases}$ 在点 $x=1$ 处可导,求 a,b 的值.

3.2 导数的基本公式和求导法则

3.2.1 基本初等函数的求导公式

根据导数的定义,可以得到六大类基本初等函数的求导公式,但是为了应用的方便,在这里就不一一进行推导,而是直接给出六大类基本初等函数的求导公式.

常函数:$(C)'=0$(C 为常数).

幂函数:$(x^\mu)'=\mu x^{\mu-1}$($\mu\in\mathbf{R}$ 且 $\mu\neq0$).

指数函数:$(a^x)'=a^x\ln x$($a>0$ 且 $a\neq1$);

$\qquad\qquad$ 特别地,$(\mathrm{e}^x)'=\mathrm{e}^x$.

对数函数:$(\log_a x)'=\dfrac{1}{x\ln a}$($a>0$ 且 $a\neq1$);

特别地,$(\ln x)'=\dfrac{1}{x}$.

三角函数:$(\sin x)'=\cos x$;$\qquad\quad(\cos x)'=-\sin x$;

$\qquad\qquad(\tan x)'=\sec^2 x$;$\qquad\quad(\cot x)'=-\csc^2 x$;

$\qquad\qquad(\sec x)'=\tan x\sec x$;$\quad(\csc x)'=-\cot x\csc x$.

反三角函数:$(\arcsin x)'=\dfrac{1}{\sqrt{1-x^2}}$;

$\qquad\qquad\quad(\arccos x)'=-\dfrac{1}{\sqrt{1-x^2}}$;

$$(\arctan x)' = \frac{1}{1+x^2};$$

$$(\operatorname{arccot} x)' = -\frac{1}{1+x^2}.$$

3.2.2　函数求导的四则运算法则

定理 3.2.1　设函数 $u=u(x)$ 与 $v=v(x)$ 在点 x 处可导,则函数 $u(x) \pm v(x)$, $u(x)v(x)$, $\dfrac{u(x)}{v(x)}$ $(v(x) \neq 0)$ 也在点 x 处可导,且有以下法则:

(1) $[u(x) \pm v(x)]' = u'(x) \pm v'(x)$.

(2) $[u(x)v(x)]' = u'(x)v(x) + u(x)v'(x)$;

特别地,$[Cu(x)]' = Cu'(x)$ (C 为常数).

(3) $\left[\dfrac{u(x)}{v(x)}\right]' = \dfrac{u'(x)v(x) - u(x)v'(x)}{v^2(x)}$;

特别地,$\left[\dfrac{C}{v(x)}\right]' = -\dfrac{Cv'(x)}{v^2(x)}$ (C 为常数).

例 3.2.1　求下列函数的导数.

(1) $y = \sqrt{x} + 2\mathrm{e}^x - \sin\dfrac{\pi}{3}$;　　　(2) $y = x^3 \ln x$;

(3) $y = \tan x$.

解　运用基本初等函数的求导公式和四则运算法则来解决以上函数的求导问题.

(1) $y' = (\sqrt{x})' + (2\mathrm{e}^x)' - \left(\sin\dfrac{\pi}{3}\right)'$

$\quad = (x^{\frac{1}{2}})' + 2(\mathrm{e}^x)' - \left(\sin\dfrac{\pi}{3}\right)' = \dfrac{1}{2\sqrt{x}} + 2\mathrm{e}^x$.

(2) $y' = (x^3)'\ln x + x^3(\ln x)' = 3x^2\ln x + x^3\left(\dfrac{1}{x}\right)$

$\quad = 3x^2\ln x + x^2$.

(3) $y' = (\tan x)' = \left(\dfrac{\sin x}{\cos x}\right)' = \dfrac{(\sin x)'\cos x - \sin x(\cos x)'}{\cos^2 x}$

$\quad = \dfrac{\cos^2 x + \sin^2 x}{\cos^2 x} = \dfrac{1}{\cos^2 x} = \sec^2 x$,

即　　　　　　　　　　$(\tan x)' = \sec^2 x.$

用类似的方法,可得

$$(\cot x)' = -\csc^2 x;$$

$$(\sec x)' = \tan x \sec x;$$

$$(\csc x)' = -\cot x \csc x.$$

例 3.2.2 求下列函数的导数.

(1) $y = (\sqrt{x} + 2x)(x^2 - 5)$;　　(2) $y = \dfrac{x^3 - 2\sqrt{x} + 5}{x}$;

(3) $y = \dfrac{\cos 2x}{\sin x + \cos x}$.

解 这些函数如果直接用基本初等函数的求导公式和四则运算法则来计算会比较繁琐,运算量相对较大,通过观察,采取先化简再求导的方法来解决,以此来减少运算量,并且可以提高正确率.

(1) 先化简　$y = x^{\frac{5}{2}} - 5x^{\frac{1}{2}} + 2x^3 - 10x$,

再求导　$y' = \dfrac{5}{2}x^{\frac{3}{2}} - \dfrac{5}{2}x^{-\frac{1}{2}} + 6x^2 - 10$.

(2) 先化简　$y = x^2 - 2x^{-\frac{1}{2}} + 5x^{-1}$,

再求导　$y' = 2x + x^{-\frac{3}{2}} - 5x^{-2}$.

(3) 先化简　$y = \dfrac{\cos 2x}{\sin x + \cos x} = \dfrac{\cos^2 x - \sin^2 x}{\sin x + \cos x} = \cos x - \sin x$,

再求导　$y' = -\sin x - \cos x$.

例 3.2.3 已知函数 $y = \dfrac{1 + \sin x}{1 - \sin x}$, 求 $f'(0)$, $f'\left(\dfrac{\pi}{6}\right)$.

解 因为

$$y' = \left(\frac{1 + \sin x}{1 - \sin x}\right)' = \frac{(1 + \sin x)'(1 - \sin x) - (1 + \sin x)(1 - \sin x)'}{(1 - \sin x)^2}$$

$$= \frac{\cos x(1 - \sin x) - (1 + \sin x)(-\cos x)}{(1 - \sin x)^2} = \frac{2\cos x}{(1 - \sin x)^2},$$

故 $f'(0) = \dfrac{2\cos 0}{(1 - \sin 0)^2} = 2$, $f'\left(\dfrac{\pi}{6}\right) = \dfrac{2\cos \dfrac{\pi}{6}}{\left(1 - \sin \dfrac{\pi}{6}\right)^2} = 4\sqrt{3}$.

3.2.3 应用拓展

例 3.2.4 想要测试冰箱断电后的制冷效果,时间 t 后冰箱的温

度为 $T = -20 + \dfrac{2t}{0.05t + 1}$，那么冰箱温度 T 关于时间 t 的变化率是多少呢？

解 要求冰箱温度 T 关于时间 t 的变化率，就是求 T 关于 t 的导函数，即

$$\frac{\mathrm{d}T}{\mathrm{d}t} = \left(-20 + \frac{2t}{0.05t + 1}\right)' = 0 + \frac{(2t)'(0.05t + 1) - 2t(0.05t + 1)'}{(0.05t + 1)^2}$$

$$= \frac{2(0.05t + 1) - 2t(0.05 + 0)}{(0.05t + 1)^2} = \frac{2}{(0.05t + 1)^2}.$$

能力训练 3.2

1. 求下列函数的导数.

(1) $y = \sin x + x^2$；

(2) $y = \cos x + \ln x + \sin \dfrac{\pi}{7}$；

(3) $y = x\sin x$；

(4) $y = \cot t$；

(5) $y = x^3 - \cos x + \ln x + \sin 5$；

(6) $y = (x^2 + 1)(\sin x - 1)$；

(7) $y = \dfrac{x + 1}{x - 1}$；

(8) $y = 3x^5 + x\tan x + \dfrac{\cos x}{x}$；

(9) $y = \dfrac{\cos x}{1 - x}$；

(10) $y = \sqrt{x\sqrt{x\sqrt{x}}}$.

2. 已知函数 $f(x) = x + 4\cos x - \sin \dfrac{\pi}{4}$，求 $f'(x)$，$f'\left(\dfrac{\pi}{2}\right)$.

3. 若质点的运动方程是 $s(t) = t\mathrm{e}^t$，求质点在 $t = 2$ 时的瞬时速度.

4. 设函数 $y = f(x)$ 是一次函数，已知 $f(0) = 1$，$f(1) = -3$，求 $f'(x)$.

3.3 复合函数与隐函数的求导

3.3.1 复合函数求导

先来看一个例子，求解 $\sin 2x$ 的导数. 由基本初等函数求导公式 $(\sin x)' = \cos x$，那么 $(\sin 2x)' = \cos 2x$ 吗？

验证 $(\sin 2x)' = (2\sin x\cos x)' = 2\cos^2 x - 2\sin^2 x$

$$= 2\cos 2x.$$

微视频：复合函数的求导步骤

定理 3. 3. 1 如果函数 $u=\varphi(x)$ 在点 x 处可导,而函数 $y=f(u)$ 对应点 u 处也可导,那么复合函数 $y=f[\varphi(x)]$ 也在点 x 处可导,且有

$$\frac{\mathrm{d}y}{\mathrm{d}x}=\frac{\mathrm{d}y}{\mathrm{d}u} \cdot \frac{\mathrm{d}u}{\mathrm{d}x} \text{ 或} \{f[\varphi(x)]\}'_x=f'_u(u) \cdot \varphi'_x(x).$$

显然,以上法则也可用于多次复合的情形.

例如,设 $y=f(u)$,$u=\varphi(v)$,$v=\psi(x)$ 都可导,则

$$\frac{\mathrm{d}y}{\mathrm{d}x}=\frac{\mathrm{d}y}{\mathrm{d}u} \cdot \frac{\mathrm{d}u}{\mathrm{d}v} \cdot \frac{\mathrm{d}v}{\mathrm{d}x} \text{ 或} \{f[\varphi(\psi(x))]\}'_x=f'_u(u) \cdot \varphi'_v(v) \cdot \psi'_x(x).$$

例 3. 3. 1 求下列函数的导数.

(1) $y=\sin \sqrt{x}$;　　　　　　　　(2) $y=\sqrt{\sin x}$;

(3) $y=\mathrm{e}^{x^2}$;　　　　　　　　(4) $y=\ln^2 x$.

微视频:计算函数的导数

解 (1) 函数 $y=\sin \sqrt{x}$ 可以看作是由函数 $y=\sin u$ 与 $u=\sqrt{x}$ 复合而成的,因此

$$y'=(\sin u)'_u \cdot (\sqrt{x})'_x=\cos u \cdot \frac{1}{2\sqrt{x}}=\frac{\cos \sqrt{x}}{2\sqrt{x}}.$$

(2) 函数 $y=\sqrt{\sin x}$ 可以看作是由函数 $y=\sqrt{u}=u^{\frac{1}{2}}$ 与 $u=\sin x$ 复合而成的,因此

$$y'=(\sqrt{u})'_u \cdot (\sin x)'_x=\frac{1}{2\sqrt{u}} \cdot \cos x=\frac{\cos x}{2\sqrt{\sin x}}.$$

(3) 函数 $y=\mathrm{e}^{x^2}$ 可以看作是由函数 $y=\mathrm{e}^u$ 与 $u=x^2$ 复合而成的,因此

$$y'=(\mathrm{e}^u)'_u \cdot (x^2)'_x=\mathrm{e}^u \cdot 2x=2x\mathrm{e}^{x^2}.$$

(4) 函数 $y=\ln^2 x$ 可以看作是由函数 $y=u^2$ 与 $u=\ln x$ 复合而成的,因此

$$y'=(u^2)'_u \cdot (\ln x)'_x=2u \cdot \frac{1}{x}=\frac{2\ln x}{x}.$$

注意:对复合函数的求导,正确分解复合过程是非常重要的,这个法则被熟练运用后,可以按照复合的前后次序,层层求导,直接得出最后的结果.

例 3.3.2　求下列函数的导数.

(1) $y = \ln \tan \dfrac{x}{2}$;　　　　(2) $y = \arctan \sqrt{\mathrm{e}^x}$;

(3) $y = \sin \ln \sqrt{2x + 1}$.

解　(1) $y' = \left(\ln \tan \dfrac{x}{2} \right)' = \dfrac{1}{\tan \dfrac{x}{2}} \left(\tan \dfrac{x}{2} \right)'$

$$= \dfrac{1}{\tan \dfrac{x}{2}} \cdot \sec^2 \left(\dfrac{x}{2} \right) \cdot \left(\dfrac{x}{2} \right)'$$

$$= \dfrac{\cos \dfrac{x}{2}}{\sin \dfrac{x}{2}} \cdot \dfrac{1}{\cos^2 \dfrac{x}{2}} \cdot \dfrac{1}{2} = \dfrac{1}{\sin \dfrac{x}{2}} \cdot \dfrac{1}{\cos \dfrac{x}{2}} \cdot \dfrac{1}{2}$$

$$= \dfrac{1}{\sin x} = \csc x.$$

(2) $y' = (\arctan \sqrt{\mathrm{e}^x})' = \dfrac{1}{1 + (\sqrt{\mathrm{e}^x})^2} \cdot (\sqrt{\mathrm{e}^x})'$

$$= \dfrac{1}{1 + \mathrm{e}^x} \cdot \dfrac{1}{2\sqrt{\mathrm{e}^x}} \cdot (\mathrm{e}^x)' = \dfrac{\mathrm{e}^x}{2\sqrt{\mathrm{e}^x}(1 + \mathrm{e}^x)} = \dfrac{\sqrt{\mathrm{e}^x}}{2(1 + \mathrm{e}^x)}.$$

(3) $y' = (\sin \ln \sqrt{2x + 1})'$

$$= \cos \ln \sqrt{2x + 1} \cdot \dfrac{1}{\sqrt{2x + 1}} \cdot \dfrac{1}{2\sqrt{2x + 1}} \cdot 2$$

$$= \dfrac{\cos \ln \sqrt{2x + 1}}{2x + 1}.$$

例 3.3.3　求下列函数的导数.

(1) $y = \ln \sqrt{\dfrac{\mathrm{e}^{2x}}{\mathrm{e}^{2x} + 1}}$;　　　　(2) $y = \dfrac{1}{x + \sqrt{x^2 + 1}}$.

解　若直接应用复合函数的求导方法来求这两个函数的导数,运算量会非常大,可以采取先化简,再求导的方法来解决.

(1) 因为 $y = \ln \sqrt{\dfrac{\mathrm{e}^{2x}}{\mathrm{e}^{2x} + 1}} = \dfrac{1}{2}\left[\ln \mathrm{e}^{2x} - \ln(\mathrm{e}^{2x} + 1)\right]$

$$= x - \dfrac{1}{2}\ln(\mathrm{e}^{2x} + 1),$$

所以 $y' = \left[x - \dfrac{1}{2}\ln(\mathrm{e}^{2x}+1) \right]' = 1 - \dfrac{\mathrm{e}^{2x}}{\mathrm{e}^{2x}+1}$.

（2）因为 $y = \dfrac{1}{x+\sqrt{x^2+1}} = \dfrac{x-\sqrt{x^2+1}}{(x+\sqrt{x^2+1})(x-\sqrt{x^2+1})}$

$$= \sqrt{x^2+1} - x,$$

所以 $y' = (\sqrt{x^2+1} - x)' = \dfrac{1}{2\sqrt{x^2+1}} \cdot 2x - 1$

$$= \dfrac{x}{\sqrt{x^2+1}} - 1.$$

* 例 3.3.4　设函数 $y = x^x\,(x>0)$，求 y'.

解　通过观察，可以发现函数 $y = x^x\,(x>0)$ 的底数和指数都有自变量函数 x，那么它既不是幂函数（底数是变量，指数是常量）也不是指数函数（底数是常量，指数是变量），所以也就不能简单地用幂函数或者指数函数的基本初等函数求导公式来解决了. 在这里，可以借助对数的恒等公式和对数的性质将其转化为复合函数来求导，有

$$y = x^x = \mathrm{e}^{\ln x^x} = \mathrm{e}^{x\ln x},$$

则　　　$y' = (\mathrm{e}^{x\ln x})' = \mathrm{e}^{x\ln x}(x\ln x)' = \mathrm{e}^{x\ln x}\left(\ln x + x \cdot \dfrac{1}{x}\right)$

$$= \mathrm{e}^{x\ln x}(\ln x + 1) = x^x(\ln x + 1).$$

3.3.2　隐函数求导

前面讨论的函数都是把因变量 y 写成自变量 x 的明显表达式 $y = f(x)$，一般把这样的函数称为显函数，例如 $y = \sin x$，$y = -x^2 + \mathrm{e}^x$，$y = \ln\cos x$ 等. 但是有些函数的表达式却不是这样的，例如 $3x + y^3 - 1 = 0$，$\mathrm{e}^y = x^2 + 1$，$x^2 y + \sin y = 1$，$\ln(xy) - y^2 = x$ 等也表示函数. 像这样由方程 $F(x, y) = 0$ 所确定的函数称为隐函数.

一般地，如果变量 x 和 y 之间的函数关系是由一个方程 $F(x, y) = 0$ 确定的，那么这种函数就叫作由方程所确定的**隐函数**.

把一个隐函数化为显函数的过程叫作隐函数的显化. 有些隐函数容易化成显函数，例如隐函数 $3x + y^3 - 1 = 0$ 可以化为显函数 $y = \sqrt[3]{1-3x}$，隐函数 $\mathrm{e}^y = x^2 + 1$ 可以化为显函数 $y = \ln(x^2 + 1)$. 对可显化的隐函数求导，只需先把隐函数显化，再利用显函数的求导方法即

可. 但是有的隐函数是不容易进行显化的, 例如 $x^2 y + \sin y = 1$, $\ln(xy) - y^2 = x$ 等, 那么对于不能显化的隐函数应如何进行求导呢?

1. 隐函数的求导方法

设方程 $F(x, y) = 0$ 所确定的隐函数为 $y = f(x)$, 求导数 $\dfrac{\mathrm{d}y}{\mathrm{d}x}$.

求方程 $F(x, y) = 0$ 所确定的隐函数 $y = f(x)$ 的导数 $\dfrac{\mathrm{d}y}{\mathrm{d}x}$, 只需将方程中的 y 看成是 x 的函数, 利用复合函数的求导法则, 在方程两边同时对 x 求导, 得到一个关于 $\dfrac{\mathrm{d}y}{\mathrm{d}x}$ 方程, 然后从中解出 $\dfrac{\mathrm{d}y}{\mathrm{d}x}$ 即可.

例 3.3.5 设 $y = f(x)$ 是由下列方程所确定的隐函数, 求其导数.

(1) $y \sin x - \cos(x - y) = 0$, 求 $\dfrac{\mathrm{d}y}{\mathrm{d}x}$;

(2) $\mathrm{e}^y + xy = \mathrm{e}$, 求 $y'(0)$.

解 (1) 在方程两边同时对 x 求导, 可得

$$\frac{\mathrm{d}y}{\mathrm{d}x} \sin x + y \cos x + \sin(x - y)\left(1 - \frac{\mathrm{d}y}{\mathrm{d}x}\right) = 0,$$

由上式整理得

$$\frac{\mathrm{d}y}{\mathrm{d}x} = \frac{y \cos x + \sin(x - y)}{\sin(x - y) - \sin x}.$$

(2) 在方程两边同时对 x 求导, 可得

$$\mathrm{e}^y \frac{\mathrm{d}y}{\mathrm{d}x} + y + x \frac{\mathrm{d}y}{\mathrm{d}x} = 0,$$

由上式整理得

$$\frac{\mathrm{d}y}{\mathrm{d}x} = -\frac{y}{\mathrm{e}^y + x}, \tag{1}$$

将 $x = 0$ 代入原方程 $\mathrm{e}^y + xy = \mathrm{e}$, 得 $y = 1$, 再代入 (1) 式中, 可得

$$y'(0) = -\frac{1}{\mathrm{e}}.$$

例 3.3.6 求曲线 $\dfrac{x^2}{16} + \dfrac{y^2}{9} = 1$ 在点 $\left(2, \dfrac{3}{2}\sqrt{3}\right)$ 处的切线方程.

解 在方程两边同时对 x 求导，可得

$$\frac{x}{8} + \frac{2y}{9} \cdot \frac{dy}{dx} = 0,$$

由上式整理得

$$\frac{dy}{dx} = -\frac{9x}{16y} \quad (y \neq 0).$$

所以 $y'(2) = -\dfrac{9 \cdot 2}{16 \cdot \dfrac{3}{2}\sqrt{3}} = -\dfrac{\sqrt{3}}{4},$

因而所求切线方程为

$$y - \frac{3}{2}\sqrt{3} = -\frac{\sqrt{3}}{4}(x - 2).$$

即

$$y = -\frac{\sqrt{3}}{4}x + 2\sqrt{3}.$$

2. 对数求导法（将显函数化为隐函数求导）

对数求导法适用于由几个因子通过乘、除、乘方、开方所构成的比较复杂的函数的求导．对数求导法的过程是先取对数，化乘、除、乘方、开方为乘积，然后利用隐函数的求导方法求导．

例 3.3.7 求 $y = x^x (x > 0)$ 的导数．

解 对于 $y = x^x (x > 0)$ 两边取对数，得

$$\ln y = x \ln x,$$

两边对 x 求导，得

$$\frac{1}{y}y' = x' \ln x + x(\ln x)',$$

所以 $\quad y' = y(\ln x + 1) = x^x(\ln x + 1).$

例 3.3.8 设 $y = (x - 1) \cdot \sqrt[3]{(3x + 1)^2(x - 2)}$，求 y'．

解 先在等式两边取绝对值，再取对数，得

$$\ln |y| = \ln |x - 1| + \frac{2}{3}\ln |3x + 1| + \frac{1}{3}\ln |x - 2|,$$

两边对 x 求导，得

$$\frac{1}{y}y' = \frac{1}{x-1} + \frac{2}{3} \cdot \frac{3}{3x+1} + \frac{1}{3} \cdot \frac{1}{x-2},$$

所以

$$y' = (x-1) \cdot \sqrt[3]{(3x+1)^2(x-2)} \cdot \left[\frac{1}{x-1} + \frac{2}{3x+1} + \frac{1}{3(x-2)}\right].$$

以后解题时,为了方便起见,取绝对值这一步可以略去.

*3.3.3　参数方程所确定的函数的求导

如果由参数方程 $\begin{cases} x = \varphi(t), \\ y = \psi(t) \end{cases}$ 来确定 y 与 x 之间的函数关系,则称此函数关系所表示的函数是由参数方程所确定的函数.

对于参数方程所确定的函数的求导,一般并不需要将参数方程中的参数 t 消去,化为 y 与 x 的显函数来求导.

如果函数 $x = \varphi(t)$,$y = \psi(t)$ 都可导,且 $\varphi'(t) \neq 0$,而 $x = \varphi(t)$ 又具有单调连续的反函数 $t = \varphi^{-1}(x)$,那么参数方程确定的函数求导法为

$$\frac{\mathrm{d}y}{\mathrm{d}x} = \frac{\dfrac{\mathrm{d}y}{\mathrm{d}t}}{\dfrac{\mathrm{d}x}{\mathrm{d}t}} = \frac{\varphi'(t)}{\psi'(t)}.$$

例 3.3.9　椭圆的参数方程为 $\begin{cases} x = a\cos t, \\ y = b\sin t, \end{cases}$ 求椭圆在点 $t = \dfrac{\pi}{4}$ 处的切线方程.

微视频:例 3.3.9 解析

解　$\dfrac{\mathrm{d}y}{\mathrm{d}x} = \dfrac{\dfrac{\mathrm{d}y}{\mathrm{d}t}}{\dfrac{\mathrm{d}x}{\mathrm{d}t}} = \dfrac{b\cos t}{-a\sin t} = -\dfrac{b}{a}\cot t\,(t \neq \pi)$,将 $t = \dfrac{\pi}{4}$ 代入,得

切线方程为

$$y - b\frac{\sqrt{2}}{2} = -\frac{b}{a}\left(x - a\frac{\sqrt{2}}{2}\right),$$

即

$$y = -\frac{b}{a}x + \sqrt{2}b.$$

3.3.4　应用拓展

例 3.3.10　设气体以 $100(\mathrm{cm}^3/\mathrm{s})$ 的速率注入球状的气球,假定

气体的压力不变,那么当半径为 $10(\mathrm{cm})$ 时,气球半径增加的速率是多少?

解 设在时刻 t 时,气球的体积与半径分别为 V 和 r,显然有

$$V = \frac{4}{3}\pi r^3,$$

所以 V 通过中间变量 r 与时间 t 发生联系,是一个复合函数 $V = \frac{4}{3}\pi[r(t)]^3$.

按题意,已知 $\dfrac{\mathrm{d}V}{\mathrm{d}t} = 100(\mathrm{cm}^3/\mathrm{s})$,要求当 $r = 10(\mathrm{cm})$ 时 $\dfrac{\mathrm{d}r}{\mathrm{d}t}$ 的值. 根据复合函数求导法则,得 $\dfrac{\mathrm{d}V}{\mathrm{d}t} = \dfrac{4}{3}\pi \cdot 3r(t)^2 \dfrac{\mathrm{d}r}{\mathrm{d}t}$,将已知数据代入上式,得

$$100 = \frac{4}{3}\pi \cdot 3 \cdot 10^2 \frac{\mathrm{d}r}{\mathrm{d}t},$$

所以 $\dfrac{\mathrm{d}r}{\mathrm{d}t} = \dfrac{1}{4\pi}(\mathrm{cm/s})$,即在 $r = 10(\mathrm{cm})$ 时,气球半径以 $\dfrac{1}{4\pi}(\mathrm{cm/s})$ 的速率增加.

例 3.3.11 若水以 $a(\mathrm{m}^3/\mathrm{min})$ 的速率注入高为 $10(\mathrm{m})$、底面半径为 $5(\mathrm{m})$ 的圆锥形容器中,则当水深为 $8(\mathrm{m})$ 时,水位的上升速度是多少?

解 设在时间 t 时,容器中水的体积为 V,水面的半径为 r,容器中水的深度为 x,由题意,有

$$V = \frac{1}{3}\pi r^2 x,$$

因为 $\dfrac{r}{5} = \dfrac{x}{10}$,因此 $r = \dfrac{x}{2}$,代入上式得

$$V = \frac{1}{12}\pi x^3.$$

又因为水的深度 x 是时间 t 的函数,即 $x = x(t)$,所以水的体积 V 通过中间变量 x 与时间 t 发生联系,是时间 t 的复合函数,即

$$V = \frac{1}{12}\pi[x(t)]^3.$$

在上式中,等式两端同时对时间 t 求导,得

$$\frac{\mathrm{d}V}{\mathrm{d}t} = \frac{1}{12}\pi \cdot 3x^2 \cdot \frac{\mathrm{d}x}{\mathrm{d}t} = \frac{\pi}{4}x^2 \cdot \frac{\mathrm{d}x}{\mathrm{d}t}.$$

其中 $\dfrac{\mathrm{d}V}{\mathrm{d}t}$ 是体积的变化率,由题意知 $\dfrac{\mathrm{d}V}{\mathrm{d}t} = a\,(\mathrm{m}^3/\mathrm{min})$,$\dfrac{\mathrm{d}x}{\mathrm{d}t}$ 是水

的深度的变化率,$x = 8$ 代入上式得

$$\frac{\mathrm{d}x}{\mathrm{d}t} = \frac{4}{\pi x^2} \cdot \frac{\mathrm{d}V}{\mathrm{d}t} = \frac{4}{\pi 8^2} \cdot a = \frac{a}{16\pi}\,(\mathrm{m}/\mathrm{min}).$$

所以,当水深为 $8\,(\mathrm{m})$ 时,水位的上升速度是 $\dfrac{a}{16\pi}\,(\mathrm{m}/\mathrm{min})$.

能力训练 3.3

1. 求下列复合函数的导数.

(1) $y = \cos 3x$;   (2) $y = \sin^2 x$;

(3) $y = (1 - 2x)^7$;   (4) $y = 3^{2x+5}$;

(5) $y = \arctan x^2$;   (6) $y = \ln x^3$;

(7) $y = \mathrm{e}^{\cot x}$;   (8) $y = \sqrt{x^3 - 2x}$;

(9) $y = \mathrm{e}^{-3x^2}$;   (10) $y = (3x^2 + 4x - 7)^{30}$;

(11) $y = \cos^3 \dfrac{1}{x}$;   (12) $y = \sin^5 (6x + 7)$;

(13) $y = \ln \tan 2x$;   (14) $y = \sqrt{\cot \dfrac{x}{2}}$;

(15) $y = \ln \sin(\mathrm{e}^x)$;   (16) $y = \ln(x + \sqrt{x^2 + 1})$;

(17) $y = \sin^2(1 + \sqrt{x})$;   (18) $y = (1 - 2x)^3 \mathrm{e}^{2x}$;

(19) $y = \dfrac{(x + 2)^2}{2x^2}$;   (20) $y = x^{\sin x}\ (x > 0)$.

2. 求下列方程所确定的隐函数的导数 $\dfrac{\mathrm{d}y}{\mathrm{d}x}$.

(1) $xy - \mathrm{e}^x + \mathrm{e}^y = 0$;   (2) $x^2 + 2xy - y^2 = 2x$;

(3) $x^2 y - \mathrm{e}^{2x} = \sin y$;   (4) $y^3 + 2x^2 y - 5x^3 - 7 = 0$;

(5) $y = \cos(x + y)$;   (6) $x = y + \arctan y$.

3. 求曲线 $3y^2 = x^2(x + 1)$ 在点 $(2, 2)$ 处的切线方程.

4. 求曲线 $\begin{cases} x = 2\sin t, \\ y = \cos 2t \end{cases}$ 在点 $t = \dfrac{\pi}{4}$ 处的切线方程.

5. 求由参数方程 $\begin{cases} x = e^{2t} - 1, \\ y = t^3 + 1 \end{cases}$ (t 为参数)所确定的函数 $y = f(x)$ 的导数.

3.4 高阶导数

3.4.1 高阶导数

定义 3.4.1 如果函数 $y = f(x)$ 的导数 $y' = f'(x)$ 仍是 x 的可导函数,就称 $y' = f'(x)$ 的导数为函数 $y = f(x)$ 的二阶导数,记作 y'',或 $\dfrac{d^2 y}{dx^2}$,$\dfrac{d^2 f(x)}{dx^2}$,即 $y'' = (y')' = f''(x)$ 或 $\dfrac{d^2 y}{dx^2} = \dfrac{d}{dx}\left(\dfrac{dy}{dx}\right)$.

类似地,二阶导数的导数叫作三阶导数,三阶导数的导数叫作四阶导数,……,一般地,函数 $y = f(x)$ 的 $n-1$ 阶导数的导数叫作 n 阶导数,分别记作 y''',$y^{(4)}$,$\cdots$,$y^{(n)}$,或 $f'''(x)$,$f^{(4)}(x)$,$\cdots$,$f^{(n)}(x)$ 或 $\dfrac{d^2 y}{dx^2}$,$\dfrac{d^3 y}{dx^3}$,$\cdots$,$\dfrac{d^n y}{dx^n}$.

一般地,$y^{(n)} = \left[y^{(n-1)}\right]' = f^{(n)}(x)$.

函数 $y = f(x)$ 在点 x_0 处的 n 阶导数值记作 $f^{(n)}(x_0)$,$\dfrac{d^n y}{dx^n}\bigg|_{x=x_0}$ 等.

一般将二阶及其以上阶数的导数统称为**高阶导数**.

例 3.4.1 求下列函数的二阶导数.

(1) $y = x^2 + 6x - e^x$; (2) $y = x \ln x$;

(3) $y = \arctan(-x)$.

解 (1) 因为 $y' = 2x + 6 - e^x$,

所以 $y'' = 2 - e^x$.

(2) 因为 $y' = x' \ln x + x (\ln x)' = 1 + \ln x$,

所以 $y'' = (1 + \ln x)' = \dfrac{1}{x}$.

(3) 因为 $y' = \dfrac{1}{1 + (-x)^2}(-x)' = -\dfrac{1}{1 + x^2}$,

所以 $y'' = \left(-\dfrac{1}{1+x^2}\right)' = (1+x^2)^{-2}(1+x^2)' = \dfrac{2x}{(1+x^2)^2}$.

*例 3.4.2** 求由方程 $y^2 + y = x + 1$ 确定的隐函数的二阶导

数 y''.

解 在方程两边同时对 x 求导,得

$$2yy' + y' = 1,$$

整理得
$$y' = \frac{1}{2y + 1},$$

在 $y' = \dfrac{1}{2y + 1}$ 两端再次对 x 求导,得

$$y'' = \left(\frac{1}{2y + 1}\right)' = -\frac{1}{(2y + 1)^2} \cdot (2y + 1)' = -\frac{2y'}{(2y + 1)^2}, \quad (1)$$

将 $y' = \dfrac{1}{2y + 1}$ 代入(1)式,得

$$y'' = -\frac{2}{(2y + 1)^3}.$$

例 3.4.3 求 n 次多项式 $y = a_0 x^n + a_1 x^{n-1} + \cdots + a_{n-2} x^2 + a_{n-1} x + a_n$ 的各阶导数.

解 $y' = na_0 x^{n-1} + (n-1)a_1 x^{n-2} + \cdots + 2a_{n-2} x + a_{n-1}$,

$y'' = n(n-1)a_0 x^{n-2} + (n-1)(n-2)a_1 x^{n-3} + \cdots + 2a_{n-2}$,

……

通过观察可以发现,每求一阶导数,多项式的最高次就降低一次,并且每次求导后常数项就不见了,继续求导得

$$y^{(n)} = n! \ a_0.$$

故 $y^{(n+1)} = 0$.

于是,有结论:**n 次多项式 $y = a_0 x^n + a_1 x^{n-1} + \cdots + a_{n-2} x^2 + a_{n-1} x + a_n$ 的一切高于 n 阶的导数都是 0.**

例如,求 5 次多项式 $y = 3x^5 + x^4 - 2x^3 + 10x^2 + 7$ 的五阶和六阶导数,可以直接利用例 3.4.3 的结论,求出 $y^{(5)} = 5! \cdot 3 = 360$,$y^{(6)} = 0$.

例 3.4.4 求指数函数 $y = e^{ax}$ 与 $y = a^x$ 的 n 阶导数.

解 $y = e^{ax}$,$y' = ae^{ax}$,$y'' = a^2 e^{ax}$,$y''' = a^3 e^{ax}$,
依此类推,可得

$$y^{(n)} = a^n e^{ax},$$

即 $(\mathrm{e}^{ax})^{(n)} = a^n \mathrm{e}^{ax}$.

特别地，$(\mathrm{e}^x)^{(n)} = \mathrm{e}^x$.

同理对 $y = a^x$ 求导，$y' = a^x \ln a$，$y'' = a^x \ln^2 a$，$y''' = a^x \ln^3 a$，依此类推，得

$$y^{(n)} = a^x \ln^n a.$$

例 3.4.5 求 $y = \sin x$ 与 $y = \cos x$ 的 n 阶导数.

解 $y = \sin x$，有

$$y' = \cos x = \sin\left(x + \frac{\pi}{2}\right),$$

$$y'' = \cos\left(x + \frac{\pi}{2}\right) = \sin\left(x + \frac{\pi}{2} + \frac{\pi}{2}\right) = \sin\left(x + 2 \cdot \frac{\pi}{2}\right),$$

$$y''' = \cos\left(x + 2 \cdot \frac{\pi}{2}\right) = \sin\left(x + 3 \cdot \frac{\pi}{2}\right),$$

依此类推，可得

$$y^{(n)} = \sin\left(x + n \cdot \frac{\pi}{2}\right),$$

即 $$(\sin x)^{(n)} = \sin\left(x + n \cdot \frac{\pi}{2}\right).$$

用类似的方法，可得

$$(\cos x)^{(n)} = \cos\left(x + n \cdot \frac{\pi}{2}\right).$$

*例 3.4.6 求由方程 $x - y + \frac{1}{2}\sin y = 0$ 所确定的隐函数 y 的二阶导数 $\frac{\mathrm{d}^2 y}{\mathrm{d}x^2}$.

解 对方程两边同时求导，得

$$1 - \frac{\mathrm{d}y}{\mathrm{d}x} + \frac{1}{2}\cos y \cdot \frac{\mathrm{d}y}{\mathrm{d}x} = 0, \tag{1}$$

(1)式两边再对 x 求导，得

$$\frac{\mathrm{d}^2 y}{\mathrm{d}x^2} + \frac{1}{2}\sin y \cdot \left(\frac{\mathrm{d}y}{\mathrm{d}x}\right)^2 + \frac{1}{2}\cos y \cdot \frac{\mathrm{d}^2 y}{\mathrm{d}x^2} = 0,$$

于是

$$\frac{\mathrm{d}^2 y}{\mathrm{d}x^2} = \frac{\sin y \cdot \left(\dfrac{\mathrm{d}y}{\mathrm{d}x}\right)^2}{\cos y - 2}.$$

由(1)式可得 $\dfrac{\mathrm{d}y}{\mathrm{d}x} = \dfrac{2}{2 - \cos y}$，从而 $\dfrac{\mathrm{d}^2 y}{\mathrm{d}x^2} = \dfrac{4\sin y}{(\cos y - 2)^3}$，此式右端分式

中的 y 是由方程 $x - y + \dfrac{1}{2}\sin y = 0$ 所确定的隐函数.

3.4.2　应用拓展

例 3.4.7　在测试汽车的刹车性能时发现,刹车后汽车行驶的距离 s(单位：m)与时间(单位：s)满足关系式 $s = 19.2t - 0.4t^3$，求汽车经过几秒后能够停下来,此时的加速度是多少?

解　由 $s = 19.2t - 0.4t^3$，知汽车刹车后的速度为

$$v = \frac{\mathrm{d}s}{\mathrm{d}t} = (19.2t - 0.4t^3)' = 19.2 - 1.2t^2,$$

汽车停下来时的速度 $v = 19.2 - 1.2t^2 = 0$，得到 $t = 4$，即是说经过 4(s)后汽车才能停下来,此时的加速度

$$a = \frac{\mathrm{d}v}{\mathrm{d}t} = \frac{\mathrm{d}^2 s}{\mathrm{d}t^2} = (19.2 - 1.2t^2)' = -2.4t.$$

将 $t = 4$ 代入得 $a = -9.6(\mathrm{m/s}^2)$.

能力训练 3.4

1. 求下列函数的二阶导数.

(1) $y = 5x^2 + 4x + 1$；　　　　　(2) $y = \sin(3x + 1)$.

2. 求函数 $y = \mathrm{e}^{2x}$ 的三阶导数.

3. 已知函数 $y = ax^2 + bx + c$，求 y''，y'''，$y^{(4)}$.

4. 已知 $f''(x)$ 存在，$y = f(\ln x)$，求 y''.

3.5　微　分

3.5.1　微分的概念

1. 微分的定义

定义 3.5.1　若函数 $y = f(x)$ 在点 x 处的改变量 $\Delta y = f(x + \Delta x) - f(x)$ 可以表示成 $\Delta y = A\Delta x + o(\Delta x)$，其中 $o(\Delta x)$ 为比

微视频：微分的概念

$\Delta x (\Delta x \to 0)$ 高阶的无穷小 $\left(\text{当} \lim\limits_{\Delta x \to 0} \dfrac{o(\Delta x)}{\Delta x} = 0 \text{ 时，一般称 } o(\Delta x) \text{ 为}\right.$

$\left.\Delta x (\Delta x \to 0) \text{ 的高阶无穷小}\right)$，则称函数 $y = f(x)$ 在点 x 处可微，并称其线性主部 $A \Delta x$ 为函数 $y = f(x)$ 在点 x 处的微分，记作 $\mathrm{d}y$ 或 $\mathrm{d}f(x)$，即 $\mathrm{d}y = A \Delta x$ 且有 $A = f'(x)$，这样 $\mathrm{d}y = f'(x) \Delta x$.

2. 可导与微分的关系

由上面的讨论和微分定义可知：一元函数的可导与可微是等价的，且其关系 $\mathrm{d}y = f'(x) \Delta x$.

当函数 $f(x) = x$ 时，函数的微分 $\mathrm{d}f(x) = \mathrm{d}x = x' \Delta x = \Delta x$ 即 $\mathrm{d}x = \Delta x$. 因此，规定自变量的微分等于自变量的增量，这样函数 $y = f(x)$ 的微分可以写成 $\mathrm{d}y = f'(x) \Delta x = f'(x) \mathrm{d}x$，或在上式两边同除以 $\mathrm{d}x$，有 $\dfrac{\mathrm{d}y}{\mathrm{d}x} = f'(x)$.

由此可见，导数等于函数的微分与自变量的微分之商，即 $f'(x) = \dfrac{\mathrm{d}y}{\mathrm{d}x}$，正因为这样，导数也称为"微商"，而微分的分式 $\dfrac{\mathrm{d}y}{\mathrm{d}x}$ 也常被用作导数的符号.

注意：微分与导数虽然有着密切的联系，但它们是有区别的. 导数是函数在某一点处的变化率，而微分是函数在某一点处由自变量增量所引起的函数变化量的主要部分；导数的值只与 x 有关，而微分的值与 x 和 Δx 都有关.

例 3.5.1 求函数 $y = x^3$ 在 $x = 1$ 处，$\Delta x = 0.01$ 时的增量 Δy 及微分 $\mathrm{d}y$.

解 $\Delta y (x + \Delta x)^3 - x^3 = (1 + 0.01)^3 - 1^3 = 0.030\,3$，

$\mathrm{d}y = (x^3)' \Delta x = 3x^2 \Delta x$，

$\mathrm{d}y \Big|_{\substack{x = 1 \\ \Delta x = 0.01}} = 3 \times 1^2 \times 0.01 = 0.03$.

例 3.5.2 设函数 $y = \mathrm{e}^x \cos x$，求 $\mathrm{d}y$.

解 $\mathrm{d}y = (\mathrm{e}^x \cos x)' \mathrm{d}x = (\mathrm{e}^x \cos x - \mathrm{e}^x \sin x) \mathrm{d}x$

$= \mathrm{e}^x (\cos x - \sin x) \mathrm{d}x$.

3.5.2 微分的几何意义

在直角坐标系中，设函数 $y = f(x)$ 的图形是一条曲线. 对于某一固定的值 x_0，曲线上有一确定点 $M(x_0, y_0)$，当自变量 x 有微小改变

量 Δx 时,得到曲线上另一点 $N(x_0 + \Delta x, y_0 + \Delta y)$. 从图 $3-5-1$ 可知,$MQ = \Delta x$,$QN = \Delta y$. 过点 M 作曲线的切线 MT,它的倾斜角为 α,则

$$QP = MQ \cdot \tan \alpha = \Delta x \cdot f'(x_0),$$

即 $\mathrm{d}y = QP$.

由此可见,当 Δy 是曲线 $y = f(x)$ 上点的纵坐标的相应增量时,$\mathrm{d}y$ 就是曲线的切线上点的纵坐标的相应增量.

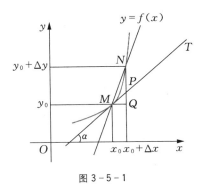

图 $3-5-1$

通过对图 $3-5-1$ 的观察分析,还可以发现,当 $|\Delta x|$ 很小时,$|PN| = |QN - QP| = |\Delta y - \mathrm{d}y|$ 也很小,即可用函数的微分来近似替代函数的增量;当 $|\Delta x|$ 很小时,$\dfrac{\overset{\frown}{MN}}{MP} \approx 1$,即在某点附近可以以**"直"代"曲"**. 这一思想在微积分中是非常重要的.

3.5.3　微分的基本公式与运算法则

因为函数 $y = f(x)$ 的微分等于该函数的导数 $f'(x)$ 乘以 $\mathrm{d}x$,所以根据导数的基本公式和导数的基本运算法则,就能得到相应的微分基本公式和微分运算法则:

1. 微分基本公式

$\mathrm{d}(C) = 0$（C 为常数）；　　　　　　$\mathrm{d}(x) = \mathrm{d}x$；

$\mathrm{d}(x^\mu) = \mu x^{\mu-1} \mathrm{d}x$（$\mu \in \mathbf{R}$ 且 $\mu \neq 0$）；

$\mathrm{d}(a^x) = a^x \ln x \, \mathrm{d}x$（$a > 0$ 且 $a \neq 1$）；

$\mathrm{d}(\mathrm{e}^x) = \mathrm{e}^x \, \mathrm{d}x$；

$\mathrm{d}(\log_a x) = \dfrac{1}{x \ln a} \mathrm{d}x$（$a > 0$ 且 $a \neq 1$）；

$$d(\ln x) = \frac{1}{x}dx; \qquad\qquad d(\sin x) = \cos x\,dx;$$

$$d(\cos x) = -\sin x\,dx; \qquad\qquad d(\tan x) = \sec^2 x\,dx;$$

$$d(\cot x) = -\csc^2 x\,dx; \qquad\qquad d(\sec x) = \tan x \sec x\,dx;$$

$$d(\csc x) = -\cot x \csc x\,dx; \qquad d(\arcsin x) = \frac{1}{\sqrt{1-x^2}}dx;$$

$$d(\arccos x) = -\frac{1}{\sqrt{1-x^2}}dx; \qquad d(\arctan x) = \frac{1}{1+x^2}dx;$$

$$d(\text{arccot}\,x) = -\frac{1}{1+x^2}dx.$$

2. 函数的和、差、积、商的微分运算法则

设函数 $u = u(x)$ 和 $v = v(x)$ 在 x 处可微,则

(1) $d(u \pm v) = du \pm dv$;

(2) $d(uv) = v\,du + u\,dv$,特别地,$d(Cu) = C\,du$(C 为常数);

(3) $d\left(\dfrac{u}{v}\right) = \dfrac{v\,du - u\,dv}{v^2}$ $(v \neq 0)$.

3. 复合函数的微分运算法则

设函数 $y = f(u)$,根据微分的定义,当 u 是自变量时,函数 $y = f(u)$ 的微分是 $dy = f'(u)du$,如果 u 不是自变量,而是 x 的导函数 $u = \varphi(x)$,则复合函数 $y = f[\varphi(x)]$ 的微分为 $dy = y'_x dx = f'(u)\varphi'(x)dx$.

例 3.5.3 设函数 $y = \arcsin\sqrt{x}$,求 dy.

解 $dy = (\arcsin\sqrt{x})'dx = \dfrac{1}{\sqrt{1-x}}(\sqrt{x})'dx$

$$= \frac{1}{2\sqrt{x-x^2}}dx.$$

例 3.5.4 求由方程 $x^2 + 2xy - y^2 = a^2$ 确定的隐函数 $y = f(x)$ 的微分及导数 $\dfrac{dy}{dx}$.

解 对方程两边求微分,得

$$2x\,dx + 2(y\,dx + x\,dy) - 2y\,dy = 0,$$

即 $\qquad\qquad (x + y)dx = (y - x)dy,$

所以
$$\mathrm{d}y = \frac{x+y}{y-x}\mathrm{d}x, \quad \frac{\mathrm{d}y}{\mathrm{d}x} = \frac{x+y}{y-x}.$$

*3.5.4　微分在近似计算中的应用

设函数 $y = f(x)$ 在点 x_0 处的导数 $f'(x_0) \neq 0$，且 $|\Delta x|$ 很小时，有近似公式

$$\Delta y = f(x_0 + \Delta x) - f(x_0) \approx f'(x_0)\Delta x \tag{1}$$

或
$$f(x_0 + \Delta x) \approx f(x_0) + f'(x_0)\Delta x. \tag{2}$$

上式中令 $x_0 + \Delta x = x$，则

$$f(x) \approx f(x_0) + f'(x_0)(x - x_0). \tag{3}$$

这里(1)式可以用于求函数增量的近似值，而(2)，(3)式可用于求函数的近似值.

例 3.5.5　不用计算器，求出 $\sqrt{82}$ 的近似值.

解　要算出 $\sqrt{82}$ 的近似值，需要借助公式

$$f(x_0 + \Delta x) \approx f(x_0) + f'(x_0)\Delta x.$$

因为 $\sqrt{82} = \sqrt{81+1}$，故在这里先设一个函数 $f(x) = \sqrt{x}$，那么 $f(82) = f(81+1)$，将 81 看作 x_0，将 1 看作 Δx，根据公式有

$$f(82) = f(81+1) \approx f(81) + f'(81) \cdot 1 = \sqrt{81} + \frac{1}{2\sqrt{81}} = \frac{163}{18}.$$

3.5.5　应用拓展

例 3.5.6　有一批半径为 1(cm)的球，为了提高球表面的光洁度，需要镀一层铜，厚度为 0.01(cm)，试估计镀每只球需要多少铜？（铜的密度为 8.9 g/cm^3）

解　要求铜的质量，应该先求出镀层的体积，因为镀层的体积等于两个球体的体积之差，所以它就是球体体积 $V = \frac{4}{3}\pi R^3$，当 $R = 1$，$\Delta R = 0.01$ 时的增量 ΔV. 因为

$$V' = \left(\frac{4}{3}\pi R^3\right)' = 4\pi R^2,$$

所以

$$\Delta V \bigg|_{\substack{R=1 \\ \Delta R=0.01}} \approx dV \bigg|_{\substack{R=1 \\ \Delta R=0.01}} = 4\pi R^2 \Delta R \bigg|_{\substack{R=1 \\ \Delta R=0.01}}$$

$$\approx 4 \times 3.14 \times 1^2 \times 0.01 \approx 0.13 (\text{cm}^3),$$

于是,镀每只球需用的铜为

$$0.13 \times 8.9 \approx 1.16(\text{g}).$$

能力训练 3.5

1. 求下列函数的微分.

(1) $y = \sqrt{1+x^2}$;　　　　　　　(2) $y = \dfrac{\cos x}{1-x^2}$;

(3) $y = x\,e^{-x^2}$;　　　　　　　　(4) $y = \arcsin\sqrt{1-x^2}$;

(5) $y = [\ln(1-x)]^2$;　　　　　　(6) $y = \sqrt{\cos 3x} + \ln\tan\dfrac{x}{2}$.

2. 计算 $\sin 29°$ 的近似值.

3. 计算 $\sqrt[3]{997}$ 的近似值.

习题三

1. 已知质点直线运动的方程为 $s(t) = t^2 + 3$,求该质点在 $t=5$ 时的瞬时速度.

2. 用函数 $f(x)$ 在点 x_0 处的导数 $f'(x_0)$ 表示下列极限.

(1) $\lim\limits_{\Delta x \to 0} \dfrac{f(x_0 + 2\Delta x) - f(x_0)}{\Delta x}$;

(2) $\lim\limits_{\Delta x \to 0} \dfrac{f(x_0 - \Delta x) - f(x_0)}{2\Delta x}$;

(3) $\lim\limits_{t_0 \to 0} \dfrac{f(x_0 + t_0) - f(x_0 - t_0)}{t_0}$;

(4) $\lim\limits_{x \to x_0} \dfrac{f(x_0) - f(x)}{x - x_0}$.

3. 利用基本公式 $(x^\mu)' = \mu x^{\mu-1}$,求下列函数的导数.

(1) $y = x^e$;　　　　　　　　　(2) $y = x^{-\frac{1}{3}}$;

(3) $y = \dfrac{\sqrt{x}}{\sqrt[3]{x}}$;　　　　　　　　(4) $y = \sqrt{\sqrt{\sqrt{x}}}$.

4．求下列曲线在指定点处的切线方程和法线方程．

（1）$y = x^3$ 在点 $(1，1)$ 处的切线方程和法线方程；

（2）$y = \ln x$ 在点 $(e，1)$ 处的切线方程和法线方程；

（3）$y = \cos x$ 在点 $\left(\dfrac{\pi}{6}，\dfrac{\sqrt{3}}{2}\right)$ 处的切线方程和法线方程．

5．求曲线 $y = x^2$ 上哪一点的切线平行于直线 $y = 12x - 1$，在哪一点处的法线垂直于直线 $3x - y - 1 = 0$．

6．求下列函数的导数．

（1）$y = x^a - a^x + \ln x - \cos x + e^2$；

（2）$y = 2\sqrt{x} - \dfrac{1}{x} + x\sqrt{x}$；

（3）$y = (\sqrt{x} + 1)\left(\dfrac{1}{\sqrt{x}} - 1\right)$；　（4）$y = 2\tan x + \sec x - 2$；

（5）$y = 3\log_3 x + xe^x$；　　　（6）$y = x\sin x\ln x$；

（7）$y = \dfrac{5\sin x}{1 + \cos x}$；　　　（8）$y = \dfrac{10^x - 1}{10^x + 1}$．

7．求下列函数在指定点处的导数．

（1）$f(x) = \ln x + 3\cos x - 2x$，求 $f'\left(\dfrac{\pi}{2}\right)$，$f'(\pi)$；

（2）$f(x) = x^2\sin x$，求 $f'(0)$，$f'\left(\dfrac{\pi}{2}\right)$．

8．求下列函数的导数．

（1）$y = 2\cos(4 - 5x)$；　　　（2）$y = (2x + 3)^4$；

（3）$y = \sqrt{1 + e^x}$；　　　（4）$y = \ln\tan x$；

（5）$y = \sec^2 2x$；　　　　（6）$y = \arccos\dfrac{1}{x}$；

（7）$y = \dfrac{x}{\sqrt{4 - x^2}}$；　　　（8）$y = e^{2x}\sin 3x$．

9．求由下列方程所确定的隐函数的导数 $\dfrac{dy}{dx}$．

（1）$x^2 + y^2 - xy = 1$；　　　（2）$xy^2 - e^{xy} + 2 = 0$；

（3）$y = x + \ln y$；　　　　（4）$y = 1 + xe^y$．

10．用对数求导法求下列函数的导数．

（1）$x^y = y^x$；　　　　（2）$y = (\cos x)^{\sin x}$；

(3) $y = x^{\frac{1}{x}}$；

(4) $y = \dfrac{\sqrt{x+2}(3-x)^4}{(x+1)^5}$.

11. 求下列函数的二阶导数.

(1) $y = x^4 - 2x^3 + 4x - 1$；

(2) $y = \sin(3 - 2x)$；

(3) $y = x \ln^2 x$；

(4) $y = \dfrac{x}{\sqrt{4 - x^2}}$.

12. 求下列函数的 n 阶导数.

(1) $y = x \mathrm{e}^x$；

(2) $y = \ln x$；

13. 求下列函数的微分.

(1) $y = x^2 + \sin^2 x - 3x + 4$；

(2) $y = x \ln x$；

(3) $y = \dfrac{1-x}{1+x}$；

(4) $y = \mathrm{e}^{\sin 2x}$；

(5) $y = \ln \tan \dfrac{x}{2}$；

(6) $y = \arcsin \sqrt{x}$；

(7) $y = x \arccos x$；

(8) $y = (\mathrm{e}^x + \mathrm{e}^{-x})^3$.

14. 下列各括号中填入一个函数,使各等式成立.

(1) $3x^2 \mathrm{d}x = \mathrm{d}(\qquad)$；

(2) $\dfrac{1}{1+x^2} \mathrm{d}x = \mathrm{d}(\qquad)$；

(3) $2\cos 2x \, \mathrm{d}x = \mathrm{d}(\qquad)$；

(4) $\dfrac{1}{x-1} \mathrm{d}x = \mathrm{d}(\qquad)$；

(5) $\ln x \cdot \dfrac{1}{x} \mathrm{d}x = \mathrm{d}(\qquad)$；

(6) $\sqrt{a+bx}\, \mathrm{d}x = \mathrm{d}(\qquad)$；

(7) $\dfrac{1}{x^2} \mathrm{d}x = \mathrm{d}(\qquad)$；

(8) $2x \mathrm{e}^{-2x^2} \mathrm{d}x = \mathrm{d}(\qquad)$.

文本:习题三参考答案

15. 求下列近似值.

(1) $\ln 0.9$；

(2) $\cos 61°$；

(3) $\arctan 1.02$；

(4) $\mathrm{e}^{1.001}$.

第 4 章
导数的应用

上一章我们研究了导数和微分的概念及其计算,这一章我们以导数为工具,以微分中值定理作为理论基础,研究函数的某些特征,包括函数的单调性、函数的极值与最值、曲线的凹凸性等,以及求极限的一个重要方法——洛必达法则.并将这些方法应用到实际问题的解决中,切实感受到微分学的重要作用.

4.1 拉格朗日中值定理及函数的单调性

4.1.1 拉格朗日中值定理

定理 4.1.1 如果函数 $y = f(x)$ 满足下列条件

(1) 在闭区间 $[a, b]$ 上连续;

(2) 在开区间 (a, b) 内可导;

那么,在 (a, b) 内至少存在一点 ξ, 使得

$$\frac{f(b) - f(a)}{b - a} = f'(\xi).$$

微视频:拉格朗日中值定理

定理 4.1.1 又称拉格朗日中值定理.

拉格朗日中值定理的**几何**解释如图 4-1-1 所示.如果函数 $y = f(x)$ 在闭区间 $[a, b]$ 上连续,在开区间 (a, b) 内可导,那么在区间 (a, b) 内至少存在一点 ξ, 使得过该点的切线与连接曲线端点的直线 AB 平行,即它们的斜率相等.直线 AB 的斜率为

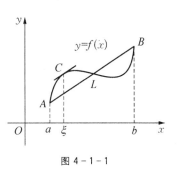

图 4-1-1

$$k_{AB} = \frac{f(b) - f(a)}{b - a},$$

过 ξ 点的切线斜率为 $k_{切} = f'(\xi)$, 故

$$\frac{f(b) - f(a)}{b - a} = f'(\xi).$$

4.1.2 两个重要推论

推论 4.1.1 如果函数 $y=f(x)$ 在区间 (a,b) 内满足 $f'(x)\equiv 0$，则在区间 (a,b) 内 $f(x)=C$（C 为常数）.

证明 设 $\forall x_1,x_2\in(a,b)$，且 $x_1<x_2$，由拉格朗日中值定理，在区间 $[x_1,x_2]$ 上，至少存在一点 $\xi\in(x_1,x_2)$，使得 $\dfrac{f(b)-f(a)}{b-a}=f'(\xi)$，因为 $f'(\xi)\equiv 0$，所以 $f(x_1)-f(x_2)=0$，即 $f(x_1)=f(x_2)$. 又因为 x_1,x_2 是 (a,b) 内的任意两点，这就表明函数 $y=f(x)$ 在 (a,b) 内任意两点的值总是相等的，即函数 $y=f(x)$ 在 (a,b) 内是一个常数.

推论 4.1.2 如果对 (a,b) 内取任意的 x，均有 $f'(x)=g'(x)$，则在 (a,b) 内 $f(x)$ 与 $g(x)$ 之间只差一个常数，即

$$f(x)=g(x)+C\ (C\ \text{为常数}).$$

证明 令 $F(x)=f(x)-g(x)$，由于对 (a,b) 内任意的 x，均有 $f'(x)=g'(x)$，则

$$F'(x)=f'(x)-g'(x)\equiv 0,$$

由推论 4.1.1 可知，函数 $F(x)$ 在 (a,b) 内为常数，即

$$F(x)=f(x)-g(x)=C\ (C\ \text{为常数}).$$

4.1.3 函数单调性的判定

微视频：函数单调性的分析

定理 4.1.2 设函数 $y=f(x)$ 在闭区间 $[a,b]$ 上连续，在开区间 (a,b) 内可导，则有

(1) 如果在 (a,b) 内 $f'(x)>0$，则函数 $y=f(x)$ 在 $[a,b]$ 上单调增加.

(2) 如果在 (a,b) 内 $f'(x)<0$，则函数 $y=f(x)$ 在 $[a,b]$ 上单调减少.

（证明略）

那么，如何才能求出函数的单调区间呢？为了应用的方便，在这里直接给出求函数单调区间的**一般步骤**：

(1) 确定函数 $y=f(x)$ 的定义域 D.

(2) 求导函数 $f'(x)$，并解出使 $f'(x)=0$ 的点（这样的点称为驻

点)和 $f'(x)$ 不存在的点(这样的点称为尖点).

(3) 用求出的驻点及尖点划分定义域区间.

(4) 列表判定 $f'(x)$ 在各个划分区间内的符号,再由定理 4.1.2 得出函数在划分区间内的单调性.

(5) 总结得出单调区间.

例 4.1.1　求函数 $f(x)=2x^3-9x^2+12x-3$ 的单调区间.

解　易知该函数的定义域为 $D=(-\infty,+\infty)$,

$$f'(x)=6x^2-18x+12=6(x-1)(x-2),$$

求使 $f'(x)=6(x-1)(x-2)=0$ 的点,得驻点 $x_1=1$, $x_2=2$. 用驻点将定义域划分成三个子区间 $(-\infty,1)$, $(1,2)$, $(2,+\infty)$ 后列表讨论如下.

微视频:例 4.1.1 解析

x	$(-\infty,1)$	1	$(1,2)$	2	$(2,+\infty)$
$f'(x)$	$+$	0	$-$	0	$+$
$f(x)$	↗		↘		↗

由上表可知,函数在区间 $(-\infty,1)$ 和 $(2,+\infty)$ 内单调增加,在区间 $(1,2)$ 内单调减少.

例 4.1.2　求函数 $f(x)=x^{\frac{2}{3}}$ 的单调性.

解　易知该函数的定义域为 $D=(-\infty,+\infty)$,

$$f'(x)=\frac{2}{3}x^{\frac{1}{3}}=\frac{2}{3\cdot\sqrt[3]{x}},$$

$f'(x)$ 无驻点,但存在无意义的点,故得尖点 $x=0$,用尖点将定义域划分成两个子区间 $(-\infty,0)$, $(0,+\infty)$ 后列表讨论如下.

x	$(-\infty,0)$	0	$(0,+\infty)$
$f'(x)$	$-$	不存在	$+$
$f(x)$	↘		↗

由上表可知,函数在区间 $(-\infty,0)$ 内单调减少,在 $(0,+\infty)$ 区间内单调增加.

例 4.1.3　求函数 $f(x)=x-\frac{3}{2}\cdot\sqrt[3]{x^2}$ 的单调性.

解　该函数的定义域为 $D=(-\infty,+\infty)$,

微视频:例 4.1.3 解析

$$f'(x) = 1 - x^{-\frac{1}{3}} = \frac{\sqrt[3]{x} - 1}{\sqrt[3]{x}},$$

得驻点 $x=1$，尖点 $x=0$，用驻点及尖点将定义域划分成三个子区间 $(-\infty, 0)$，$(0, 1)$，$(1, +\infty)$ 后列表讨论如下.

x	$(-\infty, 0)$	0	$(0, 1)$	1	$(1, +\infty)$
$f'(x)$	+	0	−	不存在	+
$f(x)$	↗		↘		↗

由上表可知，函数在区间 $(-\infty, 0)$ 和 $(1, +\infty)$ 内单调增加，在区间 $(0, 1)$ 内单调减少.

注意： 从上述例题中可以发现，有的函数可能只有驻点，有的函数可能只有尖点，有的函数可能既有驻点又有尖点，所以在讨论函数单调性时一定不要忽略尖点.

4.1.3 应用拓展

例 4.1.4 血液从心脏流出，经主动脉后流到毛细血管，再经过静脉流回心脏.医生建立了某病人在心脏收缩的一个周期内血压 P 的数学模型 $P(t) = \dfrac{25t^2 + 123}{t^2 + 1}$，其中 $t=0$ 表示血液从心脏流出的时刻.问在心脏收缩的一个周期内，血压是单调增加的还是单调减少的？

解 因为 $P(t) = \dfrac{25t^2 + 123}{t^2 + 1}$，

所以 $P'(t) = \left(\dfrac{25t^2 + 123}{t^2 + 1}\right)'$

$$= \frac{(25t^2 + 123)' \cdot (t^2 + 1) - (25t^2 + 123) \cdot (t^2 + 1)'}{(t^2 + 1)^2}$$

$$= -\frac{196t}{(t^2 + 1)^2}.$$

因为 $t > 0$，所以 $P'(t) = -\dfrac{196t}{(t^2 + 1)^2} < 0$，因此在心脏收缩的一个周期内，血压是单调减少的.

能力训练 4.1

1. 判断函数 $f(x) = x - \sin x$ 在 $[0, 2\pi]$ 上的单调性.

2. 判断 $f(x) = \arcsin x$ 在其定义域 $[-1, 1]$ 上的单调性.

3. 讨论下列函数的单调区间.

(1) $f(x) = e^x - x - 1$；

(2) $f(x) = \dfrac{1}{3}x^3 - \ln x$；

(3) $f(x) = x^4 - 8x^2 + 3$.

4. 若函数 $f(x) = \dfrac{1}{3}x^3 - \dfrac{1}{2}ax^2 + (a-1)x + 1$ 在区间 $(1, 4)$ 内单调减少,在区间 $(6, +\infty)$ 内单调增加,试求实数 a 的取值范围.

4.2　函数的极值与最值

4.2.1　函数的极值

定义 4.2.1　设函数 $f(x)$ 在 x_0 的某邻域内有定义,且对此邻域内任意一点 $x\ (x \neq x_0)$,均有 $f(x) < f(x_0)$,则称 $f(x_0)$ 是函数 $f(x)$ 的一个极大值;同样,如果对此邻域内任意一点 $x\ (x \neq x_0)$,均有 $f(x) > f(x_0)$,则称 $f(x_0)$ 是函数 $f(x)$ 的一个极小值.函数的极大值与极小值统称为函数的极值.使函数取得极值的点 x_0 称为极值点.

注意:极值点是指函数取得极值时对应的自变量的取值,而极值是指函数值,两者不能混淆.

定理 4.2.1(极值的必要条件)　设 $f(x_0)$ 在点 x_0 处可导,且在点 x_0 处取得极值,则必有 $f'(x_0) = 0$.

函数极值点特征:由定理 4.2.1 知,可导函数 $f(x)$ 的极值点必是 $f(x)$ 的驻点.反过来,驻点却不一定是 $f(x)$ 的极值点.例如,$x = 0$ 是函数 $f(x) = x^3$ 的驻点,但不是其极值点.对于连续函数,它的极值点还可能是尖点.例如,$f(x) = |x|$,在 $x = 0$ 处函数的导数不存在,但 $x = 0$ 是它的极小值点.

定理 4.2.2(极值的第一充分条件)　设函数 $f(x)$ 在点 x_0 处连续,在点 x_0 的某一邻域内可导(在点 x_0 处可以不可导),当 x 由小增大经过 x_0 时:

(1) 如果 $f'(x)$ 的符号由正变负,那么 x_0 是极大值点;

(2) 如果 $f'(x)$ 的符号由负变正,那么 x_0 是极小值点;

(3) 如果 $f'(x)$ 的符号不变,那么 x_0 不是极值点.

注意:由定理 4.2.2 可以总结出求函数极值的步骤,即在求函数单调性的步骤之后,观察该驻点或尖点是否是函数单调性发生改变的点,若是,则该点是函数的极值点,否则就不是.

例 4.2.1 求函数 $f(x) = x^3 - \dfrac{3}{2}x^2 + 1$ 的极值.

解 该函数的定义域为 $(-\infty, +\infty)$,

$$f'(x) = \left(x^3 - \frac{3}{2}x^2 + 1\right)' = 3x^2 - 3x = 3x(x-1),$$

令 $f'(x) = 3x(x-1) = 0$,得驻点 $x=0$,$x=1$.用驻点将定义域划分成三个子区间 $(-\infty, 0)$,$(0, 1)$,$(1, +\infty)$ 后列表讨论如下.

x	$(-\infty, 0)$	0	$(0, 1)$	1	$(1, +\infty)$
$f'(x)$	$+$	0	$-$	0	$+$
$f(x)$	↗	极大值 1	↘	极小值 $\dfrac{1}{2}$	↗

由上表可知,函数在点 $x=0$ 以及 $x=1$ 的两侧,单调性都发生了改变,故 $x=0$ 是函数的极大值点,函数在点 $x=0$ 处取得极大值为 $f(0)=1$;$x=1$ 是函数的极小值点,函数在点 $x=1$ 处取得极小值为 $f(0)=\dfrac{1}{2}$.

例 4.2.2 求例 4.1.2 中函数的极值.

解 由例 4.1.2 可知,函数 $f(x) = x^{\frac{2}{3}}$ 在其尖点 $x=0$ 处的两侧单调性发生的改变,因此 $x=0$ 是其极小值点,函数的极小值为 $f(0)=0$.

*定理 4.2.3(极值的第二充分条件) 设函数 $f(x)$ 在点 x_0 处具有二阶导数,且 $f'(x_0)=0$,$f''(x_0)$ 存在,那么:

(1) 如果 $f''(x_0) < 0$,则 $f(x)$ 在点 x_0 处取得极大值;

(2) 如果 $f''(x_0) > 0$,则 $f(x)$ 在点 x_0 处取得极小值;

(3) 如果 $f''(x_0) = 0$,则不能确定点 x_0 是否为函数 $f(x)$ 的极值点.

例 4.2.3 请用定理 4.2.3 求例 4.2.1 中函数的极值.

解 该函数的定义域为 $(-\infty, +\infty)$,

$$f'(x) = \left(x^3 - \frac{3}{2}x^2 + 1\right)' = 3x^2 - 3x = 3x(x-1),$$

令 $f'(x) = 3x(x-1) = 0$，得驻点 $x = 0$，$x = 1$.

$$f''(x) = 6x - 3 = 3(2x - 1),$$

代入驻点，得 $f''(0) = -3 < 0$，$f''(1) = 3 > 0$，故 $x = 0$ 是函数的极大值点，函数在点 $x = 0$ 处取得极大值为 $f(0) = 1$；$x = 1$ 是函数的极小值点，函数在点 $x = 1$ 处取得极小值为 $f(1) = \dfrac{1}{2}$.

例 4.2.4　求函数 $f(x) = (x^2 - 1)^3 + 1$ 的极值.

解　该函数的定义域为 $(-\infty, +\infty)$，

$$f'(x) = 6x(x^2 - 1)^2,$$

微视频：例 4.2.4 解析

令 $f'(x) = 6x(x^2 - 1)^2 = 0$，得驻点 $x = 0$，$x = 1$，$x = -1$.

$$f''(x) = 6(x^2 - 1)^2 + 24x^2(x^2 - 1) = 6(x^2 - 1)(5x^2 - 1),$$

代入驻点，得 $f''(0) = 6 > 0$，$f''(1) = 0$，$f''(-1) = 0$，故 $x = 0$ 是函数的极小值点，函数在点 $x = 0$ 处取得极小值为 $f(0) = 0$，而不能确定 $x = 1$，$x = -1$ 是否为函数的极值点.

4.2.2　函数的最值

闭区间 $[a, b]$ 上的连续函数 $f(x)$ 一定存在着最大值和最小值.显然，函数在闭区间 $[a, b]$ 上的最大值和最小值只能在区间 (a, b) 内的极值点和区间端点处取得.

因此可得求闭区间 $[a, b]$ 上的连续函数 $f(x)$ 的最值步骤为：

(1) 求出一切可能的极值点（包括驻点和尖点）和端点处的函数值；

(2) 比较这些函数值的大小，最大的值为函数的最大值，最小的值为函数的最小值.

例 4.2.5　求函数 $f(x) = x^3 - 3x^2$ 在闭区间 $[-2, 2]$ 上的最大值和最小值.

解　该函数的定义域为 $(-\infty, +\infty)$，

$$f'(x) = (x^3 - 3x^2)' = 3x^2 - 6x = 3x(x - 2),$$

令 $f'(x) = 3x(x - 2) = 0$，得驻点 $x = 0$，$x = 2$.

求出 $[-2, 2]$ 内所有驻点及端点的函数值，有

$$f(0) = 0,\ f(2) = -4,\ f(-2) = -20.$$

比较大小,可以得出函数在驻点 $x=0$ 处取得最大值 $f(0)=0$,在端点 $x=-2$ 处取得最小值 $f(-2)=-20$.

4.2.3 应用拓展

例 4.2.6 要设计一个容积为 500 ml 的圆柱形易拉罐,设容器壁的厚度是均匀的,问其底面半径和高之比为多少时容器所耗费的材料最少?

解 设其底面半径为 r,高为 h,其表面积为

$$S=2\pi rh+2\pi r^2.$$

该问题即是求表面积 S 最小时,底面半径 r 与高 h 的关系.

由于该圆形易拉罐的容积为

$$V=\pi r^2 h=500(\text{ml}),$$

得

$$h=\frac{500}{\pi r^2}.$$

代入 $S=2\pi rh+2\pi r^2$,则此时的表面积为

$$S=\frac{1\,000}{r}+2\pi r^2,$$

求导,得

$$S'=-\frac{1\,000}{r^2}+4\pi r.$$

令 $S'=-\dfrac{1\,000}{r^2}+4\pi r=0$,得驻点 $r=\left(\dfrac{250}{\pi}\right)^{\frac{1}{3}}$.

又因为 $S''=\dfrac{2\,000}{r^3}+4\pi$,$S''\left[\left(\dfrac{250}{\pi}\right)^{\frac{1}{3}}\right]>0$,则 $r=\left(\dfrac{250}{\pi}\right)^{\frac{1}{3}}$ 为函数的最小值点,将 $r=\left(\dfrac{250}{\pi}\right)^{\frac{1}{3}}$ 代入 $V=\pi r^2 h=500$,得 $h=\left(\dfrac{2\,000}{\pi}\right)^{\frac{1}{3}}$,

即 $\dfrac{r}{h}=\dfrac{1}{2}$ 时用料最少.

能力训练 4.2

1. 求下列函数的极值.

(1) $f(x)=x^3-3x^2-9x+5$;

(2) $f(x)=1-(x-2)^{\frac{2}{3}}$;

(3) $f(x) = x^2(x^4 - 3x^2 + 3)$;

(4) $f(x) = 2x + 3\sqrt[3]{x^2}$.

2. 已知函数 $f(x) = x^3 + ax^2 + bx + c$, 当 $x = -1$ 时, 取得极大值 7; 当 $x = 3$ 时, 取得极小值. 求这个极小值及 a、b、c 的值.

3. 求函数 $f(x) = x^3 - 3x$ 在闭区间 $[0, 2]$ 上的最大值和最小值.

4. 求函数 $f(x) = x^3 - 6x^2 + 9x - 9$ 在闭区间 $[-1, 4]$ 上的最大值和最小值.

5. 设某商品的销售单价为 P 时, 每天的销售量是 $x = 18 - \dfrac{P}{4}$. 某工厂生产该商品的成本函数是 $f(x) = 120 + 2x + x^2$. 试问该工厂每天产量为多少时, 可使利润最大? 这时商品价格和利润分别是多少?

6. 将一根长为 100 cm 的钢筋做成一个矩形框, 问矩形框的长和宽各位多长时, 才能使矩形框所围成的面积最大?

*4.3　函数的凹凸性与函数作图

4.3.1　曲线的凹凸性及其判别法

1. 曲线的凹凸性

定义 4.3.1　若在某区间 (a, b) 内曲线段总位于其上任意一点处切线的上方, 则称曲线段在 (a, b) 内是向上凹的(简称上凹, 也称凹的); 若曲线段总位于其上任一点处切线的下方, 则称该曲线段在 (a, b) 内是向下凹的(简称下凹, 也称凸的).

微视频: 曲线的凹凸性

定理 4.3.1　设函数 $y = f(x)$ 在 $[a, b]$ 上连续, 且在开区间 (a, b) 内具有二阶导数.

(1) 若在 (a, b) 内 $f''(x) > 0$, 则曲线 $y = f(x)$ 在 $[a, b]$ 上是凹的;

(2) 若在 (a, b) 内 $f''(x) < 0$, 则曲线 $y = f(x)$ 在 $[a, b]$ 上是凸的.

注意: 若把定理 4.3.1 中的区间改为无穷区间, 结论仍然成立.

例 4.3.1　判定曲线 $y = \ln x$ 的凹凸性.

解　函数 $y = \ln x$ 的定义域为 $(0, +\infty)$, 且 $y' = \dfrac{1}{x}$, $y'' = -\dfrac{1}{x^2}$.

当 $x > 0$ 时，$y'' < 0$，故曲线 $y = \ln x$ 在 $(0, +\infty)$ 内是凸的.

例 4.3.2 判定曲线 $y = x^2$ 的凹凸性.

解 函数 $y = x^2$ 的定义域是 $(-\infty, +\infty)$，且 $y' = 2x$，$y'' = 2 > 0$.

故函数 $y = x^2$ 在定义域 $(-\infty, +\infty)$ 是凹的.

2. 拐点及其求法

定义 4.3.2 若连续曲线 $y = f(x)$ 上的点 P 是曲线"凹"与"凸"的分界点，则称点 P 是曲线 $y = f(x)$ 的拐点.

由于拐点是曲线凹凸性的分界点，所以拐点左右两侧近旁 $f''(x)$ 必然异号. 因此，曲线拐点只可能是使 $f''(x) = 0$ 或 $f''(x)$ 不存在的点. 从而可得求区间 (a, b) 内连续函数 $y = f(x)$ 拐点的步骤：

（1）先求出函数 $y = f(x)$ 的定义域；

（2）再求出 $f''(x)$，找出在区间 (a, b) 内使 $f''(x) = 0$ 的点和 $f''(x)$ 不存在的点；

（3）用上述各点将区间 (a, b) 划分成子区间，再在每个子区间上考察 $f''(x)$ 的符号；

（4）若 $f''(x)$ 在某点 x_i 两侧近旁异号，则 $(x_i, f(x_i))$ 是曲线 $y = f(x)$ 的拐点，否则不是.

例 4.3.3 求函数曲线 $y = x^3$ 的凹凸性及拐点.

微视频：例 4.3.3 解析

解 函数 $y = x^3$ 的定义域是 $(-\infty, +\infty)$，

$$y' = 3x^2, \ y'' = 6x.$$

令 $y'' = 6x = 0$，得 $x = 0$. 该点将定义域划分为两个子区间 $(-\infty, 0)$ 和 $(0, +\infty)$.

当 $x \in (-\infty, 0)$ 时，$y'' = 6x < 0$，曲线 $y = x^3$ 是凸的；

当 $x \in (0, +\infty)$ 时，$y'' = 6x > 0$，曲线 $y = x^3$ 是凹的.

故点 $(0, 0)$ 是曲线 $y = x^3$ 的拐点，如图 4-3-1 所示.

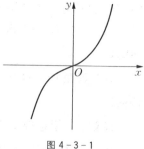
图 4-3-1

4.3.2 曲线的渐近线

定义 4.3.3 若曲线 C 上动点 P 沿着曲线无限地远离原点时，点 P 与某一固定直线 L 的距离趋近于零，则称直线 L 为曲线 C 的渐近线.

1. 斜渐近线

定理 4.3.2　若 $f(x)$ 满足

(1) $\lim\limits_{x \to \infty} \dfrac{f(x)}{x} = k \ (k \neq 0)$；

(2) $\lim\limits_{x \to \infty} [f(x) - kx] = b$；

则曲线 $y = f(x)$ 有斜渐近线 $y = kx + b$.

例 4.3.4　求曲线 $y = \dfrac{x^2}{x+1}$ 的渐近线.

解　令 $y = \dfrac{x^2}{x+1}$，则有

微视频：例 4.3.4 解析

$$k = \lim_{x \to \infty} \frac{f(x)}{x} = \lim_{x \to \infty} \frac{x^2}{x(x+1)} = 1,$$

$$b = \lim_{x \to \infty} [f(x) - kx] = \lim_{x \to \infty} \left(\frac{x^2}{x+1} - x \right) = \lim_{x \to \infty} \frac{-x}{x+1} = -1,$$

故得曲线的渐近线方程为 $y = x - 1$.

2. 铅直渐近线

定义 4.3.4　若当 $x \to C$ 时（有时仅当 $x \to C^+$ 或 $x \to C^-$），$f(x) \to \infty$，则称直线 $x = C$ 为曲线 $y = f(x)$ 的铅直渐近线（也叫垂直渐近线）（其中 C 为常数）.

例 4.3.5　求曲线 $y = \dfrac{1}{x-1}$ 的铅直渐近线.

解　因为 $\lim\limits_{x \to 1} \dfrac{1}{x-1} = \infty$，故得曲线的铅直渐近线方程为 $x = 1$.

微视频：例 4.3.5 解析

3. 水平渐近线

定义 4.3.5　当 $x \to \infty$ 时（有时仅当 $x \to +\infty$ 或 $x \to -\infty$），$f(x) \to C$，则称曲线 $y = f(x)$ 有水平渐近线 $y = C$.

例 4.3.6　求曲线 $y = \dfrac{1}{x-1}$ 的水平渐近线.

解　因为 $\lim\limits_{x \to \infty} \dfrac{1}{x-1} = 0$，故得曲线的水平渐近线方程为 $y = 0$.

微视频：例 4.3.6 解析

4.3.3　函数作图的一般步骤

根据前面所学的知识，可以利用导数按下列步骤作出函数 $y = f(x)$ 的图形.

（1）确定函数的定义域.

（2）考察函数的周期性与奇偶性.

（3）确定函数的单调区间、极值点、凹凸性及拐点.

（4）考察函数渐近线.

（5）考察函数与坐标轴的交点.

（6）根据上述几方面的讨论画出函数的图像.

例 4.3.7 描绘函数 $f(x)=\dfrac{\ln x}{\sqrt{x}}$ 的图像.

解 （1）求出函数的定义域为 $(0,+\infty)$.

（2）求出函数的渐近线：因为 $\lim\limits_{x\to 0}f(x)=\infty$，所以 $x=0$ 为铅直渐近线；又因为 $\lim\limits_{x\to +\infty}\dfrac{\ln x}{\sqrt{x}}=0$，所以 $y=0$ 为水平渐近线.

（3）因为 $f'(x)=\dfrac{2-\ln x}{2x^{\frac{3}{2}}}$，$f''(x)=\dfrac{3\ln x-8}{4x^{\frac{5}{2}}}$，令 $f'(x)=0$，得

$x=\mathrm{e}^2\approx 7.389$；令 $f''(x)=0$，得 $x=\mathrm{e}^{\frac{8}{3}}\approx 14.39$.

（4）列表讨论：

x	$(0,\mathrm{e}^2)$	e^2	$(\mathrm{e}^2,\mathrm{e}^{\frac{8}{3}})$	$\mathrm{e}^{\frac{8}{3}}$	$(\mathrm{e}^{\frac{8}{3}},+\infty)$
y'	$+$	0	$-$	$-$	$-$
y''	$-$	$-$	$-$	0	$+$
y	单调增加，凸	极大值 $\dfrac{2}{\mathrm{e}}$	单调减少，凸	拐点 $\left(\mathrm{e}^{\frac{8}{3}},\dfrac{8}{3}\mathrm{e}^{-\frac{4}{3}}\right)$	单调减少，凹

（5）令 $\dfrac{\ln x}{\sqrt{x}}=0$，得 $x=1$ 为曲线与 x 轴交点的横坐标.

（6）根据上述讨论画出函数的图像（图像略）.

例 4.3.8 描绘函数 $f(x)=\mathrm{e}^{-x^2}$ 的图像.

解 （1）求出函数的定义域为 $(-\infty,+\infty)$.

（2）由 $f(-x)=\mathrm{e}^{-x^2}=f(x)$ 可得，函数为偶函数.

（3）求出函数的渐近线：因为 $\lim\limits_{x\to\infty}f(x)=0$，所以 $y=0$ 为水平渐近线.

（4）因为 $f'(x)=-2x\mathrm{e}^{-x^2}$，令 $f'(x)=0$，得 $x=0$，

微视频：例 4.3.8 解析

$$f''(x) = -2e^{-x^2}(1-2x^2), 令\ f''(x)=0, 得\ x=\pm\frac{\sqrt{2}}{2}.$$

（5）列表讨论：

x	$\left(-\infty, -\frac{\sqrt{2}}{2}\right)$	$-\frac{\sqrt{2}}{2}$	$\left(-\frac{\sqrt{2}}{2}, 0\right)$	0	$\left(0, \frac{\sqrt{2}}{2}\right)$	$\frac{\sqrt{2}}{2}$	$\left(\frac{\sqrt{2}}{2}, +\infty\right)$
y'	$+$	$+$	$+$	0	$-$	$-$	$-$
y''	$+$	0	$-$	$-$	$-$	$+$	$+$
y	单调增加,凹	拐点 $\left(-\frac{\sqrt{2}}{2}, \frac{1}{\sqrt{e}}\right)$	单调增加,凸	极大值 1	单调减少,凸	拐点 $\left(-\frac{\sqrt{2}}{2}, \frac{1}{\sqrt{e}}\right)$	单调减少,凹

（6）令 $x=0$，得 $y=1$ 为曲线与 y 轴的交点，且该函数是偶函数，图像关于 y 轴对称.

（7）根据上述讨论画出图像（图像略）.

能力训练 4.3

1. 判定曲线 $y=\ln x$ 的凹凸性.

2. 求下列函数的凹凸性及拐点：

(1) $y=x^3$；　　　　　　　(2) $y=\frac{1}{3}x^3 - 2x^2 + 3x$.

3. 求曲线 $y=\dfrac{x+3}{(x+1)(x+2)}$ 的渐近线.

4. 作出函数 $y=2x^3 - 6x^2 + 6$ 的图像.

4.4　洛必达法则

两个无穷小量之比或两个无穷大量之比的极限通常称为"$\dfrac{0}{0}$"型或"$\dfrac{\infty}{\infty}$"型不定式$\left(也称为"\dfrac{0}{0}"型或"\dfrac{\infty}{\infty}"型未定型\right)$的极限，洛必达法则就是一种以导数为工具求不定式极限的方法.

定理 4.4.1（洛必达法则）　若函数 $f(x)$ 和 $g(x)$ 满足：

(1) $\lim\limits_{x \to x_0} f(x)=0$，$\lim\limits_{x \to x_0} g(x)=0$（或 $\lim\limits_{x \to x_0} f(x)=\infty$，$\lim\limits_{x \to x_0} g(x)=\infty$）；

(2) $f(x)$ 与 $g(x)$ 在 x_0 的某邻域内（点 x_0 可除外）可导，且 $g'(x) \neq 0$；

(3) $\lim\limits_{x \to x_0} \dfrac{f'(x)}{g'(x)} = A$（也可为 $+\infty$ 或 $-\infty$），则

$$\lim_{x \to x_0} \frac{f(x)}{g(x)} = \lim_{x \to x_0} \frac{f'(x)}{g'(x)} = A.$$

例 4.4.1 求 $\lim\limits_{x \to 1} \dfrac{x^3 - 3x + 2}{x^3 - x^2 - x + 1}$.

解 $\lim\limits_{x \to 1} \dfrac{x^3 - 3x + 2}{x^3 - x^2 - x + 1} = \lim\limits_{x \to 1} \dfrac{3x^2 - 3}{3x^2 - 2x - 1} = \lim\limits_{x \to 1} \dfrac{6x}{6x - 2}$

$$= \frac{3}{2}.$$

例 4.4.2 求 $\lim\limits_{x \to \pi} \dfrac{1 + \cos x}{\tan x}$.

解 $\lim\limits_{x \to \pi} \dfrac{1 + \cos x}{\tan x} = \lim\limits_{x \to \pi} \dfrac{-\sin x}{\dfrac{1}{\cos^2 x}} = 0.$

例 4.4.3 求 $\lim\limits_{x \to +\infty} \dfrac{\dfrac{\pi}{2} - \arctan x}{\dfrac{1}{x}}$.

解 $\lim\limits_{x \to +\infty} \dfrac{\dfrac{\pi}{2} - \arctan x}{\dfrac{1}{x}} = \lim\limits_{x \to +\infty} \dfrac{-\dfrac{1}{1+x^2}}{-\dfrac{1}{x^2}} = \lim\limits_{x \to +\infty} \dfrac{x^2}{1+x^2} = 1.$

例 4.4.4 求 $\lim\limits_{x \to +\infty} \dfrac{\ln x}{x^n}$ $(n > 0)$.

解 $\lim\limits_{x \to +\infty} \dfrac{\ln x}{x^n} = \lim\limits_{x \to +\infty} \dfrac{\dfrac{1}{x}}{nx^{n-1}} = \lim\limits_{x \to +\infty} \dfrac{1}{nx^n} = 0.$

除"$\dfrac{0}{0}$"型或"$\dfrac{\infty}{\infty}$"型未定型之外，洛必达法则还可用于求"$0 \cdot \infty$"型，"$\infty - \infty$"型，"0^0"型，"1^∞"型，"∞^0"型等未定型的极限，这里不一一介绍，有兴趣的同学可参阅相应的书籍，下面就"$0 \cdot \infty$"型和"$\infty - \infty$"型未定型再各举一例.

例 4.4.5 $\lim\limits_{x \to 0^+} (x \ln x)$.

解 这是"$0 \cdot \infty$"型未定型，先将其化为"$\dfrac{\infty}{\infty}$"型未定型，有

$$\lim_{x\to 0^+}(x\ln x)=\lim_{x\to 0^+}\frac{\ln x}{\dfrac{1}{x}}\left(\text{``}\frac{\infty}{\infty}\text{''型未定型}\right)=\lim_{x\to 0^+}\frac{(\ln x)'}{\left(\dfrac{1}{x}\right)'}$$

$$=\lim_{x\to 0^+}\frac{\dfrac{1}{x}}{-\dfrac{1}{x^2}}=\lim_{x\to 0^+}(-x)=0.$$

例 4.4.6　求 $\lim\limits_{x\to 1}\left(\dfrac{x}{x-1}-\dfrac{1}{\ln x}\right)$.

解　这是"$\infty-\infty$"型未定型,通过"通分"将其化为"$\dfrac{0}{0}$"型未定型,有

$$\lim_{x\to 1}\left(\frac{x}{x-1}-\frac{1}{\ln x}\right)=\lim_{x\to 1}\frac{x\ln x-(x-1)}{(x-1)\ln x}=\lim_{x\to 1}\frac{x\cdot\dfrac{1}{x}+\ln x-1}{\ln x+\dfrac{x-1}{x}}$$

$$=\lim_{x\to 1}\frac{\ln x}{1-\dfrac{1}{x}+\ln x}=\lim_{x\to 1}\frac{\dfrac{1}{x}}{\dfrac{1}{x^2}+\dfrac{1}{x}}=\frac{1}{2}.$$

注意： 在使用洛必达法则时,应注意如下几点

（1）每次使用洛必达法则前,必须检验是否属于"$\dfrac{0}{0}$"或"$\dfrac{\infty}{\infty}$"型未定型,若不是未定型,就不能使用洛必达法则;

（2）如果有可约因子,或有非零极限值的乘积因子,则可先约去或提出,以简化运算步骤;

（3）当 $\lim\dfrac{f'(x)}{g'(x)}$ 不存在（不包括 ∞ 的情况）时,并不能断定 $\lim\dfrac{f(x)}{g(x)}$ 也不存在,此时应使用其他方法求极限.

能力训练 4.4

1. 用洛必达法则求下列极限.

（1）$\lim\limits_{x\to 0}\dfrac{\sqrt{1+x}-1}{x}$;　　　　（2）$\lim\limits_{x\to 0}\dfrac{x-\sin x}{x^3}$;

（3）$\lim\limits_{x\to 1}\dfrac{x^2-3x+2}{2x^2-x-1}$;　　　　（4）$\lim\limits_{x\to 4}\dfrac{x^2-16}{x-4}$;

(5) $\lim\limits_{x \to a} \dfrac{\sin x - \sin a}{x - a}$;　　　　(6) $\lim\limits_{x \to a} \dfrac{x^m - a^m}{x^n - a^n}$;

(7) $\lim\limits_{x \to 0} \dfrac{e^x + e^{-x} - 2}{1 - \cos x}$;　　　　(8) $\lim\limits_{x \to 0} \dfrac{\ln(1 + x)}{x}$.

2. 用洛必达法则求下列极限.

(1) $\lim\limits_{x \to +\infty} \dfrac{x^n}{e^x}$ （n 为正整数）;　(2) $\lim\limits_{x \to 0}(x \cot x)$;

(3) $\lim\limits_{x \to 0}\left(\dfrac{1}{x} - \dfrac{1}{e^x - 1}\right)$;　　　(4) $\lim\limits_{x \to 1^-}(\ln x \ln(1 - x))$.

习题四

1. 已知 $A(1,1)$ 与 $B(3,-3)$ 是曲线 $y = 2x - x^2$ 上的两点,则该曲线上哪一点处的切线平行于弦 AB?

2. 求下列极限.

(1) $\lim\limits_{x \to 1} \dfrac{x^3 - 2x + 1}{4x^3 - 4}$;　　　　(2) $\lim\limits_{x \to 0} \dfrac{e^x - e^{-x}}{x}$;

(3) $\lim\limits_{x \to +\infty} \dfrac{\ln x}{x}$;　　　　　　(4) $\lim\limits_{x \to +\infty} \dfrac{x^2}{e^x}$;

(5) $\lim\limits_{x \to 0^+} \dfrac{\ln x}{\ln \sin x}$;　　　　(6) $\lim\limits_{x \to 0} \dfrac{\sin ax}{\sin bx}$ （$b \neq 0$）.

3. 求下列函数的单调区间.

(1) $y = \ln(1 + x^2)$;　　　　(2) $y = x + \dfrac{4}{x}$;

(3) $y = \dfrac{\sqrt{x}}{x + 100}$;　　　　(4) $y = \dfrac{x^2}{1 + x}$;

(5) $y = x - \ln(1 + x)$;　　　(6) $y = \arctan x - x$;

(7) $y = 2x^2 - \ln x$;　　　　(8) $y = 3x^4 - 4x^3$.

4. 求下列函数的极值.

(1) $y = (x - 1)\sqrt[3]{x^2}$;　　　(2) $y = \sqrt{2x - x^2}$;

(3) $y = \dfrac{2}{3}x - \sqrt[3]{x}$;　　　　(4) $y = c(x^2 + 1)^2$（$c \in \mathbf{R}$ 且 $c \neq 0$）;

(5) $y = x + \sqrt{1 - x}$;　　　(6) $y = x^2 e^{-x}$;

(7) $y = \sqrt{2 + x - x^2}$;　　　(8) $y = 3 - 2(x + 1)^{\frac{1}{3}}$;

(9) $y = \dfrac{(x-2)(3-x)}{x^2}$;　(10) $y = \sqrt[3]{(2x-x^2)^2}$.

5. 要造一个长方体无盖蓄水池, 其容积为 $500 \ \mathrm{m}^3$, 底面为正方形, 设底面与四壁的单位造价相同, 求长和高为多少时造价最省?

6. 某厂生产某种产品, 其固定成本为 100 元, 每多生产一件产品, 成本增加 6 元, 又知该产品的需求函数为 $Q = 1\,000 - 100P$, 则售价 P 为多少时, 可使利润最大? 最大利润是多少?

7. 某个体户以每条 10 元的价格购进一批牛仔裤, 设此牛仔裤的需求函数为 $Q = 40 - P$, 则该个体户将售价 P 定为多少时, 才能获得最大利润?

8. 讨论下列曲线的凹凸性, 并求出曲线的拐点.

(1) $y = x \ln x$;　　　　(2) $y = x^3 - 5x^2 + 3x - 5$;

(3) $y = x + x^{\frac{5}{3}}$;　　　　(4) $y = 2x^2 - x^3$.

文本: 习题四参考答案

9. 已知曲线 $y = ax^3 + bx^2$ 的一个拐点 $(1,3)$, 求 a, b 的值.

第5章
不定积分

前面我们研究了一元函数微分学的基本问题,即已知一个可导函数 $F(x)$,求它的导数 $F'(x)=f(x)$,此时称 $f(x)$ 是 $F(x)$ 的导函数.但是在实际问题中,常会遇到与此相反的另一类问题:即已知某函数的导函数 $f(x)$,而要去求 $F(x)$,这就是现在要学习的原函数与不定积分问题.从不定积分开始将进入积分学部分的学习,这也是高等数学非常重要的组成部分.

5.1 不定积分的概念及性质

5.1.1 原函数的概念

先来看两个问题:

1. 已知曲线上任意一点 $M(x,y)$ 处的切线斜率为 $2x$,求此曲线的方程 $y=F(x)$.

根据可导函数的几何意义,得 $k=F'(x)=2x$,这个问题实际上就是在求 $y=F(x)$ 使得 $F'(x)=2x$.

2. 已知某质点以 $v=v(t)$ 的速度作变速直线运动,求该质点的运动方程 $s=s(t)$.

根据可导函数在物理学中求瞬时速率的应用,这个问题实际上就是在求 $s=s(t)$ 使得 $s'(t)=v(t)$.

由上述 2 个例子,可归结为已知某函数的导数(或微分),求这个函数,即已知 $F'(x)=f(x)$,求 $F(x)$.

定义 5.1.1 设 $f(x)$ 是定义在某区间的已知函数,若存在函数 $F(x)$,使得该区间内每一点都有

$$F'(x)=f(x) \text{ 或 } \mathrm{d}F(x)=f(x)\mathrm{d}x,$$

则称 $F(x)$ 为 $f(x)$ 的一个原函数.

注意:原函数的说明

(1) 原函数的存在问题:如果 $f(x)$ 在某区间连续,那么它的原函数一定存在.

(2) 原函数的一般表达式:若 $f(x)$ 存在原函数,那么其原函数

是否是唯一的呢？如果不唯一，这些原函数之间有什么差异？能否写成统一的表达式呢？对此，有如下结论：

定理 5.1.1 若 $F(x)$ 是 $f(x)$ 的一个原函数，则 $F(x) + C$（C 为任意常数）是 $f(x)$ 的全体原函数.

5.1.2 不定积分的概念

定义 5.1.2 函数 $f(x)$ 的全体原函数 $F(x) + C$（C 为任意常数）称为 $f(x)$ 的不定积分，记为

$$\int f(x)\mathrm{d}x = F(x) + C，其中 F'(x) = f(x).$$

其中"$\int$"称为**积分号**，"$f(x)$"称为**被积函数**，"$f(x)\mathrm{d}x$"称为**被积表达式**，"x"称为**积分变量**，"C"称为**积分常数**.

注意：在求 $\int f(x)\mathrm{d}x$ 时，一定要"$+C$"，因为 $\int f(x)\mathrm{d}x$ 表示的是 $f(x)$ 的**全体原函数**，而不是一个原函数.

例 5.1.1 求下列不定积分：

(1) $\int 2x\,\mathrm{d}x$；   (2) $\int \cos x\,\mathrm{d}x$；

(3) $\int \dfrac{1}{1+x^2}\mathrm{d}x$；   (4) $\int \dfrac{1}{x}\mathrm{d}x$.

解 (1) 因为 $(x^2)' = 2x$，所以 $\int 2x\,\mathrm{d}x = x^2 + C$.

(2) 因为 $(\sin x)' = \cos x$，所以 $\int \cos x\,\mathrm{d}x = \sin x + C$.

(3) 因为 $(\arctan x)' = \dfrac{1}{1+x^2}$，所以 $\int \dfrac{1}{1+x^2}\mathrm{d}x = \arctan x + C$.

(4) 由导数公式可得 $(\ln x)' = \dfrac{1}{x}$，但此时是先有对数函数 $\ln x$，所以自变量 x 的取值范围是 $(0, +\infty)$，而如果对 $\dfrac{1}{x}$ 积分，此时是先有函数 $\dfrac{1}{x}$，其自变量的取值范围是 $x \neq 0$，所以直接得到 $\int \dfrac{1}{x}\mathrm{d}x = \ln x + C$ 是不正确的，还应该考虑 $x < 0$ 时的情况：

当 $x > 0$ 时，因为 $(\ln x)' = \dfrac{1}{x}$，所以 $\int \dfrac{1}{x}\mathrm{d}x = \ln x + C$；

当 $x<0$ 时,因为 $[\ln(-x)]'=\dfrac{1}{x}$,所以

$$\int \frac{1}{x}\mathrm{d}x =\ln(-x)+C.$$

从而得到 $\displaystyle\int \frac{1}{x}\mathrm{d}x =\ln|x|+C.$

注意: 由不定积分的定义,可以总结出积分运算与微分运算之间的互逆关系,即

(1) $\left[\displaystyle\int f(x)\mathrm{d}x\right]' =f(x)$ 或 $\mathrm{d}\left[\displaystyle\int f(x)\mathrm{d}x\right]=f(x)\mathrm{d}x$;

(2) $\displaystyle\int F'(x)\mathrm{d}x =F(x)+C$ 或 $\displaystyle\int \mathrm{d}F(x)=F(x)+C.$

例 5.1.2 已知曲线上任意一点 $M(x,y)$ 处的切线斜率为 $2x$,且该曲线过点 $(0,1)$,求此曲线的方程.

解 设该曲线方程为 $y=F(x)$,根据题意,$k_{切}=F'(x)=2x$,由例 5.1.1,有

$$y=\int 2x\,\mathrm{d}x =x^2+C,$$

由于该曲线过点 $(0,1)$,即

$$1=0^2+C,得 C=1,$$

故该曲线的方程为 $\qquad y=x^2+1.$

微视频: 不定积分的
几何意义

5.1.3 不定积分的几何意义

通常,一个原函数 $F(x)$ 的图像称为 $f(x)$ 的一条积分曲线,其方程为 $y=F(x)$. 因此,不定积分 $\displaystyle\int f(x)\mathrm{d}x=F(x)+C$ 表示的是一簇曲线,其中任意一条曲线都可以由曲线 $y=F(x)$ 沿 y 轴上、下平移得到,这簇积分曲线上横坐标相同的点处所作曲线的切线都是互相平行的,如图 $5-1-1$ 所示.

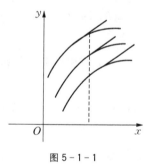

图 5-1-1

5.1.4 基本积分公式

(1) $\displaystyle\int x^{\mu}\mathrm{d}x =\dfrac{1}{\mu+1}x^{\mu+1}+C\ (\mu\neq-1)$;

(2) $\int a^x \mathrm{d}x = \dfrac{a^x}{\ln a} + C$ ；

(3) $\int \mathrm{e}^x \mathrm{d}x = \mathrm{e}^x + C$ ；

(4) $\int \dfrac{1}{x} \mathrm{d}x = \ln \mid x \mid + C$ ；

(5) $\int \sin x \mathrm{d}x = -\cos x + C$ ；

(6) $\int \cos x \mathrm{d}x = \sin x + C$ ；

(7) $\int \dfrac{1}{\cos^2 x} \mathrm{d}x = \int \sec^2 x \mathrm{d}x = \tan x + C$ ；

(8) $\int \dfrac{1}{\sin^2 x} \mathrm{d}x = \int \csc^2 x \mathrm{d}x = -\cot x + C$ ；

(9) $\int \sec x \tan x \mathrm{d}x = \sec x + C$ ；

(10) $\int \csc x \cot x \mathrm{d}x = -\csc x + C$ ；

(11) $\int \dfrac{1}{1+x^2} \mathrm{d}x = \arctan x + C$ ；

(12) $\int \dfrac{1}{\sqrt{1-x^2}} \mathrm{d}x = \arcsin x + C.$

5.1.5　不定积分的性质

性质 5.1.1　被积函数中不为零的常数因子可提到积分号外，即

$$\int k f(x) \mathrm{d}x = k \int f(x) \mathrm{d}x \ (k \neq 0).$$

性质 5.1.2　两个函数代数和的积分，等于各函数积分的代数和，即

$$\int [f(x) \pm g(x)] \mathrm{d}x = \int f(x) \mathrm{d}x \pm \int g(x) \mathrm{d}x.$$

例 5.1.3　求下列不定积分.

(1) $\int (2\cos x + 3x - 1) \mathrm{d}x$ ；　　　(2) $\int \left(\dfrac{3}{x} - 2\mathrm{e}^x \right) \mathrm{d}x$ ；

(3) $\int \left(\dfrac{4}{\sqrt{1-x^2}} + \sqrt{x} \right) \mathrm{d}x.$

解 (1) $\int (2\cos x + 3x - 1)\mathrm{d}x$

$$= 2\int \cos x\,\mathrm{d}x + 3\int x\,\mathrm{d}x - \int x^0\,\mathrm{d}x$$

$$= 2\sin x + 3 \cdot \dfrac{1}{1+1}x^{1+1} - \dfrac{1}{0+1}x^{0+1} + C$$

$$= 2\sin x + \dfrac{3}{2}x^2 - x + C.$$

(2) $\int \left(\dfrac{3}{x} - 2\mathrm{e}^x \right)\mathrm{d}x = 3\int \dfrac{1}{x}\mathrm{d}x - 2\int \mathrm{e}^x\,\mathrm{d}x = 3\ln|x| - 2\mathrm{e}^x + C.$

(3) $\int \left(\dfrac{4}{\sqrt{1-x^2}} + \sqrt{x} \right)\mathrm{d}x = 4\int \dfrac{1}{\sqrt{1-x^2}}\mathrm{d}x + \int x^{\frac{1}{2}}\,\mathrm{d}x$

$$= 4\arcsin x + \dfrac{1}{\frac{1}{2}+1}x^{\frac{1}{2}+1} + C$$

$$= 4\arcsin x + \dfrac{2}{3}x^{\frac{3}{2}} + C.$$

例 5.1.4 求下列不定积分.

(1) $\int \dfrac{1}{\sqrt{x}}(x\sqrt{x} + x^2 - 1)\mathrm{d}x$; (2) $\int \dfrac{x^2}{x^2+1}\mathrm{d}x$;

(3) $\int \cos^2 \dfrac{x}{2}\mathrm{d}x$; (4) $\int 3^x \cdot 4^x\,\mathrm{d}x.$

解 (1) $\int \dfrac{1}{\sqrt{x}}(x\sqrt{x} + x^2 - 1)\mathrm{d}x$

$$= \int (x + x^{\frac{3}{2}} - x^{-\frac{1}{2}})\mathrm{d}x$$

$$= \int x\,\mathrm{d}x + \int x^{\frac{3}{2}}\,\mathrm{d}x - \int x^{-\frac{1}{2}}\,\mathrm{d}x$$

$$= \dfrac{x^{1+1}}{1+1} + \dfrac{x^{\frac{3}{2}+1}}{\frac{3}{2}+1} - \dfrac{x^{-\frac{1}{2}+1}}{-\frac{1}{2}+1} + C$$

$$= \dfrac{x^2}{2} + \dfrac{2x^{\frac{5}{2}}}{5} - 2\sqrt{x} + C.$$

$$(2) \int \frac{x^2}{x^2+1} dx = \int \frac{x^2+1-1}{x^2+1} dx = \int \left(1 - \frac{1}{x^2+1}\right) dx$$

$$= \int dx - \int \frac{1}{x^2+1} dx = x - \arctan x + C.$$

$$(3) \int \cos^2 \frac{x}{2} dx = \int \frac{1+\cos x}{2} dx = \int \frac{1}{2} dx + \int \frac{\cos x}{2} dx$$

$$= \frac{1}{2}(x + \sin x) + C.$$

$$(4) \int 3^x \cdot 4^x dx = \int 12^x dx = \frac{12^x}{\ln 12} + C.$$

注意：在计算不定积分之前，可以先观察被积函数的特点，能够化简的先化简再求不定积分，这样可以简化运算.

能力训练 5.1

1. 设一曲线的任一点切线斜率为该点横坐标的 8 倍，又该曲线过点 $(1, 0)$，求该曲线方程.

2. 设某物体以速度 $v = 12t^2$ 作直线运动，且当 $t = 0$ 时，$s = 2$，求运动方程 $s = s(t)$.

3. 求下列不定积分.

$(1) \int x^7 dx$；

$(2) \int \sqrt{x \sqrt{x}} dx$；

$(3) \int \frac{dx}{x^2 \sqrt{x}}$；

$(4) \int \left(\sqrt[3]{x} - \frac{1}{\sqrt{x}}\right) dx$；

$(5) \int (2^x + x^2) dx$；

$(6) \int \left(\frac{3}{1+x^2} - \frac{2}{\sqrt{1-x^2}}\right) dx$；

$(7) \int \sec x (\sec x - \tan x) dx$；　$(8) \int \frac{e^{2x}-1}{e^x+1} dx$

$(9) \int \left(3e^x + 4 - \frac{2}{x}\right) dx$；　$(10) \int (\sqrt{x}+1)\left(x - \frac{1}{\sqrt{x}}\right) dx$；

$(11) \int \tan^2 x dx$；

$(12) \int \cos^2 \frac{x}{2} dx$；

$(13) \int \frac{x^2-1}{x^2+1} dx$；

$(14) \int \frac{x^4}{1+x^2} dx$；

$(15) \int \frac{3x^4+3x^2+1}{x^2+1} dx$；　$(16) \int \frac{1}{x^2(1+x^2)} dx$.

4. 已知 $\int f(x) dx = e^{-x} - \sqrt{x} + \arctan x + C$，求 $f(x)$.

5.2 不定积分的计算

5.2.1 第一类换元积分法（凑微分法）

由积分的基本公式可知

$$\int x^{6}\mathrm{d}x = \frac{1}{6+1}x^{6+1} + C = \frac{1}{7}x^{7} + C,$$

那么

$$\int (2x+1)^{6}\mathrm{d}x = \frac{1}{7}(2x+1)^{7} + C$$

正确吗？

可以用积分与导数的可逆关系来验证一下：

$$\left(\frac{1}{7}(2x+1)^{7} + C\right)' = 7 \cdot \frac{1}{7}(2x+1)^{6} \cdot (2x+1)'$$

$$= 2(2x+1)^{6} \neq (2x+1)^{6},$$

即是说 $\int (2x+1)^{6}\mathrm{d}x \neq \frac{1}{7}(2x+1)^{7} + C$.

那么类似于这种积分应该怎样算呢？

定理 5.2.1 如果 $\int f(x)\mathrm{d}x = F(x) + C$，则 $\int f(u)\mathrm{d}u = F(u) + C$，其中 $u = \varphi(x)$ 是 x 的任意一个可微函数.

一般的计算程序如下.

$$\int f[\varphi(x)]\varphi'(x)\mathrm{d}x \xlongequal{\text{凑微分}} \int f[\varphi(x)]\mathrm{d}\varphi(x) \xlongequal{\text{令}\, u = \varphi(x)} \int f(u)\mathrm{d}u$$

$$= F(u) + C \xlongequal{\text{回代}} F[\varphi(x)] + C$$

例 5.2.1 求下列积分.

(1) $\int (2x+1)^{6}\mathrm{d}x$; $\qquad$ (2) $\int \mathrm{e}^{3x}\mathrm{d}x$;

(3) $\int \cos 4x\,\mathrm{d}x$; $\qquad$ (4) $\int \frac{1}{2x+1}\mathrm{d}x$.

解 (1) $\int (2x+1)^{6}\mathrm{d}x = \frac{1}{2}\int (2x+1)^{6} \cdot (2x+1)'\mathrm{d}x$

$$= \frac{1}{2}\int (2x+1)^{6}\mathrm{d}(2x+1)$$

微视频：不定积分的
第一类换元积分法

$$\xlongequal{\text{令 } u = 2x+1} \frac{1}{2} \int u^6 \, du$$

$$= \frac{1}{2} \cdot \frac{1}{6+1} u^{6+1} + C$$

$$= \frac{1}{14} u^7 + C$$

$$\xlongequal{\text{将 } u = 2x+1 \text{ 回代}} \frac{1}{14} (2x+1)^7 + C.$$

(2) $\displaystyle\int e^{3x} \, dx = \frac{1}{3} \int e^{3x} \cdot (3x)' \, dx = \frac{1}{3} \int e^{3x} \, d(3x)$

$$\xlongequal{u = 3x} \frac{1}{3} \int e^u \, du = \frac{1}{3} e^u + C$$

$$\xlongequal{\text{将 } u = 3x \text{ 回代}} \frac{1}{3} e^{3x} + C.$$

(3) $\displaystyle\int \cos 4x \, dx = \frac{1}{4} \int \cos 4x \cdot (4x)' \, dx = \frac{1}{4} \int \cos 4x \, d(4x)$

$$\xlongequal{\text{令 } u = 4x} \frac{1}{4} \int \cos u \, du = \frac{1}{4} \sin u + C$$

$$\xlongequal{\text{将 } u = 4x \text{ 回代}} \frac{1}{4} \sin 4x + C.$$

(4) $\displaystyle\int \frac{1}{2x+1} dx = \frac{1}{2} \int \frac{1}{2x+1} \cdot (2x+1)' \, dx$

$$= \frac{1}{2} \int \frac{1}{2x+1} \, d(2x+1)$$

$$= \frac{1}{2} \ln |2x+1| + C.$$

这种先"凑"微分式,再作变量置换的方法,叫**第一类换元积分法**,也称为凑微分法,当运用比较熟练以后,就可以直接将凑出的部分看作整体,而不必再写出来了.

凑微分法运用时的难点在于原题并未指明应该把哪一部分凑成 $d\varphi(x)$,这需要解题经验,如果熟记下列微分式,会给解题带来启示.

(1) $dx = \dfrac{1}{a} d(ax+b)$;　　　　(2) $x \, dx = \dfrac{1}{2} d(x^2)$;

(3) $\dfrac{dx}{\sqrt{x}} = 2d(\sqrt{x})$;　　　　　(4) $e^x \, dx = d(e^x)$;

(5) $\dfrac{1}{x}\mathrm{d}x=\mathrm{d}(\ln|x|)$;　　　　(6) $\sin x\,\mathrm{d}x=-\mathrm{d}(\cos x)$;

(7) $\cos x\,\mathrm{d}x=\mathrm{d}(\sin x)$;　　　　(8) $\sec^2 x\,\mathrm{d}x=\mathrm{d}(\tan x)$;

(9) $\dfrac{\mathrm{d}x}{\sqrt{1-x^2}}=\mathrm{d}(\arcsin x)$;　　(10) $\dfrac{\mathrm{d}x}{1+x^2}=\mathrm{d}(\arctan x)$.

例 5.2.2　求下列积分.

(1) $\displaystyle\int x\sqrt{x^2+1}\,\mathrm{d}x$;　　　　　(2) $\displaystyle\int\dfrac{x}{x^2+1}\mathrm{d}x$;

(3) $\displaystyle\int\dfrac{\sin\sqrt{x}}{\sqrt{x}}\mathrm{d}x$.

解　(1) $\displaystyle\int x\sqrt{x^2+1}\,\mathrm{d}x=\dfrac{1}{2}\int(x^2+1)^{\frac{1}{2}}\cdot(x^2+1)'\mathrm{d}x$

$$=\dfrac{1}{2}\int(x^2+1)^{\frac{1}{2}}\mathrm{d}(x^2+1)$$

$$=\dfrac{1}{2}\cdot\dfrac{1}{\dfrac{1}{2}+1}(x^2+1)^{\frac{1}{2}+1}+C$$

$$=\dfrac{1}{3}\cdot(x^2+1)^{\frac{3}{2}}+C.$$

(2) $\displaystyle\int\dfrac{x}{x^2+1}\mathrm{d}x=\dfrac{1}{2}\int\dfrac{1}{x^2+1}\cdot(x^2+1)'\mathrm{d}x$

$$=\dfrac{1}{2}\int\dfrac{1}{x^2+1}\mathrm{d}(x^2+1)$$

$$=\dfrac{1}{2}\ln|x^2+1|+C.$$

(3) $\displaystyle\int\dfrac{\sin\sqrt{x}}{\sqrt{x}}\mathrm{d}x=2\int\sin\sqrt{x}\cdot(\sqrt{x})'\mathrm{d}x=2\int\sin\sqrt{x}\,\mathrm{d}(\sqrt{x})$

$$=-2\cos\sqrt{x}+C.$$

例 5.2.3　求下列积分.

(1) $\displaystyle\int\tan x\,\mathrm{d}x$;　　　　　　(2) $\displaystyle\int\dfrac{\ln^2 x}{x}\mathrm{d}x$.

解　(1) $\displaystyle\int\tan x\,\mathrm{d}x=\int\dfrac{\sin x}{\cos x}\mathrm{d}x=-\int\dfrac{\mathrm{d}(\cos x)}{\cos x}$

$$=-\ln|\cos x|+C.$$

$$(2) \int \frac{\ln^2 x}{x} \mathrm{d}x = \int (\ln x)^2 \cdot (\ln x)' \mathrm{d}x = \int (\ln x)^2 \mathrm{d}(\ln x)$$

$$= \frac{1}{2+1} (\ln x)^{2+1} + C = \frac{1}{3} \ln^3 x + C.$$

注意：当被积分函数中，$\sin x$ 与 $\cos x$、$\ln x$ 与 $\dfrac{1}{x}$、$\arcsin x$ 与

$\dfrac{1}{\sqrt{1-x^2}}$、$\arctan x$ 与 $\dfrac{1}{1+x^2}$ 成对出现时，一般将其中一个函数写成

另一个函数的导数，然后再改写成微分.

例 5.2.4　求下列不定积分.

$(1) \displaystyle\int \frac{x}{x+1} \mathrm{d}x$；　　　$(2) \displaystyle\int \frac{\mathrm{d}x}{\sqrt{4-x^2}}$；　　　$(3) \displaystyle\int \frac{1}{x^2-4} \mathrm{d}x$；

$(4) \displaystyle\int \sin^2 x \, \mathrm{d}x$；　　　$(5) \displaystyle\int \frac{1}{1+\cos x} \mathrm{d}x$.

解　$(1) \displaystyle\int \frac{x}{x+1} \mathrm{d}x = \int \frac{x+1-1}{x+1} \mathrm{d}x = \int \left(1 - \frac{1}{x+1}\right) \mathrm{d}x$

$$= \int \mathrm{d}x - \int \frac{1}{x+1} \mathrm{d}(x+1)$$

$$= x - \ln|x+1| + C.$$

$(2) \displaystyle\int \frac{\mathrm{d}x}{\sqrt{4-x^2}} = \int \frac{1}{2} \cdot \frac{1}{\sqrt{1-\left(\frac{x}{2}\right)^2}} \mathrm{d}x = \int \frac{1}{\sqrt{1-\left(\frac{x}{2}\right)^2}} \mathrm{d}\left(\frac{x}{2}\right)$

> 请将本题的求解过程和例 5.2.1 的 (4) 进行对比.

$$= \arcsin \frac{x}{2} + C.$$

$(3) \displaystyle\int \frac{1}{x^2-4} \mathrm{d}x = \frac{1}{4} \int \left(\frac{1}{x-2} - \frac{1}{x+2}\right) \mathrm{d}x$

$$= \frac{1}{4} \left[\int \frac{\mathrm{d}(x-2)}{x-2} - \int \frac{\mathrm{d}(x+2)}{x+2} \right]$$

$$= \frac{1}{4} \left[\ln|x-2| - \ln|x+2| \right] + C$$

$$= \frac{1}{4} \ln \left| \frac{x-2}{x+2} \right| + C.$$

$(4) \displaystyle\int \sin^2 x \, \mathrm{d}x = \int \frac{1-\cos 2x}{2} \mathrm{d}x = \frac{1}{2} \int \mathrm{d}x - \frac{1}{2} \int \cos 2x \, \mathrm{d}x$

$$= \frac{1}{2} x - \frac{1}{4} \int \cos 2x \, \mathrm{d}(2x) = \frac{1}{2} x - \frac{1}{4} \sin 2x + C.$$

$$(5) \int \frac{1}{1+\cos x}dx = \int \frac{dx}{2\cos^2\left(\frac{x}{2}\right)} = \int \frac{1}{\cos^2\left(\frac{x}{2}\right)}d\left(\frac{x}{2}\right)$$

$$= \tan \frac{x}{2} + C.$$

*5.2.2　第二类换元积分法

第一类换元积分法是选择新的积分变量 $u = \varphi(x)$，但对有些被积函数，则需要用相反的方式进行换元，即令 $x = \varphi(t)$，把 t 作为新积分变量，才能积出结果，即

$$\int f(x)dx \xrightarrow{\text{令}\, x = \varphi(t)} \int f[\varphi(t)]d\varphi(t) = \int f[\varphi(t)]\varphi'(t)dt.$$

使用第二类换元积分法的关键是恰当地选择变换函数 $x = \varphi(t)$. 对于 $x = \varphi(t)$，要求其单调可导，$\varphi'(t) \neq 0$，且其反函数 $t = \varphi^{-1}(x)$ 存在.

例 5.2.5　求不定积分 $\int \frac{1}{1+\sqrt{x}}dx$.

解　被积函数含有根式，可以令 $t = \sqrt{x}$，则 $x = t^2 (t > 0)$ 代入原不定积分

$$\int \frac{1}{1+\sqrt{x}}dx = \int \frac{1}{1+t}d(t^2) = \int \frac{1}{1+t} \cdot (t^2)'dt = 2\int \frac{t}{1+t}dt$$

$$= 2\int \frac{t+1-1}{1+t}dt = 2\left(\int dt - \int \frac{1}{1+t}dt\right)$$

$$= 2t - 2\int \frac{1}{1+t}d(1+t) = 2t - 2\ln|1+t| + C.$$

最后回代 $t = \sqrt{x}$，即

$$\int \frac{1}{1+\sqrt{x}}dx = 2[\sqrt{x} - \ln(1+\sqrt{x})] + C.$$

由上例可以看出：被积函数中含有被开方因式为一次根式 $\sqrt[n]{ax+b}$ 时，令 $\sqrt[n]{ax+b} = t$ 可以消去根号，从而求得积分.

下面重点讨论被积函数含有被开方因式为二次根式的情况.

例 5.2.6　求不定积分 $\int \sqrt{1-x^2}dx$.

解

令 $x = \sin t \left(-\dfrac{\pi}{2} < t < \dfrac{\pi}{2} \right)$，代入原不定积分，有

请将本题的求解过程与例 5.2.2 的 (1) 进行对比.

$$\int \sqrt{1-x^2}\,\mathrm{d}x = \int \sqrt{1-(\sin t)^2}\,\mathrm{d}(\sin t) = \int |\cos t| \cdot \cos t\,\mathrm{d}t$$

微视频：例 5.2.6 解析

由于 $-\dfrac{\pi}{2} < t < \dfrac{\pi}{2}$，所以在此取值范围内的 $\cos t > 0$，故

$$\int \sqrt{1-x^2}\,\mathrm{d}x = \int \sqrt{1-(\sin t)^2}\,\mathrm{d}(\sin t) = \int \cos^2 t\,\mathrm{d}t$$

$$= \frac{1}{2}\int (1+\cos 2t)\,\mathrm{d}t = \frac{1}{2}\left(\int \mathrm{d}t + \int \cos 2t\,\mathrm{d}t \right)$$

$$= \frac{1}{2}\left(t + \frac{1}{2}\int \cos 2t\,\mathrm{d}2t \right) = \frac{1}{2}t + \frac{1}{4}\sin 2t + C$$

$$\xlongequal{\text{回代 } t = \arcsin x} \frac{1}{2}\arcsin x + \frac{x}{2}\sqrt{1-x^2} + C.$$

注意：一般地，当被积函数含有：

(1) $\sqrt{a^2-x^2}$ 时，可作代换 $x = a\sin t$；

(2) $\sqrt{a^2+x^2}$ 时，可作代换 $x = a\tan t$；

(3) $\sqrt{x^2-a^2}$ 时，可作代换 $x = a\sec t$.

通常称以上代换为三角代换，它是第二类换元积分法的重要组成部分，但在具体解题时，还要具体分析. 例如，$\int x\sqrt{x^2-a^2}\,\mathrm{d}x$ 就不必用三角代换，而用凑微分法更为方便.

5.2.3　分部积分法

观察不定积分 $\int x\cos x^2\,\mathrm{d}x$ 与 $\int x\cos x\,\mathrm{d}x$ 的异同，思考该如何求这两个不定积分？通过前面知识的学习，可以发现

$$\int x\cos x^2\,\mathrm{d}x = \frac{1}{2}\int (x^2)'\cos x^2\,\mathrm{d}x = \frac{1}{2}\int \cos x^2\,\mathrm{d}(x^2)$$

$$= \frac{1}{2}\sin x^2 + C.$$

但是在不定积分 $\int x\cos x\,\mathrm{d}x$ 中却找不到这样的导数关系，所以第一类换元积分法好像在这里派不上用场，那么这种不定积分该如何解

决呢？在这里介绍一种新的求解不定积分的方法——**分部积分法**：

设函数 $u=u(x)$，$v=v(x)$ 具有连续导数，根据乘积微分公式有

$$d(uv)=u\,dv+v\,du,$$

移项，得

$$u\,dv=d(uv)-v\,du,$$

两边积分得

$$\int u\,dv=uv-\int v\,du.$$

该公式称为分部积分公式，它可以将求 $\int u\,dv$ 的积分问题转化为求 $\int v\,du$ 的积分，当后面这个积分较容易求解时，分部积分法就起到了化难为易的作用.

使用分部积分法的关键是要根据被积分函数的特点将原不定积分进行改写，再用公式解决，即分部积分法的步骤是

$$原不定积分 \rightarrow \int u(x)\cdot v'(x)\,dx=\int u(x)\,dv(x)=uv-\int v\,du.$$

例 5.2.7 求 $\int x\cos x\,dx$.

分析：按照用分部积分法的步骤，先将原不定积分进行改写.

方法一：$\int x\cos x\,dx=\int\left(\frac{1}{2}x^{2}\right)'\cdot\cos x\,dx=\int\cos x\,d\left(\frac{1}{2}x^{2}\right)$.

方法二：$\int x\cos x\,dx=\int x(\sin x)'\,dx=\int x\,d(\sin x)$.

微视频：不定积分的
分部积分法

用哪一种方式改写后才能顺利求出这个不定积分呢？通过简单的演算，可以发现方法一不能求出结果，要用方法二才能顺利解出这个不定积分.

解 $\int x\cos x\,dx\xrightarrow{\text{改写}}\int x(\sin x)'\,dx=\int x\,d(\sin x)$

$$\xrightarrow{\text{分部积分公式}}x\sin x-\int\sin x\,d(x)$$

$$=x\sin x-\int\sin x\,dx=x\sin x+\cos x+C.$$

例 5.2.8 求 $\int x^{3}\ln x\,dx$.

解 经过分析发现，原不定积分可以改写为 $\int\left(\frac{1}{4}x^{4}\right)'\ln x\,dx=\int\ln x\,d\left(\frac{1}{4}x^{4}\right)$，所以，

$$\int x^3 \ln x \, \mathrm{d}x \xlongequal{\text{改写}} \int \left(\frac{1}{4}x^4\right)' \ln x \, \mathrm{d}x = \int \ln x \, \mathrm{d}\left(\frac{x^4}{4}\right)$$

$$\xlongequal{\text{分部积分公式}} \frac{x^4}{4}\ln x - \int \frac{x^4}{4}\mathrm{d}(\ln x)$$

$$= \frac{x^4}{4}\ln x - \int \frac{x^4}{4}\cdot\frac{1}{x}\mathrm{d}x = \frac{x^4}{4}\ln x - \frac{x^4}{16} + C.$$

例 5.2.9　求 $\int x \arctan x \, \mathrm{d}x$.

解　$\int x \arctan x \, \mathrm{d}x \xlongequal{\text{改写}} \int \left(\frac{1}{2}x^2\right)' \arctan x \, \mathrm{d}x$

$$= \int \arctan x \, \mathrm{d}\left(\frac{1}{2}x^2\right)$$

$$\xlongequal{\text{分部积分公式}} \frac{1}{2}x^2 \arctan x -$$

$$\int \frac{1}{2}x^2 \mathrm{d}(\arctan x)$$

$$= \frac{1}{2}x^2 \arctan x - \frac{1}{2}\int \frac{x^2}{1+x^2}\mathrm{d}x$$

$$= \frac{1}{2}x^2 \arctan x - \frac{1}{2}\int \frac{x^2+1-1}{1+x^2}\mathrm{d}x$$

$$= \frac{1}{2}x^2 \arctan x - \frac{1}{2}\left(\int \mathrm{d}x - \int \frac{1}{1+x^2}\mathrm{d}x\right)$$

$$= \frac{1}{2}(x^2 \arctan x - x + \arctan x) + C.$$

*例 5.2.10　求 $\int \mathrm{e}^x \sin x \, \mathrm{d}x$.

解法一　$\int \mathrm{e}^x \sin x \, \mathrm{d}x = \int (\mathrm{e}^x)' \sin x \, \mathrm{d}x = \int \sin x \, \mathrm{d}(\mathrm{e}^x)$

$$= \mathrm{e}^x \sin x - \int \mathrm{e}^x \mathrm{d}(\sin x)$$

$$= \mathrm{e}^x \sin x - \int \mathrm{e}^x \cos x \, \mathrm{d}x$$

$$= \mathrm{e}^x \sin x - \int (\mathrm{e}^x)' \cos x \, \mathrm{d}x$$

$$= \mathrm{e}^x \sin x - \int \cos x \, \mathrm{d}(\mathrm{e}^x)$$

$$= \mathrm{e}^x \sin x - \left[\mathrm{e}^x \cos x - \int \mathrm{e}^x \mathrm{d}(\cos x)\right]$$

$$= e^x \sin x - e^x \cos x - \int e^x \sin x \, dx,$$

即 $\qquad \int e^x \sin x \, dx = e^x \sin x - e^x \cos x - \int e^x \sin x \, dx,$

所以 $\qquad \int e^x \sin x \, dx = \dfrac{1}{2} e^x (\sin x - \cos x) + C.$

解法二 $\quad \int e^x \sin x \, dx = \int e^x (-\cos x)' \, dx = \int e^x \, d(-\cos x)$

$$= e^x (-\cos x) - \int (-\cos x) \, d(e^x)$$

$$= -e^x \cos x + \int \cos x \, d(e^x)$$

$$= -e^x \cos x + \int (e^x)' \cos x \, dx$$

$$= -e^x \cos x + \int e^x \cos x \, dx$$

$$= -e^x \cos x + \int e^x (\sin x)' \, dx$$

$$= -e^x \cos x + \int e^x \, d(\sin x)$$

$$= -e^x \cos x + \left[e^x \sin x - \int \sin x \, d(e^x) \right]$$

$$= -e^x \cos x + e^x \sin x - \int e^x \sin x \, dx,$$

即 $\qquad \int e^x \sin x \, dx = e^x \sin x - e^x \cos x - \int e^x \sin x \, dx,$

所以 $\qquad \int e^x \sin x \, dx = \dfrac{1}{2} e^x (\sin x - \cos x) + C.$

注意：在解这个不定积分的时候，需要连用两次分部积分法，每次使用分部积分法时，要保持将同一函数改写为导数形式，在出现循环现象，即又回到原来的不定积分后，通过移项整理得到原不定积分的结果.

结合上面的几个例题，总结下列几种类型积分，均可以用分部积分法求解，且 u，dv 的设法有规律可循：

(1) $\displaystyle\int x^n e^{ax} \, dx$，$\displaystyle\int x^n \sin ax \, dx$，$\displaystyle\int x^n \cos ax \, dx$，可设 $u = x^n$.

(2) $\displaystyle\int x^n \ln x \, dx$，$\displaystyle\int x^n \arcsin x \, dx$，$\displaystyle\int x^n \arctan x \, dx$，可设

$$u = \ln x \, , \ \arcsin x \, , \ \arctan x \, .$$

(3) $\int e^{ax} \sin bx \, dx$, $\int e^{ax} \cos bx \, dx$, 可设 $u = \sin bx$, $\cos bx$.

能力训练 5.2

1. 用第一类换元积分法求下列积分.

(1) $\int \cos 2x \, dx$;

(2) $\int \sin 2x \, dx$;

(3) $\int 2x \, e^{x^2} \, dx$;

(4) $\int \dfrac{1}{x^2} \sin \dfrac{1}{x} \, dx$;

(5) $\int \dfrac{\ln^3 x}{x} \, dx$;

(6) $\int (x + 1)^{10} \, dx$;

(7) $\int \tan x \, dx$;

(8) $\int \dfrac{dx}{1 - 2x}$;

(9) $\int x \, \sqrt{x^2 - 3} \, dx$;

(10) $\int \dfrac{x^2}{\sqrt{x^3 - 1}} \, dx$;

(11) $\int \sec x \, dx$;

(12) $\int \csc x \, dx$;

(13) $\int \dfrac{1 + x}{\sqrt{4 - x^2}} \, dx$;

(14) $\int \dfrac{1}{a^2 - x^2} \, dx$;

(15) $\int \dfrac{dx}{a^2 + x^2}$;

(16) $\int \dfrac{dx}{x^2 + 2x + 4}$;

(17) $\int \dfrac{dx}{\sqrt{a^2 - x^2}} \ (a > 0)$.

2. 用第二类换元积分法求下列不定积分.

(1) $\int \dfrac{1}{\sqrt{1 + x} - 1} \, dx$;

(2) $\int \dfrac{1}{\sqrt{x} \, (1 + \sqrt[3]{x})} \, dx$;

(3) $\int x \, \sqrt{x - 1} \, dx$;

(4) $\int \sqrt[3]{x + 1} \, dx$;

(5) $\int \sqrt{4 - x^2} \, dx$;

(6) $\int \dfrac{dx}{(4 + x^2)^{\frac{3}{2}}}$.

3. 用分部积分法求下列定积分.

(1) $\int x \, e^x \, dx$;

(2) $\int \ln x \, dx$;

(3) $\int t^3 \ln t \, dt$;

(4) $\int \arctan x \, dx$;

(5) $\int x^2 \, e^x \, dx$;

(6) $\int x^2 \cos x \, dx$;

$$(7) \int e^x \cos x \, dx ; \qquad\qquad (8) \int \ln(x+1) \, dx .$$

习题五

1. 已知 $F'(x) = 3x^2 - 4x$，且曲线 $y = F(x)$ 过点 $(1, -1)$，求函数 $F(x)$ 的表达式.

2. 求函数 $f(x) = \sin x$ 通过点 $(0, 1)$ 处的积分曲线方程.

3. 设曲线过点 $(-1, 2)$，并且曲线上任意一点处切线的斜率等于这点横坐标的两倍，求此曲线的方程.

4. 求下列不定积分.

$$(1) \int \sqrt{x \sqrt{x \sqrt{x}}} \, dx ; \qquad\qquad (2) \int \frac{1}{\sqrt{x}} dx ;$$

$$(3) \int 10^x \, dx ; \qquad\qquad (4) \int (2x^4 - x^3) \, dx ;$$

$$(5) \int (2 \cdot 3^x + 3 \cdot 2^x) \, dx ; \qquad (6) \int (\sec^2 x - \csc^2 x) \, dx .$$

5. 写出下列各式的结果.

$$(1) \left(\int \sqrt{1+x^2} \, dx \right)' ; \qquad\qquad (2) \int d(e^{2x} \sin x^2) ;$$

$$(3) \int [e^x (\sin x + \cos x)]' \, dx ; \qquad (4) d\left(\int \frac{e^x}{1 + \cos x} dx \right) .$$

6. 求下列不定积分.

$$(1) \int x(1-x)^2 \, dx ; \qquad\qquad (2) \int a^x e^x \, dx ;$$

$$(3) \int \frac{x-1}{\sqrt{x}} dx ; \qquad\qquad (4) \int \left(\frac{1-x}{x} \right)^2 dx ;$$

$$(5) \int \frac{x^2 + 7x + 12}{x + 3} dx ; \qquad\qquad (6) \int \frac{1}{x^2(1+x^2)} dx ;$$

$$(7) \int (2^x + 3^x)^2 \, dx ; \qquad\qquad (8) \int \cot^2 x \, dx ;$$

$$(9) \int \frac{\cos 2x}{\cos^2 x \sin^2 x} dx ; \qquad (10) \int \frac{\cos 2x}{\sin x - \cos x} dx .$$

7. 求下列不定积分.

$$(1) \int (3x+2)^{20} \, dx ; \qquad\qquad (2) \int 10^{3x} \, dx ;$$

$(3) \displaystyle\int \frac{1}{\sqrt[3]{1-2x}}\mathrm{d}x$ ；

$(4) \displaystyle\int \sin 4x\,\mathrm{d}x$ ；

$(5) \displaystyle\int \frac{\mathrm{e}^x}{\mathrm{e}^x+2}\mathrm{d}x$ ；

$(6) \displaystyle\int \sqrt{2+\sin x}\cdot\cos x\,\mathrm{d}x$ ；

$(7) \displaystyle\int \frac{\sin x}{1+\cos^2 x}\mathrm{d}x$ ；

$(8) \displaystyle\int \frac{x\,\mathrm{d}x}{\sqrt{x^2+1}}$ ；

$(9) \displaystyle\int \mathrm{e}^x\cos \mathrm{e}^x\,\mathrm{d}x$ ；

$(10) \displaystyle\int \tan\frac{x}{2}\mathrm{d}x$ ；

$(11) \displaystyle\int \frac{1}{\sqrt{x}}\sin\sqrt{x}\,\mathrm{d}x$ ；

$(12) \displaystyle\int \frac{1}{x^2}\cos\frac{1}{x}\mathrm{d}x$ ；

$(13) \displaystyle\int \frac{\ln^2 x}{x}\mathrm{d}x$ ；

$(14) \displaystyle\int \frac{\arctan x}{1+x^2}\mathrm{d}x$ ．

8. 求下列不定积分.

$(1) \displaystyle\int \frac{\mathrm{d}x}{1+\sqrt{3-x}}$ ；

$(2) \displaystyle\int \frac{\mathrm{d}x}{\sqrt{x}+\sqrt[3]{x}}$ ；

$(3) \displaystyle\int \frac{\sqrt{x-1}}{x}\mathrm{d}x$ ；

$(4) \displaystyle\int x\sqrt{x+1}\,\mathrm{d}x$ ；

$(5) \displaystyle\int \frac{\mathrm{d}x}{1+\sqrt{1-x^2}}$ ；

$(6) \displaystyle\int \frac{\sqrt{x^2-9}}{x}\mathrm{d}x$ ．

9. 求下列不定积分.

$(1) \displaystyle\int x\sin x\,\mathrm{d}x$ ；

$(2) \displaystyle\int x\,\mathrm{e}^{-x}\,\mathrm{d}x$ ；

$(3) \displaystyle\int x\sin 2x\,\mathrm{d}x$ ；

$(4) \displaystyle\int x\cos\frac{x}{2}\mathrm{d}x$ ；

$(5) \displaystyle\int \ln(x^2+1)\,\mathrm{d}x$ ；

$(6) \displaystyle\int (\ln x)^2\,\mathrm{d}x$ ；

$(7) \displaystyle\int \arcsin x\,\mathrm{d}x$ ；

$(8) \displaystyle\int \cos\ln x\,\mathrm{d}x$ ．

文本：习题五参考答案

第6章
定积分

　　本章将从如何求解不规则图形的面积入手,引出定积分的概念.事实上,处理不均匀量的"求和"问题,都可以利用定积分这个工具,如对曲边梯形的面积,密度不均匀的直杆的质量等问题的求解.定积分思想是高等数学中非常重要的思想方法,无论是在理论上还是在实际应用上,都有着十分重要的意义.定积分的相关知识与上一章学习的不定积分有着紧密的联系.

6.1　定积分的概念及性质

6.1.1　定积分的实例

　　1. 曲边梯形的面积

　　曲边梯形: 若图形的三条边是直线段,其中有两条边垂直于第三条底边,而第四条边是曲线,这样的图形称为曲边梯形,如图 6-1-1 所示. 即曲边梯形是指由连续曲线 $y=f(x)$ 和三条直线 $x=a$, $x=b$, x 轴所围成的图形.

微视频: 曲边梯形

微视频: 求曲边梯形的面积

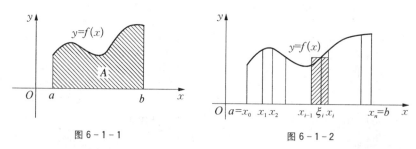

图 6-1-1　　　　　　图 6-1-2

　　曲边梯形面积的确定方法: 把该曲边梯形沿着 x 轴方向切割成若干小曲边梯形,再将每个小曲边梯形近似看作一个小矩形,用长乘以宽求得小矩形面积,再将这些小矩形的面积加起来,就是曲边梯形面积的近似值,分割越细,误差越小. 于是当所有的小曲边梯形宽度趋近于零时,这个图形面积的极限就成为曲边梯形面积的精确值,如图 6-1-2 所示.

　　曲边梯形面积的确定步骤如下:

　　(1) 分割

　　任取分割点 $a=x_0<x_1<x_2<\cdots<x_{n-1}<x_n=b$,把底边 [$a$,

b] 分成 n 个小区间 $[x_{i-1}, x_i](i=1, 2, \cdots, n)$. 每个小区间长度记作 $\Delta x_i = x_i - x_{i-1}(i=1, 2, \cdots, n)$.

（2）取近似

在每个小区间 $[x_{i-1}, x_i](i=1, 2, \cdots, n)$ 上任取一点 ξ_i，将其对应的函数值 $f(\xi_i)$ 作为每个小矩形的长，则得小矩形的面积 ΔA_i 的近似值为

$$\Delta A_i \approx f(\xi_i)\Delta x_i (i=1, 2, \cdots, n).$$

（3）求和

把 n 个小矩形面积相加就得到曲边梯形面积 A 的近似值

$$f(\xi_1)\Delta x_1 + f(\xi_2)\Delta x_2 + \cdots + f(\xi_n)\Delta x_n = \sum_{i=1}^{n} f(\xi_i)\Delta x_i.$$

（4）取极限

令小区间长度的最大值 $\lambda = \max_{1 \leqslant i \leqslant n}\{\Delta x_i\}$ 趋近于零，则和式 $\sum_{i=1}^{n} f(\xi_i)\Delta x_i$ 的极限就是曲边梯形面积 A 的精确值，即

$$A = \lim_{\lambda \to 0} \sum_{i=1}^{n} f(\xi_i)\Delta x_i.$$

2. 变速直线运动的路程

设某物体作变速直线运动，已知速度 $v = v(t)$ 是时间间隔 $[T_1, T_2]$ 上的连续函数，且 $v(t) \geqslant 0$，现计算这段时间内所走的路程.

解决这个问题的思路和步骤与上一个问题类似.

（1）分割

任取分割点 $T_1 = t_0 < t_1 < t_2 < \cdots < t_{n-1} < t_n = T_2$，把 $[T_1, T_2]$ 分成 n 个小段，每小段长为

$$\Delta t_i = t_i - t_{i-1}(i=1, 2, \cdots, n).$$

（2）取近似

把每小段 $[t_{i-1}, t_i]$ 上的运动视为匀速直线运动，任取时刻 $\xi_i \in [t_{i-1}, t_i]$，显然这小段时间所走路程 Δs_i 可近似表示为

$$\Delta s_i \approx v(\xi_i)\Delta t_i (i=1, 2, \cdots, n).$$

（3）求和

把 n 个小段时间上的路程相加，就得到总路程 s 的近似值，即

$$s \approx \sum_{i=1}^{n} v(\xi_i) \Delta t_i.$$

（4）取极限

当 $\lambda = \max\limits_{1 \leqslant i \leqslant n} \{\Delta t_i\} \to 0$ 时，上述总和的极限就是 s 的精确值，即

$$s = \lim_{\lambda \to 0} \sum_{i=1}^{n} v(\xi_i) \Delta t_i.$$

微视频：定积分的定义

6.1.2　定积分的概念

定义 6.1.1　设函数 $y = f(x)$ 在 $[a, b]$ 上有定义，任取分割点

$$a = x_0 < x_1 < x_2 < x_3 < \cdots < x_{n-1} < x_n = b,$$

把 $[a, b]$ 分为 n 个小区间 $[x_{i-1}, x_i]$ $(i = 1, 2, \cdots, n)$，
记 $\Delta x_i = x_i - x_{i-1}(i = 1, 2, \cdots, n)$，$\lambda = \max\limits_{1 \leqslant i \leqslant n} \{\Delta x_i\}$，
再在每个小区间 $[x_{i-1}, x_i]$ 上任取一点 ξ_i，作乘积 $f(\xi_i)\Delta x_i$ 的和式，记作

$$\sum_{i=1}^{n} f(\xi_i) \Delta x_i,$$

如果当 $\lambda \to 0$ 时，上述和式的极限存在（即这个极限值与 $[a, b]$ 的分割及点 ξ_i 的取法均无关），则称此极限值为函数 $f(x)$ 在区间 $[a, b]$ 上的定积分，记为

$$\int_a^b f(x) \mathrm{d}x = \lim_{\lambda \to 0} \sum_{i=1}^{n} f(\xi_i) \Delta x_i.$$

其中 $f(x)$ 称为**被积函数**，$f(x)\mathrm{d}x$ 称为**被积式**，x 称为**积分变量**，$[a, b]$ 称为**积分区间**，a，b 分别称为**积分下限和上限**.

注意：（1）定积分表示一个数，它只取决于被积函数与积分上、下限，而与积分变量采用什么字母无关，如 $\int_0^1 x^2 \mathrm{d}x = \int_0^1 t^2 \mathrm{d}t$. 一般地，$\int_a^b f(x) \mathrm{d}x = \int_a^b f(t) \mathrm{d}t.$

（2）定义中要求积分限 $a < b$，补充如下规定：

当 $a = b$ 时，$\int_a^b f(x) \mathrm{d}x = 0$；

当 $a > b$ 时，$\int_a^b f(x) \mathrm{d}x = -\int_b^a f(x) \mathrm{d}x.$

（3）定积分的存在性：当 $f(x)$ 在 $[a, b]$ 上连续或只有有限个第

一类间断点时，$f(x)$ 在 $[a,b]$ 上的定积分存在(也称可积).

6.1.3 定积分的几何意义

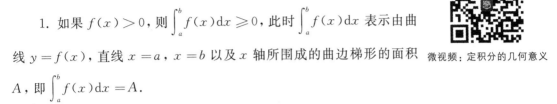

微视频：定积分的几何意义

1. 如果 $f(x) > 0$，则 $\displaystyle\int_a^b f(x)\mathrm{d}x \geqslant 0$，此时 $\displaystyle\int_a^b f(x)\mathrm{d}x$ 表示由曲线 $y = f(x)$，直线 $x = a$，$x = b$ 以及 x 轴所围成的曲边梯形的面积 A，即 $\displaystyle\int_a^b f(x)\mathrm{d}x = A$.

2. 如果 $f(x) \leqslant 0$，则 $\displaystyle\int_a^b f(x)\mathrm{d}x \leqslant 0$，此时 $\displaystyle\int_a^b f(x)\mathrm{d}x$ 表示由曲线 $y = f(x)$，直线 $x = a$，$x = b$ 以及 x 轴所成的曲边梯形的面积 A 的负值，如图 6-1-3 所示，即 $\displaystyle\int_a^b f(x)\mathrm{d}x = -A$.

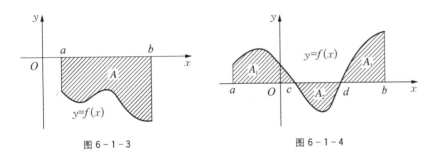

图 6-1-3　　　　　　　　图 6-1-4

3. 如果 $f(x)$ 在 $[a,b]$ 上有正有负时，则 $\displaystyle\int_a^b f(x)\mathrm{d}x$ 表示由曲线 $y = f(x)$，直线 $x = a$，$x = b$ 以及 x 轴所围成的平面图形中，位于 x 轴上方部分的面积减去位于 x 轴下方部分的面积，如图 6-1-4 所示，即 $\displaystyle\int_a^b f(x)\mathrm{d}x = A_1 - A_2 + A_3$.

例 6.1.1　用定积分表示图 6-1-5 中各阴影部分的面积，并根据定积分的几何意义求出定积分的值.

解　(1) 在图 6-1-5a 中，被积函数 $f(x) = x$ 在区间 $[0,2]$ 上

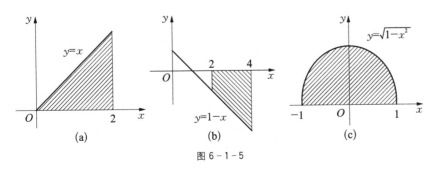

(a)　　　　　　(b)　　　　　　(c)

图 6-1-5

连续,且 $f(x) > 0$,根据定积分的几何意义,图中阴影部分的面积为

$$A = \int_0^2 x \, dx = \frac{1}{2} \times 2 \times 2 = 2,$$

所以

$$\int_0^2 x \, dx = 2.$$

(2) 在图 6-1-5b 中,被积函数 $f(x) = 1 - x$ 在区间 $[2, 4]$ 上连续,且 $f(x) < 0$,根据定积分的几何意义,图中阴影部分的面积为

$$A = -\int_2^4 (1 - x) \, dx = \frac{1}{2} \times (1 + 3) \times 2 = 4,$$

所以

$$\int_2^4 (1 - x) \, dx = -4.$$

(3) 在图 6-1-5c 中,被积函数 $f(x) = \sqrt{1 - x^2}$ 在区间 $[-1, 1]$ 上连续,且 $f(x) \geqslant 0$,根据定积分的几何意义,图中阴影部分的面积为

$$A = \int_{-1}^1 \sqrt{1 - x^2} \, dx = \frac{1}{2} \pi \times 1^2 = \frac{\pi}{2},$$

所以

$$\int_{-1}^1 \sqrt{1 - x^2} \, dx = \frac{\pi}{2}.$$

6.1.4 定积分的性质

性质 6.1.1 函数的代数和可逐项积分,即

$$\int_a^b [f(x) \pm g(x)] \, dx = \int_a^b f(x) \, dx \pm \int_a^b g(x) \, dx.$$

性质 6.1.2 被积函数的常数因子可提到积分号外面,即

$$\int_a^b k f(x) \, dx = k \int_a^b f(x) \, dx \quad (k \text{ 为常数}).$$

微视频:定积分的性质

性质 6.1.3 (积分区间的分割性质) 若 $a < c < b$,则

$$\int_a^b f(x) \, dx = \int_a^c f(x) \, dx + \int_c^b f(x) \, dx.$$

注:对于 a, b, c 三点的任何其他相对位置,上述性质仍成立,譬如:$a < b < c$,则有

$$\int_a^c f(x)\mathrm{d}x = \int_a^b f(x)\mathrm{d}x + \int_b^c f(x)\mathrm{d}x = \int_a^b f(x)\mathrm{d}x - \int_c^b f(x)\mathrm{d}x.$$

性质 6.1.4　（积分的比较性质）在区间 $[a,b]$ 上若 $f(x) \geqslant g(x)$，则

$$\int_a^b f(x)\mathrm{d}x \geqslant \int_a^b g(x)\mathrm{d}x.$$

性质 6.1.5　（积分估值性质）设 M 与 m 分别是 $f(x)$ 在区间 $[a,b]$ 上的最大值与最小值，则

$$m(b-a) \leqslant \int_a^b f(x)\mathrm{d}x \leqslant M(b-a).$$

性质 6.1.6　（积分中值定理）如果 $f(x)$ 在区间 $[a,b]$ 上连续，则至少存在一点 $\xi \in [a,b]$，使得

$$\int_a^b f(x)\mathrm{d}x = f(\xi)(b-a).$$

积分中值定理的几何意义为：曲线 $y=f(x)$ 在 $[a,b]$ 上与 $x=a$、$x=b$ 及 x 轴所围成的曲边梯形面积，等于同一底边而高为 $f(\xi)$ 的一个矩形面积，如图 $6-1-6$ 所示.

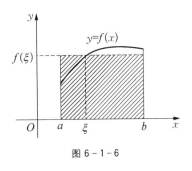

图 $6-1-6$

例 6.1.2　估计定积分 $\displaystyle\int_{-1}^1 \mathrm{e}^{-x^2}\mathrm{d}x$ 的值.

解　先求 $f(x) = \mathrm{e}^{-x^2}$ 在 $[-1,1]$ 上的最大值和最小值.

因为 $f'(x) = -2x\mathrm{e}^{-x^2}$，令 $f'(x)=0$，得驻点 $x=0$，比较 $f(x)$ 在驻点及区间端点处的函数值，得

$$f(0) = \mathrm{e}^0 = 1,\ f(-1) = f(1) = \mathrm{e}^{-1} = \frac{1}{\mathrm{e}},$$

故最大值 $M=1$，最小值 $m=\dfrac{1}{\mathrm{e}}$，由积分估值性质，得

$$\frac{2}{\mathrm{e}} \leqslant \int_{-1}^1 \mathrm{e}^{-x^2}\mathrm{d}x \leqslant 2.$$

能力训练 6.1

1. 把定积分 $\displaystyle\int_0^{\frac{\pi}{2}} \sin x\,\mathrm{d}x$ 写成和式的极限形式.

2. 把在区间 $[0,1]$ 上和式的极限 $\lim\limits_{\lambda \to 0} \sum\limits_{i=1}^{n} \dfrac{1}{1+\zeta_i^2} \Delta x_i$ 用定积分的形式表示.

3. 如何表达定积分的几何意义？根据定积分的几何意义推证下列定积分的值.

(1) $\displaystyle\int_{-1}^{1} x \, \mathrm{d}x$；

(2) $\displaystyle\int_{-2}^{2} \sqrt{4-x^2} \, \mathrm{d}x$；

(3) $\displaystyle\int_{-1}^{1} |x| \, \mathrm{d}x$；

(4) $\displaystyle\int_{0}^{2\pi} \sin x \, \mathrm{d}x$；

(5) $\displaystyle\int_{1}^{3} \mathrm{d}x$；

(6) $\displaystyle\int_{1}^{3} (x+1) \, \mathrm{d}x$.

4. 用定积分的性质比较大小.

(1) $\displaystyle\int_{0}^{1} x^2 \, \mathrm{d}x$ 与 $\displaystyle\int_{0}^{1} x^3 \, \mathrm{d}x$；

(2) $\displaystyle\int_{-1}^{0} \left(\dfrac{1}{3}\right)^x \, \mathrm{d}x$ 与 $\displaystyle\int_{-1}^{0} 3^x \, \mathrm{d}x$.

5. 估计定积分的值.

(1) $\displaystyle\int_{1}^{2} x^{\frac{4}{3}} \, \mathrm{d}x$；

(2) $\displaystyle\int_{-2}^{0} x\,\mathrm{e}^x \, \mathrm{d}x$.

6. 若当 $a \leqslant x \leqslant b$，有 $f(x) \leqslant g(x)$，问下面两个式子是否成立,为什么？

(1) $\displaystyle\int_{a}^{b} f(x)\mathrm{d}x \leqslant \int_{a}^{b} g(x)\mathrm{d}x$；

(2) $\displaystyle\int f(x)\mathrm{d}x \leqslant \int_{a}^{b} g(x)\mathrm{d}x$.

6.2 微积分基本公式

6.2.1 变上限的定积分

微视频：变上限的定积分

设函数 $f(x)$ 在区间 $[a,b]$ 上连续, $x \in [a,b]$, 于是积分 $\displaystyle\int_{a}^{x} f(x)\mathrm{d}x$ 是一个函数. 但是这种写法有一个不方便之处,就是 x 既表示积分上限,又表示积分变量. 为避免混淆,一般把积分变量改写成 t, 于是这个积分可以写成

$$\int_{a}^{x} f(t)\mathrm{d}t.$$

当 x 在区间 $[a,b]$ 上变动时,对应于每一个 x 值,积分 $\displaystyle\int_{a}^{x} f(t)\mathrm{d}t$ 就有一个确定的值,因此 $\displaystyle\int_{a}^{x} f(t)\mathrm{d}t$ 是变上限 x 的一个函数,记作

$$\Phi(x) = \int_a^x f(t)\,\mathrm{d}t \ (a \leqslant x \leqslant b),$$

通常称函数 $\Phi(x)$ 为变上限积分函数或变上限积分,其几何意义如图 6 - 2 - 1 所示.

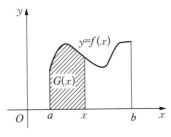

图 6 - 2 - 1

定理 6.2.1 如果函数 $f(x)$ 在区间 $[a, b]$ 上连续,则变上限积分

$$\Phi(x) = \int_a^x f(t)\,\mathrm{d}t$$

在 (a, b) 上可导,且其导数是

$$\Phi'(x) = \frac{\mathrm{d}}{\mathrm{d}x}\int_a^x f(t)\,\mathrm{d}t = f(x) \ (a \leqslant x \leqslant b).$$

推论 6.2.1 连续函数的原函数一定存在,且函数

$$\Phi(x) = \int_a^x f(t)\,\mathrm{d}t$$

即为其原函数.

例 6.2.1 计算 $\Phi(x) = \int_0^x \sin t^2\,\mathrm{d}t$ 在 $x = 0$, $x = \dfrac{\sqrt{\pi}}{2}$ 处的导数.

解 因为 $\dfrac{\mathrm{d}}{\mathrm{d}x}\int_0^x \sin t^2\,\mathrm{d}t = \sin x^2$, 故

$$\Phi'(0) = \sin 0^2 = 0, \ \Phi'\left(\frac{\sqrt{\pi}}{2}\right) = \sin\frac{\pi}{4} = \frac{\sqrt{2}}{2}.$$

例 6.2.2 求下列函数的导数.

(1) $\Phi(x) = \displaystyle\int_a^{e^x} \frac{\ln t}{t}\,\mathrm{d}t \ (a > 0)$;

(2) $\Phi(x) = \displaystyle\int_{x^2}^1 \frac{\sin\sqrt{\theta}}{\theta}\,\mathrm{d}\theta \ (x > 0)$.

解 (1) 这里 $\Phi(x)$ 是 x 的复合函数,其中间变量 $u = e^x$,所以按复合函数求导法则,有

$$\frac{\mathrm{d}\Phi}{\mathrm{d}x} = \frac{\mathrm{d}}{\mathrm{d}u}\left(\int_a^u \frac{\ln t}{t}\,\mathrm{d}t\right)\frac{\mathrm{d}(e^x)}{\mathrm{d}x} = \frac{\ln e^x}{e^x}e^x = x.$$

(2) $\dfrac{\mathrm{d}\Phi}{\mathrm{d}x} = -\dfrac{\mathrm{d}}{\mathrm{d}x}\displaystyle\int_1^{x^2} \frac{\sin\sqrt{\theta}}{\theta}\,\mathrm{d}\theta = -\left.\frac{\sin\sqrt{\theta}}{\theta}\right|_{\theta=x^2}(x^2)'$

$$= -\frac{\sin x}{x^2} \cdot 2x = -\frac{2\sin x}{x}.$$

*例 6.2.3 计算 $\displaystyle\lim_{x \to 0} \frac{\displaystyle\int_1^{\cos x} \mathrm{e}^{-t^2} \mathrm{d}t}{x^2}$.

解 因为 $x \to 0$ 时，$\cos x \to 1$，故本题属 "$\dfrac{0}{0}$" 型未定式，可以用洛必达法则来求解. 这里 $\displaystyle\int_1^{\cos x} \mathrm{e}^{-t^2} \mathrm{d}t$ 是 x 的复合函数，其中 $u = \cos x$，所以

$$\frac{\mathrm{d}}{\mathrm{d}x} \int_1^{\cos x} \mathrm{e}^{-t^2} \mathrm{d}t = \mathrm{e}^{-\cos^2 x} (\cos x)' = -\sin x\, \mathrm{e}^{-\cos^2 x},$$

故 $\displaystyle\lim_{x \to 0} \frac{\displaystyle\int_1^{\cos x} \mathrm{e}^{-t^2} \mathrm{d}t}{x^2} = \lim_{x \to 0} \frac{-\sin x \cdot \mathrm{e}^{-\cos^2 x}}{2x} = \lim_{x \to 0} \frac{-\sin x}{2x} \mathrm{e}^{-\cos^2 x}$

$$= -\frac{1}{2}\mathrm{e}^{-1} = -\frac{1}{2\mathrm{e}}.$$

6.2.2　牛顿-莱布尼茨公式

定理 6.2.2 设函数 $f(x)$ 在闭区间 $[a, b]$ 上连续，且 $F(x)$ 是 $f(x)$ 的任意一个原函数，则有

$$\int_a^b f(x)\mathrm{d}x = F(b) - F(a),$$

上式称为牛顿（Newton）-莱布尼茨（Leibniz）公式，也叫微积分基本公式. 上述公式也可以写成

$$\int_a^b f(x)\mathrm{d}x = F(x)\Big|_a^b \ 或 \int_a^b f(x)\mathrm{d}x = \big[F(x)\big]_a^b.$$

例 6.2.4 求定积分 $\displaystyle\int_0^1 x^2 \mathrm{d}x$.

解 因为 $\displaystyle\int x^2 \mathrm{d}x = \frac{1}{3}x^3 + C$，所以 $\dfrac{1}{3}x^3$ 是 x^2 的一个原函数，由牛顿-莱布尼茨公式有

$$\int_0^1 x^2 \mathrm{d}x = \frac{1}{3}x^3 \Big|_0^1 = \frac{1}{3} \times (1^3 - 0^3) = \frac{1}{3}.$$

例 6.2.5 求定积分 $\int_0^1 \dfrac{1}{1+x^2} dx$.

解 因为 $\int \dfrac{1}{1+x^2} dx = \arctan x + C$，所以 $\arctan x$ 是 $\dfrac{1}{1+x^2}$ 的

一个原函数，由牛顿-莱布尼茨公式，有

$$\int_0^1 \frac{1}{1+x^2} dx = \arctan x \Big|_0^1 = \arctan 1 - \arctan 0 = \frac{\pi}{4}.$$

能力训练 6.2

1. 求下列函数的导数.

(1) $\Phi(x) = \int_0^x e^{-t} dt$ ；　　　　　(2) $\Phi(x) = \int_a^{x^2} \dfrac{\ln t}{t} dt \ (a > 0)$ ；

(3) $\Phi(x) = \int_0^x \sin t^2 dt$ ；　　　　　(4) $\Phi(x) = \int_0^x e^{t^2} dt$.

2. 用牛顿-莱布尼茨公式求解下列定积分.

(1) $\int_0^1 \sqrt{x}\, dx$ ；　　　　　　　(2) $\int_0^\pi \sin x\, dx$ ；

(3) $\int_0^1 (x^2 + e^x) dx$ ；　　　　　(4) $\int_{-4}^{-2} \dfrac{1}{x} dx$ ；

(5) $\int_0^1 \dfrac{x^2}{1+x^2} dx$ ；　　　　　(6) $\int_1^2 \dfrac{dx}{x(x+1)}$ ；

6.3　定积分的计算

6.3.1　定积分的直接积分法

例 6.3.1 求定积分 $\int_0^1 (x^2 - 2e^x + 3) dx$.

解 $\displaystyle \int_0^1 (x^2 - 2e^x + 3) dx = \int_0^1 x^2 dx - 2\int_0^1 e^x dx + 3\int_0^1 dx$

$$= \frac{1}{3} x^3 \Big|_0^1 - 2e^x \Big|_0^1 + 3x \Big|_0^1$$

$$= \frac{1}{3} \times (1^3 - 0^3) - 2 \times (e^1 - e^0) +$$

$$3 \times (1 - 0)$$

$$= \frac{16}{3} - 2e.$$

例 6.3.2 求定积分 $\int_0^4 |x-2| \, \mathrm{d}x$.

解 在这里,被积函数是分段函数,不能对被积函数 $|x-2|$ 直接积分,应该首先去掉绝对值符号

$$|x-2| = \begin{cases} 2-x, & 0 \leqslant x \leqslant 2, \\ x-2, & 2 < x \leqslant 4, \end{cases}$$

由积分区间的分割性质,得

$$\int_0^4 |x-2| \, \mathrm{d}x = \int_0^2 (2-x) \, \mathrm{d}x + \int_2^4 (x-2) \, \mathrm{d}x$$

$$= \left(2x - \frac{1}{2}x^2\right)\bigg|_0^2 + \left(\frac{1}{2}x^2 - 2x\right)\bigg|_2^4 = 4.$$

例 6.3.3 求定积分 $\int_0^\pi |\cos x| \, \mathrm{d}x$.

解 因为 $|\cos x| = \begin{cases} \cos x, & 0 \leqslant x \leqslant \dfrac{\pi}{2}, \\ -\cos x, & \dfrac{\pi}{2} < x \leqslant \pi, \end{cases}$ 所以利用积分区间

的分割性质,得到

$$\int_0^\pi |\cos x| \, \mathrm{d}x = \int_0^{\frac{\pi}{2}} |\cos x| \, \mathrm{d}x + \int_{\frac{\pi}{2}}^\pi |\cos x| \, \mathrm{d}x$$

$$= \int_0^{\frac{\pi}{2}} \cos x \, \mathrm{d}x + \int_{\frac{\pi}{2}}^\pi (-\cos x) \, \mathrm{d}x$$

$$= \sin x \bigg|_0^{\frac{\pi}{2}} - \sin x \bigg|_{\frac{\pi}{2}}^\pi$$

$$= \left(\sin \frac{\pi}{2} - \sin 0\right) - \left(\sin \pi - \sin \frac{\pi}{2}\right) = 2.$$

6.3.2 定积分的第一类换元积分法

定理 6.3.1 设 $f(x)$ 在区间 $[a, b]$ 上连续,而 $x = \varphi(x)$ 满足下列条件:

(1) $x = \varphi(t)$ 在区间 $[\alpha, \beta]$ 上有连续导数.

(2) $\varphi(\alpha) = a$,$\varphi(\beta) = b$,且当 t 在 $[\alpha, \beta]$ 上变化时,$x = \varphi(t)$ 的值在 $[a, b]$ 上变化,则有换元公式:

$$\int_a^b f(x) \, \mathrm{d}x = \int_\alpha^\beta f[\varphi(t)] \varphi'(t) \, \mathrm{d}t.$$

以上为定积分的第一类换元积分法,上述条件是为了保证两端的被积函数在相应区间上连续,从而可积.应用中,需要强调指出的是:换元必须换限,(原)上限对(新)上限,(原)下限对(新)下限.

例 6.3.4 求定积分 $\int_0^{\frac{\pi}{2}} \sin^2 x \cos x \, dx$.

解　$\int_0^{\frac{\pi}{2}} \sin^2 x \cos x \, dx = \int_0^{\frac{\pi}{2}} \sin^2 x \, d(\sin x) = \frac{1}{3} \sin^3 x \Big|_0^{\frac{\pi}{2}} = \frac{1}{3}$.

例 6.3.5 求定积分 $\int_0^1 \frac{x^2}{x+1} \, dx$.

解　$\int_0^1 \frac{x^2}{x+1} \, dx = \int_0^1 \frac{x^2 - 1 + 1}{x+1} \, dx = \int_0^1 \left(x - 1 + \frac{1}{x+1} \right) dx$

$$= \left(\frac{1}{2} x^2 - x + \ln|x+1| \right) \Big|_0^1 = \ln 2 - \frac{1}{2}.$$

例 6.3.6 求定积分 $\int_0^1 \frac{1}{x^2 - 5x + 6} \, dx$.

解　$\int_0^1 \frac{1}{x^2 - 5x + 6} \, dx = \int_0^1 \frac{1}{(x-2)(x-3)} \, dx$

$$= \int_0^1 \left(\frac{1}{x-3} - \frac{1}{x-2} \right) dx$$

$$= \ln|x-3| \Big|_0^1 - \ln|x-2| \Big|_0^1$$

$$= 2\ln 2 - \ln 3 = \ln \frac{4}{3}.$$

例 6.3.7 求定积分 $\int_0^1 \frac{\arctan x}{1+x^2} \, dx$.

解　$\int_0^1 \frac{\arctan x}{1+x^2} \, dx = \int_0^1 \arctan x \, d(\arctan x) = \frac{1}{2} (\arctan x)^2 \Big|_0^1$

$$= \frac{\pi^2}{32}.$$

例 6.3.8 求定积分 $\int_0^1 t e^{-\frac{t^2}{2}} \, dt$.

解　$\int_0^1 t e^{-\frac{t^2}{2}} \, dt = -\int_0^1 e^{-\frac{t^2}{2}} \, d\left(-\frac{1}{2} t^2 \right) = -e^{-\frac{t^2}{2}} \Big|_0^1 = e^0 - e^{-\frac{1}{2}}$

$$= 1 - e^{-\frac{1}{2}}.$$

例 6.3.9 设 $f(x)$ 在对称区间 $[-a, a]$ 上连续,试证明

$$\int_{-a}^{a} f(x)\mathrm{d}x = \begin{cases} 2\int_{0}^{a} f(x)\mathrm{d}x, & \text{当 } f(x) \text{ 为偶函数时,} \\ 0, & \text{当 } f(x) \text{ 为奇函数时.} \end{cases}$$

证明 因为 $\int_{-a}^{a} f(x)\mathrm{d}x = \int_{-a}^{0} f(x)\mathrm{d}x + \int_{0}^{a} f(x)\mathrm{d}x$

对积分

$$\int_{-a}^{0} f(x)\mathrm{d}x$$

作变量代换,令 $x = -t$,由定积分的第一类换元积分法,得

$$\int_{-a}^{0} f(x)\mathrm{d}x = -\int_{a}^{0} f(-t)\mathrm{d}t = \int_{0}^{a} f(-t)\mathrm{d}t = \int_{0}^{a} f(-x)\mathrm{d}x,$$

于是

$$\int_{-a}^{a} f(x)\mathrm{d}x = \int_{0}^{a} f(-x)\mathrm{d}x + \int_{0}^{a} f(x)\mathrm{d}x$$

$$= \int_{0}^{a} [f(-x) + f(x)]\mathrm{d}x.$$

(1) 若 $f(x)$ 为偶函数,即 $f(-x) = f(x)$,由上式得 $\int_{-a}^{a} f(x)\mathrm{d}x = 2\int_{0}^{a} f(x)\mathrm{d}x$,如图 6-3-1a 所示;

(2) 若 $f(x)$ 为奇函数,即 $f(-x) = -f(x)$,有 $f(-x) + f(x) = 0$,则 $\int_{-a}^{a} f(x)\mathrm{d}x = 0$,如图 6-3-1b 所示.

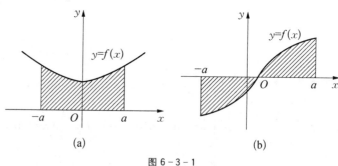

图 6-3-1

注意:例 6.3.9 可以作为一个结论.

例 6.3.10 计算下列定积分.

(1) $\int_{-2}^{2} \dfrac{\sin x}{x^2 + 1}\mathrm{d}x$; (2) $\int_{-1}^{1} \mathrm{e}^{|x|}\,\mathrm{d}x$.

解 (1) 因为被积函数 $f(x) = \dfrac{\sin x}{x^2 + 1}$ 是奇函数,且积分区间 $[-2, 2]$ 关于原点对称,所以

$$\int_{-2}^{2} \frac{\sin x}{x^2 + 1} \mathrm{d}x = 0.$$

（2）因为被积函数 $f(x) = \mathrm{e}^{|x|}$ 是偶函数，且积分区间 $[-1, 1]$ 关于原点对称，所以

$$\int_{-1}^{1} \mathrm{e}^{|x|} \mathrm{d}x = 2\int_{0}^{1} \mathrm{e}^{|x|} \mathrm{d}x = 2\int_{0}^{1} \mathrm{e}^{x} \mathrm{d}x = 2\mathrm{e}^{x} \Big|_{0}^{1} = 2(\mathrm{e} - 1).$$

*例 6.3.11　证明 $\displaystyle\int_{0}^{\frac{\pi}{2}} f(\sin x)\mathrm{d}x = \int_{0}^{\frac{\pi}{2}} f(\cos x)\mathrm{d}x.$

证明　令 $x = \dfrac{\pi}{2} - t$，换积分限当 $x = 0$ 时，$t = \dfrac{\pi}{2}$；$x = \dfrac{\pi}{2}$ 时，$t = 0$，于是

$$\int_{0}^{\frac{\pi}{2}} f(\sin x)\mathrm{d}x = -\int_{\frac{\pi}{2}}^{0} f\left[\sin\left(\frac{\pi}{2} - t\right)\right]\mathrm{d}t = \int_{0}^{\frac{\pi}{2}} f(\cos t)\mathrm{d}t$$

$$= \int_{0}^{\frac{\pi}{2}} f(\cos x)\mathrm{d}x.$$

6.3.3　定积分的第二类换元积分法

例 6.3.12　计算 $\displaystyle\int_{0}^{3} \frac{x}{1 + \sqrt{x + 1}}\mathrm{d}x.$

解　令 $\sqrt{x + 1} = t$，则 $x = t^2 - 1$，$\mathrm{d}x = 2t\mathrm{d}t$，且当 $x = 0$ 时，$t = 1$；当 $x = 3$ 时，$t = 2$，所以

$$\int_{0}^{3} \frac{x}{1 + \sqrt{x + 1}}\mathrm{d}x = \int_{1}^{2} \frac{t^2 - 1}{1 + t} \cdot 2t\mathrm{d}t = 2\int_{1}^{2} (t^2 - t)\mathrm{d}t$$

$$= 2\left(\frac{1}{3}t^3 - \frac{1}{2}t^2\right)\Big|_{1}^{2} = \frac{5}{3}.$$

*例 6.3.13　计算 $\displaystyle\int_{1}^{64} \frac{1}{\sqrt[3]{x} + \sqrt{x}}\mathrm{d}x.$

解　令 $\sqrt[6]{x} = t$，则 $x = t^6$，$\mathrm{d}x = 6t^5\mathrm{d}t$，且当 $x = 1$ 时，$t = 1$；当 $x = 64$ 时，$t = 2$，所以

$$\int_{1}^{64} \frac{1}{\sqrt[3]{x} + \sqrt{x}}\mathrm{d}x = \int_{1}^{2} \frac{1}{t^2 + t^3} \cdot 6t^5\mathrm{d}t = 6\int_{1}^{2} \frac{t^3}{1 + t}\mathrm{d}t$$

$$= 6\int_{1}^{2} \left(1 - t + t^2 - \frac{1}{1 + t}\right)\mathrm{d}t$$

$$= 6\left(t - \frac{1}{2}t^2 + \frac{1}{3}t^3 - \ln(1+t)\right)\Big|_1^2$$

$$= 11 + 6\ln 2 - 6\ln 3 = 11 - 6\ln\frac{2}{3}.$$

本题用到了立方和公式：$a^3 + b^3 = (a+b)(a^2 - ab + b^2)$.

例 6.3.14　计算 $\int_0^1 \sqrt{1-x^2}\,\mathrm{d}x$.

解　令 $x = \sin t$，则 $\mathrm{d}x = \cos t\,\mathrm{d}t$，且当 $x = 0$ 时，$t = 0$；$x = 1$ 时，$t = \frac{\pi}{2}$，于是

$$\int_0^1 \sqrt{1-x^2}\,\mathrm{d}x = \int_0^{\frac{\pi}{2}} \sqrt{1-\sin^2 t} \cdot \cos t\,\mathrm{d}t = \int_0^{\frac{\pi}{2}} \cos^2 t\,\mathrm{d}t$$

$$= \int_0^{\frac{\pi}{2}} \frac{1+\cos 2t}{2}\,\mathrm{d}t = \frac{1}{2}\left(t + \frac{1}{2}\sin 2t\right)\Big|_0^{\frac{\pi}{2}} = \frac{\pi}{4}.$$

6.3.4　定积分的分部积分法

例 6.3.15　计算 $\int_1^{\mathrm{e}} \ln x\,\mathrm{d}x$.

解　$\int_1^{\mathrm{e}} \ln x\,\mathrm{d}x = x\ln x\Big|_1^{\mathrm{e}} - \int_1^{\mathrm{e}} x\,\mathrm{d}\ln x = \mathrm{e} - \int_1^{\mathrm{e}} x \cdot \frac{1}{x}\,\mathrm{d}x$

$$= \mathrm{e} - (\mathrm{e} - 1) = 1.$$

例 6.3.16　计算 $\int_0^{\frac{\pi}{2}} x\cos 2x\,\mathrm{d}x$.

解　$\int_0^{\frac{\pi}{2}} x\cos 2x\,\mathrm{d}x = \frac{1}{2}\int_0^{\frac{\pi}{2}} x\,\mathrm{d}\sin 2x$

$$= \frac{1}{2}x\sin 2x\Big|_0^{\frac{\pi}{2}} - \frac{1}{2}\int_0^{\frac{\pi}{2}} \sin 2x\,\mathrm{d}x$$

$$= 0 + \frac{1}{4}\cos 2x\Big|_0^{\frac{\pi}{2}} = -\frac{1}{2}.$$

例 6.3.17　计算 $\int_0^4 \mathrm{e}^{\sqrt{x}}\,\mathrm{d}x$.

解　令 $\sqrt{x} = t$，则 $x = t^2$，$\mathrm{d}x = 2t\,\mathrm{d}t$，且当 $x = 0$ 时，$t = 0$；当 $x = 4$ 时，$t = 2$，所以

$$\int_0^4 \mathrm{e}^{\sqrt{x}}\,\mathrm{d}x = 2\int_0^2 t\mathrm{e}^t\,\mathrm{d}t = 2\int_0^2 t\,\mathrm{d}\mathrm{e}^t = 2(t\mathrm{e}^t)\Big|_0^2 - 2\int_0^2 \mathrm{e}^t\,\mathrm{d}t$$

$$=4\mathrm{e}^2-2\mathrm{e}^t\Big|_0^2=4\mathrm{e}^2-2(\mathrm{e}^2-1)=2(\mathrm{e}^2+1).$$

能力训练 6.3

1. 求解下列定积分.

(1) $\displaystyle\int_{-1}^{1}\mid x\mid\mathrm{d}x$；　　　　　　(2) $\displaystyle\int_{-4}^{3}\mid x-1\mid\mathrm{d}x$.

(3) $\displaystyle\int_{0}^{\frac{\pi}{2}}\cos x\sin^2 x\,\mathrm{d}x$；　　　(4) $\displaystyle\int_{-1}^{1}(x-1)^3\mathrm{d}x$；

(5) $\displaystyle\int_{0}^{\pi}\sqrt{\sin^3 x-\sin^5 x}\,\mathrm{d}x$.

2. 用分部积分法解下列定积分.

(1) $\displaystyle\int_{0}^{\frac{1}{2}}\arcsin x\,\mathrm{d}x$；　　　(2) $\displaystyle\int_{0}^{1}x\,\mathrm{e}^{-2x}\mathrm{d}x$.

3. 某工厂排出大量废气,造成了严重的空气污染,于是工厂通过减产来控制废气的排放量. 若第 t 年废气的排放量为 $C(t)=\dfrac{20\ln(t+1)}{(t+1)^2}$,求 $t=0$ 到 $t=5$ 年间废气的排放总量.

6.4　定积分的应用

6.4.1　定积分在几何上的应用

1. 求平面图形的面积

(1) 由连续曲线 $y=f(x)$ 与直线 $x=a$, $x=b$, $y=0$ 所围成的平面图形的面积. 根据定积分的几何意义,可得表 6-4-1.

表 6-4-1

情　　况	图　　形	面 积 公 式
当 $f(x)\geqslant 0$ 时		$A=\displaystyle\int_a^b f(x)\mathrm{d}x$
当 $f(x)\leqslant 0$ 时		$A=-\displaystyle\int_a^b f(x)\mathrm{d}x$

续 表

情 况	图 形	面积公式
当 $f(x)$ 在区间 $[a,b]$ 上有正、有负时	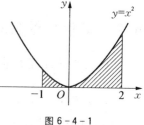	$A = \int_a^c f(x)\mathrm{d}x - \int_c^d f(x)\mathrm{d}x + \int_d^b f(x)\mathrm{d}x$

一般地,由连续曲线 $y=f(x)$ 与直线 $x=a$,$x=b$ 及 x 轴所围成的平面图形的面积公式为

$$A = \int_a^b |f(x)| \,\mathrm{d}x.$$

注意:在用定积分计算这类平面图形面积的时候,关键是搞清在哪些区域 $f(x) \geqslant 0$,哪些区域 $f(x) \leqslant 0$.

例 6.4.1 求抛物线 $y=x^2$ 和直线 $x=-1$,$x=-2$ 及 x 轴所围成的平面图形的面积.

解 首先根据题意作出图形,如图 6-4-1所示,选择 x 作为积分变量,积分区间为 $[-1,2]$,由于函数 $y=x^2$ 在区间 $[-1,2]$ 内的函数值都大于等于0,故所求图形的面积为

图 6-4-1

$$S = \int_{-1}^2 x^2 \mathrm{d}x = \frac{1}{3}x^3 \bigg|_{-1}^2 = \frac{1}{3}2^3 - \frac{1}{3}(-1)^3 = 3.$$

例 6.4.2 求正弦函数 $y=\sin x$ 在 $[0,\pi]$ 上与 x 轴围成图形的面积.

解 由正弦函数的图像可以得到在 $[0,\pi]$ 上,其所有的函数值都大于等于0,故所求图形的面积为

$$S = \int_0^\pi \sin x \,\mathrm{d}x = -\cos x \bigg|_0^\pi = -\cos \pi - (-\cos 0) = 2.$$

(2)由曲线 $y=f(x)$,$y=g(x)$ 与直线 $x=a$,$x=b$ 所围成的平面图形的面积,见表 6-4-2.

表 6 - 4 - 2

情 况	图 形	面积公式
当 $f(x) \geqslant g(x)$ $(x \in [a, b])$ 时		$A = \int_a^b [f(x) - g(x)] \mathrm{d}x$
如果函数 $f(x)$ 与 $g(x)$ 在区间 $[a, b]$ 上, 有时 $f(x) \geqslant g(x)$, 有时 $f(x) \leqslant g(x)$		$A = \int_a^c [f(x) - g(x)] \mathrm{d}x - \int_c^b [f(x) - g(x)] \mathrm{d}x$

一般地, 由曲线 $y = f(x)$, $y = g(x)$ 与直线 $x = a$, $x = b$ 所围成的平面图形的面积公式为

$$A = \int_a^b | f(x) - g(x) | \mathrm{d}x.$$

注意: 在用定积分计算这类平面图形的面积时, 关键是搞清在哪些区域 $f(x) \geqslant g(x)$, 哪些区域 $f(x) \leqslant g(x)$.

(3) 由曲线 $x = \varphi(y)$ 与直线 $y = c$, $y = d$, $x = 0$ 所围成的平面图形的面积.

这里仅讨论 $\varphi(y) \geqslant 0$ (如图 6 - 4 - 2 所示) 的情况, 其余情况与表 6 - 4 - 1 中的情况相仿, 可类似得到. 将 y 作为积分变量, 其面积为

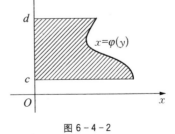

图 6 - 4 - 2

$$A = \int_c^d \varphi(y) \mathrm{d}y.$$

(4) 由连续曲线 $x = \varphi(y)$, $x = \psi(y)$ 与直线 $y = c$, $y = d$ 所围成的平面图形的面积.

这里仅讨论 $\varphi(y) \geqslant \psi(y)$（如图 6-4-3 所示）的情况，其余情况与表 6-4-2 中的情况相仿，可类似得到平面图形面积公式为

$$A = \int_c^d [\varphi(y) - \psi(y)] \mathrm{d}y.$$

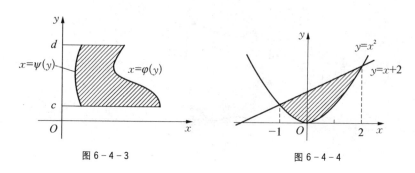

图 6-4-3   图 6-4-4

例 6.4.3 求抛物线 $y = x^2$ 和直线 $y = x + 2$ 所围成的平面图形的面积.

解 首先根据题意作出图形，如图 6-4-4 所示，通过观察图形，选择 x 作为积分变量比较方便，联立方程组 $\begin{cases} y = x^2, \\ y = x + 2, \end{cases}$ 得出交点 $(-1, 1)$，$(2, 4)$.

由于在区间 $x \in [-1, 2]$ 内，函数 $y = x + 2$ 的值都大于函数 $y = x^2$ 的值，所以所求图形的面积是

$$A = \int_{-1}^2 (x + 2 - x^2) \mathrm{d}x = \left(\frac{1}{2}x^2 + 2x - \frac{1}{3}x^3 \right) \Big|_{-1}^2 = \frac{9}{2}.$$

例 6.4.4 求由抛物线 $y^2 = x$ 与 $y = x^2$ 所围成图形的面积.

解 首先根据题意作出图形，如图 6-4-5 所示，通过观察图形，积分变量既可选择 x，又可选择 y，在这里选择用 x 作为积分变量，联立方程组 $\begin{cases} y^2 = x, \\ y = x^2, \end{cases}$ 得出交点 $(0, 0)$，

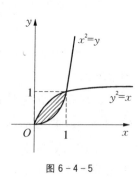

图 6-4-5

$(1, 1)$. 则所求图形的面积为

$$A = \int_0^1 (\sqrt{x} - x^2) \mathrm{d}x = \left(\frac{2}{3}x^{\frac{3}{2}} - \frac{1}{3}x^3 \right) \Big|_0^1 = \frac{1}{3}.$$

微视频：平面图形
面积的计算

例 6.4.5 求由曲线 $y = \frac{1}{x}$ 与直线 $y = 1$，$y = 2$ 及 y 轴所围成图

形的面积.

解　首先根据题意作出图形,如图 6-4-6 所示,通过观察图形,可知选择 y 作为积分变量比较方便,所以所求图形的面积为

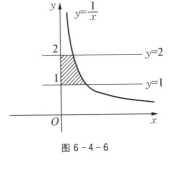

图 6-4-6

$$A = \int_1^2 \frac{1}{y}\mathrm{d}y = \ln y \,\Big|_1^2 = \ln 2.$$

例 6.4.6　求由抛物线 $y^2 = 2x$ 与直线 $y = x - 4$ 所围成图形的面积.

解　首先根据题意作出图形,如图 6-4-7 所示,通过观察图形,可知选择 y 作为积分变量比较方便,联立方程组 $\begin{cases} y^2 = 2x, \\ y = x - 4, \end{cases}$ 得交点 $(2, -2)$,$(8, 4)$,所以所求图形的面积为

微视频:Y 型图形
面积的计算

$$A = \int_{-2}^4 \left[(y + 4) - \frac{1}{2}y^2 \right] \mathrm{d}y = \left(\frac{1}{2}y^2 + 4y - \frac{1}{6}y^3 \right)\Big|_{-2}^4 = 18.$$

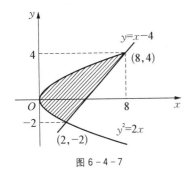

图 6-4-7

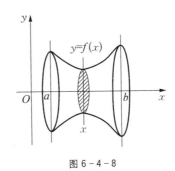

图 6-4-8

* 2. 旋转体的体积

设 $f(x)$ 是区间 $[a, b]$ 上的连续函数,由曲线 $y = f(x)$ 与直线 $x = a$,$x = b$ 及 x 轴围成的曲边梯形绕 x 轴旋转一周,得到一个旋转体,如图 6-4-8 所示,怎样求这个旋转体的体积?

这里介绍用定积分求解实际问题的一种常用方法——**微元法**.

在面积公式

$$A = \int_a^b f(x)\mathrm{d}x \, (f(x) \geqslant 0)$$

中,被积表达式 $f(x)\mathrm{d}x$ 叫作**面积微元**,记作 $\mathrm{d}A$,即

$$\mathrm{d}A = f(x)\mathrm{d}x.$$

如图 6-4-9 所示，$dA = f(x)dx$ 表示在区间 $[a, b]$ 内点 x 处，以 $f(x)$ 为高，dx 为宽的微小矩形的面积. 由于 dx 可以任意地小（微分），因此可将这块小矩形面积作为相应小曲边梯形面积的（近似）值. 再将所有这些小面积"积"起来，得到整个曲边梯形的面积，即

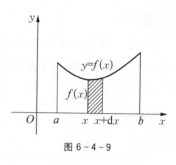

图 6-4-9

$$A = \int_a^b dA = \int_a^b f(x)dx.$$

这种方法称为微元法. 用微元法分析问题的一般步骤如下.

（1）定变量　根据问题的具体情况，选取一个积分变量，并确定变量的变化范围，如取 x 为积分变量，x 的变化区间为 $[a, b]$.

（2）取微元　在区间 $[a, b]$ 内任意一点处，给 x 以微小的增量 dx，在区间 $[x, x+dx]$ 上将 $f(x)$ 看作常值，构造所求量的微元

$$dU = Q(x)dx.$$

（3）求积分　将上述微元"积"起来，得到所求量

$$U = \int_a^b dU = \int_a^b Q(x)dx.$$

下面介绍用微元法来求旋转体的体积.

如图 6-4-10 所示，选定 x 为积分变量，x 的变化范围为 $[a, b]$. 在 $[a, b]$ 上任取一小区间 $[x, x+dx]$，过点 x 作垂直于 x 轴的平面，则截面是一个以 $|f(x)|$ 为半径的圆，其面积为 $\pi[f(x)]^2$. 再过点 $x+dx$ 作垂直于 x 轴的平面，得到另一个截面. 由于 dx 很小，所以夹在两个截面之间的"小薄片"可以近似地看作一个以 $|f(x)|$ 为底面半径、dx 为高的圆柱体. 其体积为

$$dV = \pi[f(x)]^2dx.$$

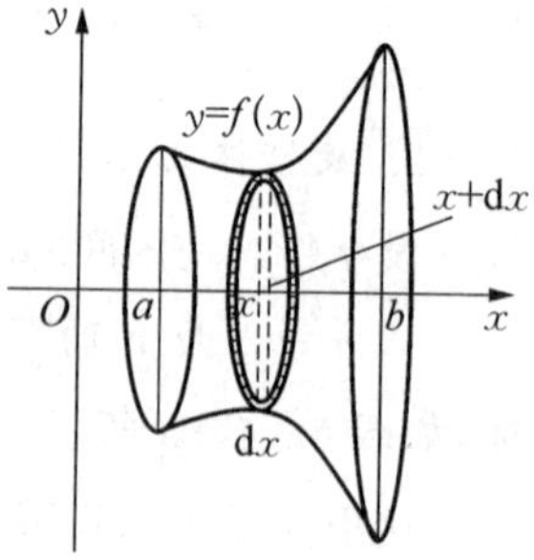

图 6-4-10

dV 叫作体积微元. 把体积微元在 $[a, b]$ 上求定积分，便得到所求旋转体的体积为

$$V_x = \int_a^b \pi[f(x)]^2dx.$$

类似地，可以推出：由曲线 $x = \varphi(y)$ 与直线 $y = c$，$y = d$ 及 y 轴所围成的曲边梯形绕 y 轴旋转一周而得到的旋转体，图 6 - 4 - 11 的体积为

$$V_y = \int_c^d \pi [\varphi(y)]^2 \mathrm{d}x.$$

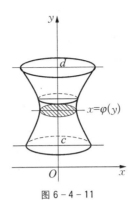

图 6 - 4 - 11

例 6.4.7　证明底面半径为 r，高为 h 的圆锥体的体积为 $V = \dfrac{1}{3}\pi r^2 h$.

证明　如图 6 - 4 - 12 所示，以圆锥的顶点为坐标原点，以圆锥的高为 x 轴，建立直角坐标系，则圆锥可以看成是由直角三角形 ABO 绕 x 轴旋转一周而得到的旋转体. 直线 OA 的方程为

$$y = \frac{r}{h}x,$$

于是，所求体积为

$$V = \int_0^h \pi\left(\frac{r}{h}x\right)^2 \mathrm{d}x = \frac{\pi r^2}{h^2}\int_0^h x^2 \mathrm{d}x = \frac{\pi r^2}{h^2}\left(\frac{x^3}{3}\right)\Bigg|_0^h = \frac{1}{3}\pi r^2 h.$$

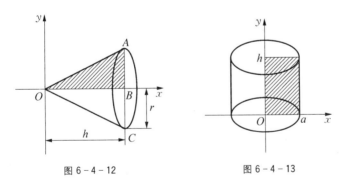

图 6 - 4 - 12　　　　　　　图 6 - 4 - 13

例 6.4.8　求直线段 $x = a$（$a > 0$，$0 \leqslant y \leqslant h$）绕 y 轴旋转一周而成的柱体的体积，如图 6 - 4 - 13 所示.

解　由图 6 - 4 - 13 可以发现，这样的柱体是圆柱体，因此圆柱体的体积为

$$V = \pi\int_0^h a^2 \mathrm{d}y = \pi a^2 y \Bigg|_0^h = \pi a^2 h.$$

6.4.2　定积分在经济中的应用

定积分在经济中的应用归纳起来一般分为两大类型.

第一类,已知边际函数或变化率,用定积分求原函数;

第二类,已知边际函数或变化率,用定积分计算产量由 a 变到 b 时原函数的改变量.

一般地,已知边际成本、边际收入、边际利润等条件而要去求总成本、总收入、总利润等问题时就会用到定积分.

(1) 已知某产品的边际成本为 $C'(x)=MC$,固定成本为 C_0,则产量为 x 个单位时,总成本函数为

$$C(x)=\int_0^x MC\mathrm{d}x+C_0,$$

当产量由 a 变到 b 时,总成本函数的改变量为

$$\Delta C=\int_a^b MC\mathrm{d}x.$$

(2) 已知某产品的边际收入为 $R'(x)=MR$,则产量为 x 个单位时,总收入函数为

$$R(x)=\int_0^x MR\mathrm{d}x,$$

当产量由 a 变到 b 时,总收入函数的改变量为

$$\Delta R=\int_a^b MR\mathrm{d}x.$$

(3) 某产品的边际利润为

$$L'(x)=R'(x)-C'(x)=MR-MC,$$

则当产量为 x 个单位时,总利润函数为

$$L(x)=\int_0^x (MR-MC)\mathrm{d}x-C_0,$$

积分 $\int_0^x (MR-MC)\mathrm{d}x$ 是不计固定成本下的利润函数,有时也称为毛利润.当产量由 a 变到 b 时,总利润函数的改变量为

$$\Delta L=\int_a^b (MR-MC)\mathrm{d}x.$$

例 6.4.9 某产品的总产量的变化率为 $Q'(t)=\dfrac{20}{t^2}\mathrm{e}^{-\frac{4}{t}}$(单位:吨/天),求:投入生产后第 3 天和第 4 天的总产量.

解 因为总产量 $Q(t)$ 是其变化率 $Q'(t)$ 的原函数,所以第 3 天

和第 4 天的总产量为

$$\Delta Q = \int_2^4 Q'(t)\,\mathrm{d}t = \int_2^4 \frac{20}{t^2}\mathrm{e}^{-\frac{4}{t}}\mathrm{d}t = 5\int_2^4 \mathrm{e}^{-\frac{4}{t}}\mathrm{d}\left(-\frac{4}{t}\right) = 5\mathrm{e}^{-\frac{4}{t}}\bigg|_2^4$$

$$= 5(\mathrm{e}^{-1} - \mathrm{e}^{-2}) \approx 1.162\,8(吨).$$

例 6.4.10 已知生产某产品的边际成本为 $MC = 100 + 6x + 0.3x^2$(百元/吨),求产量由 2 吨增加到 4 吨时总成本的改变量及平均成本.

解 产量由 2 吨增加到 4 吨时总成本的改变量

$$\Delta C = \int_2^4 MC\,\mathrm{d}x = \int_2^4 (100 + 6x + 0.3x^2)\,\mathrm{d}x$$

$$= (100x + 3x^2 + 0.1x^3)\bigg|_2^4 = 241.6(百元).$$

平均成本为

$$\frac{\Delta C}{\Delta x} = \frac{241.6}{2} = 120.8\,(百元/吨).$$

例 6.4.11 设生产某产品的边际成本为 $MC = 2$(万元/件),边际收入为 $MR = 20 - 0.02x$,若在最大利润的基础上再生产 40 件产品,利润会发生什么变化?

解 该产品的边际利润为

$$L'(x) = MR - MC = 20 - 0.02x - 2 = 18 - 0.02x,$$

令 $L'(x) = 0$,即 $18 - 0.02x = 0$,得唯一的驻点 $x = 900$;且 $L''(x) = -0.02 < 0$,所以产量为 900 件时,利润最大.在最大利润的基础上再生产 40 件产品,利润的改变量为

$$\Delta L = \int_{900}^{940}(MR - MC)\,\mathrm{d}x = \int_{900}^{940}(18 - 0.02x)\,\mathrm{d}x$$

$$= (18x - 0.01x^2)\bigg|_{900}^{940} = -16(万元).$$

亦即在最大利润的基础上再生产 40 件产品,利润会减少 16 万元.

例 6.4.12 已知某产品的固定成本为 10 万元,每百件产品总成本的变化率 $C'(x) = 2x - 12$(万元/百件),该产品的市场需求规律为 $x + p = 24$(p 为价格,单位:万元),求达到最大利润时的产量与利润.

解 该产品的收入函数为

$$R(x) = xp = x(24 - x) = 24x - x^2,$$

所以,该产品的边际利润为

$$L'(x) = R'(x) - C'(x) = (24 - 2x) - (2x - 12) = 36 - 4x,$$

令 $L'(x) = 0$,即 $36 - 4x = 0$,得唯一的驻点 $x = 9$;且 $L''(x) = -4 < 0$,所以产量为 900 件时,利润最大.又利润函数为

$$L(x) = \int_0^x L'(x)\mathrm{d}x - C_0 = \int_0^x (36 - 4x)\mathrm{d}x - 10$$
$$= -2x^2 + 36x - 10,$$

所以,最大利润为

$$L(9) = -2 \times 9 + 36 \times 9 - 10 = 152(万元).$$

能力训练 6.4

1. 求 $y = x^2 - 2$ 与 $y = 2x + 1$ 所围成图形的面积.

2. 求 $y^2 = 2x$ 与 $y = x - 4$ 所围成图形的面积.

3. 求抛物线 $y = -x^2 + 1$ 与 x 轴所围成图形的面积.

4. 求曲线 $y = \cos x$ 在 $\left[-\dfrac{\pi}{2}, \dfrac{3\pi}{2}\right]$ 上与 x 轴所围成图形的面积.

5. 求曲线 $y = \ln x$ 在 $[1, \mathrm{e}]$ 上与 x 轴所围成图形的面积.

6. 求由 $y = x^2$,$y = 1$ 及 y 轴所围成的平面图形绕 y 轴旋转所成旋转体的体积.

7. 求曲线 $y^2 = 4x$ 及直线 $x = 2$ 所围成的图形绕 x 轴旋转所得旋转体的体积.

8. 求曲线 $y = x^2$ 及 $x = y^2$ 所围成的图形绕 x 轴旋转所得旋转体的体积.

9. 求椭圆 $\dfrac{x^2}{a^2} + \dfrac{y^2}{b^2} = 1$ 所围成的图形绕 x 轴旋转所得旋转体的体积.

习题六

1. 用定积分表示的由曲线 $y = x^2 - 2x + 3$ 与直线 $x = 1$,$x = 4$ 及

x 轴所围成的曲边梯形的面积.

2. 不计算定积分,比较下列各组积分值的大小.

(1) $\displaystyle\int_0^1 x\,\mathrm{d}x$ 与 $\displaystyle\int_0^1 x^2\,\mathrm{d}x$；　　　(2) $\displaystyle\int_0^1 \mathrm{e}^x\,\mathrm{d}x$ 与 $\displaystyle\int_0^1 \mathrm{e}^{-x^2}\,\mathrm{d}x$；

(3) $\displaystyle\int_3^4 \ln x\,\mathrm{d}x$ 与 $\displaystyle\int_3^4 \ln^2 x\,\mathrm{d}x$；　　(4) $\displaystyle\int_0^{\frac{\pi}{4}} \cos x\,\mathrm{d}x$ 与 $\displaystyle\int_0^{\frac{\pi}{4}} \sin x\,\mathrm{d}x$.

3. 利用定积分估值性质,估计下列积分值所在的范围.

(1) $\displaystyle\int_0^1 \mathrm{e}^x\,\mathrm{d}x$；　　　　　　　(2) $\displaystyle\int_0^2 x(x-2)\,\mathrm{d}x$.

4. 求下列函数的导数.

(1) $F(x)=\displaystyle\int_0^x \sqrt{t^2+1}\,\mathrm{d}t$ 的导数 $F'(x)$；

(2) $F(x)=\displaystyle\int_1^{x^2} \dfrac{\sin t}{t}\,\mathrm{d}t$ 的导数 $F'(x)$；

(3) $F(x)=\displaystyle\int_x^1 t^2\mathrm{e}^{-t}\,\mathrm{d}x$ 的导数 $F'(x)$；

(4) $F(x)=\displaystyle\int_{-x}^{x^2} \cos^2 t\,\mathrm{d}t$ 的导数 $F'(x)$.

5. 求下列函数的极限.

(1) $\displaystyle\lim_{x\to 0} \dfrac{\displaystyle\int_0^x \cos^2 t\,\mathrm{d}t}{x}$；　　　　(2) $\displaystyle\lim_{x\to 1} \dfrac{\displaystyle\int_1^x t(t-1)\,\mathrm{d}t}{(x-1)^2}$；

(3) $\displaystyle\lim_{x\to 0} \dfrac{\displaystyle\int_0^x \arctan t\,\mathrm{d}t}{x^2}$；　　　(4) $\displaystyle\lim_{x\to 0} \dfrac{\displaystyle\int_0^x (\sqrt{1+t}-\sqrt{1-t})\,\mathrm{d}t}{x^2}$.

6. 已知物体作变速直线运动的速度为 $v(t)=2t^2+t\,(\mathrm{m/s})$,求该物体在前 5 秒内经过的路程.

7. 求下列定积分的值.

(1) $\displaystyle\int_1^2 (x^2+x-1)\,\mathrm{d}x$；　　　(2) $\displaystyle\int_0^1 (2^x+x^2)\,\mathrm{d}x$；

(3) $\displaystyle\int_0^2 \dfrac{x}{1+x^2}\,\mathrm{d}x$；　　　　(4) $\displaystyle\int_1^2 \dfrac{1}{\sqrt{x}}\,\mathrm{d}x$；

(5) $\displaystyle\int_{-1}^2 |x-1|\,\mathrm{d}x$；　　　　(6) $\displaystyle\int_0^1 \mathrm{e}^x(2-\mathrm{e}^{-x})\,\mathrm{d}x$.

8. 用换元积分法计算下列定积分.

(1) $\displaystyle\int_0^1 \mathrm{e}^{2x+3}\,\mathrm{d}x$；　　　　　　(2) $\displaystyle\int_1^2 \dfrac{1}{x^2}\mathrm{e}^{\frac{1}{x}}\,\mathrm{d}x$；

(3) $\int_1^e \dfrac{1+\ln x}{x}\mathrm{d}x$；

(4) $\int_1^4 \dfrac{1}{1+\sqrt{x}}\mathrm{d}x$；

(5) $\int_0^1 x\sqrt{1-x^2}\,\mathrm{d}x$；

(6) $\int_0^2 \sqrt{4-x^2}\,\mathrm{d}x$；

(7) $\int_0^3 \dfrac{1}{1+\sqrt{1+x}}\mathrm{d}x$；

(8) $\int_1^{\sqrt{3}} \dfrac{1}{x\sqrt{1+x^2}}\mathrm{d}x$．

9. 求下列定积分.

(1) $\int_0^1 x\,\mathrm{e}^x\,\mathrm{d}x$；

(2) $\int_0^{\frac{\pi}{2}} x\cos x\,\mathrm{d}x$；

(3) $\int_0^{e-1}\ln(x+1)\mathrm{d}x$；

(4) $\int_0^{\pi} x^2\sin x\,\mathrm{d}x$；

(5) $\int_0^1 x\arctan x\,\mathrm{d}x$；

(6) $\int_0^{2\pi}\mathrm{e}^x\cos x\,\mathrm{d}x$．

10. 求下列曲线围成平面图形的面积.

(1) 曲线 $y=-x^2+2x$ 与直线 $x=0$，$x=2$ 及 x 轴所围成曲边梯形的面积；

(2) 曲线 $y=\mathrm{e}^x$，$y=\mathrm{e}^{-x}$，$x=1$ 所围成平面图形的面积；

(3) 曲线 $y=\dfrac{1}{x}$，$y=x$，$y=2$ 所围成平面图形的面积；

(4) 曲线 $y=\sin x$，$x=0$，$x=\dfrac{\pi}{2}$ 所围成平面图形的面积；

(5) 曲线 $y=4-x^2$，$y=0$ 所围成平面图形的面积；

(6) 曲线 $y^2=4+x$，$x+2y=4$ 所围成平面图形的面积；

文本：习题六参考答案

(7) 曲线 $y=x^2$，$y=(x-2)^2$，$y=0$ 所围成平面图形的面积.

第7章
常微分方程

在现实生活中,经常会遇到根据实际问题的意义或已知的公式,去求解含有自变量、未知函数以及未知函数的导数或微分的关系式,这种关系式就是所谓的微分方程. 如果这些关系式可解,就可求得所需要的反映现象的函数关系了. 本章将着重介绍微分方程的一些基本概念以及几种常见类型的微分方程的解法,并举例说明微分方程的一些简单应用.

7.1 常微分方程的基本概念

引例 据报道,地铁在运行过程中的最高时速一般为 80 km/h,制动时的加速度一般为 -4 m/s^2,那么地铁从开始制动到停下来大约需要多少时间呢?

分析 设地铁运动时的速度方程为 $v = v(t)$,则地铁的加速度为

$$a(t) = v'(t) = -4,$$

根据导数与积分的关系,可以求出

$$v(t) = \int a(t)\mathrm{d}t = \int v'(t)\mathrm{d}t = \int -4\mathrm{d}t = -4t + C.$$

由于地铁的时速为 80 km/h$\approx$22.22 m/s,代入即为

$$v(0) = -4 \cdot 0 + C = 22.22$$

算出不定常数 $C = 2.22$,所以

$$v(t) = -4t + 22.22.$$

当地铁停下来时,速度为 0,此时经过的时间约为 5.5 秒.

在上面的案例中,可以发现列出的方程含有未知函数的导数.

含有未知函数的导数(或微分)的方程称为微分方程,比如

$$y' - x = 1, \quad \frac{\mathrm{d}y}{\mathrm{d}x} + \sin x = y,$$

$$y'' - 2y'x^3 = \mathrm{e}^x, \quad x(y')^2 - 2yy' = x$$

都是微分方程. 特别地,当微分方程中所含的未知函数是一元函数时, 这时的微分方程就称为**常微分方程**.

微分方程中,所含未知函数导数的最高阶数称为该微分方程的阶数. 比如 $y'-x=1$ 是一阶微分方程, $y''-2y'x^3=e^x$ 是二阶微分方程, $x(y')^2-2yy'=x$ 是一阶微分方程.

当微分方程中所含的未知函数及其各阶导数全是一次幂时,微分方程就称为线性微分方程,比如 $y'-x=1$, $y''-2y'x^3=e^x$ 都是线性微分方程,但 $x(y')^2-2yy'=x$ 就不是线性微分方程,因为此时未知函数的导数是二次幂. 在线性微分方程中,若未知函数及其各阶导数的系数全是常数,则称这样的微分方程为**常系数**线性微分方程.

如果将函数 $y=y(x)$ 代入微分方程后能使方程成为恒等式,这个函数就称为该微分方程的解.

注意:微分方程的解有两种形式——一种不含任意常数;一种含有任意常数. 如果解中包含任意常数,且独立的任意常数的个数与方程的阶数相同,则称这样的解为常微分方程的**通解**,不含有任意常数的解,称为微分方程的**特解**.

用未知函数及其各阶导数在某个特定点的值作为确定通解中任意常数的条件,称为初始条件.

通常,一阶微分方程的初始条件为 $y(x_0)=y_0$,其中 x_0, y_0 是两个已知数;二阶微分方程的初始条件为 $\begin{cases} y(x_0)=y_0, \\ y'(x_0)=y'_0, \end{cases}$ 其中 x_0, y_0, y'_0 是三个已知数.

例 7.1.1 验证函数 $y=C_1e^x+C_2e^{2x}$(其中 C_1, C_2 为任意常数)为二阶微分方程 $y''-3y'+2y=0$ 的通解,并求该方程满足初始条件 $y(0)=0$, $y'(0)=1$ 的特解.

解 $y=C_1e^x+C_2e^{2x}$, $y'=C_1e^x+2C_2e^{2x}$,

$$y''=C_1e^x+4C_2e^{2x}$$

将 y, y', y'' 代入方程 $y''-3y'+2y=0$ 左端,

得 $C_1e^x+4C_2e^{2x}-3(C_1e^x+2C_2e^{2x})+2(C_1e^x+C_2e^{2x})$

$=(C_1-3C_1+2C_1)e^x+(4C_2-6C_2+2C_2)e^{2x}=0.$

所以,函数 $y=C_1e^x+C_2e^{2x}+C_2e^{2x}$ 是所给微分方程的解. 又因为,这个解中有两个独立的任意常数,与方程的阶数相同,所以它是所给微分方程的通解.

将初始条件 $y(0)=0$，$y'(0)=1$ 代入通解 $\begin{cases} C_1 + C_2 = 0, \\ C_1 + 2C_2 = 1 \end{cases}$ 得

$\begin{cases} C_1 = -1, \\ C_2 = 1, \end{cases}$ 故其特解为 $y = -\mathrm{e}^x + \mathrm{e}^{2x}$.

能力训练 7.1

1. 指出下列哪些方程是微分方程,并说出该微分方程的阶数.

(1) $y'' = \sin t$；　　　　　　　(2) $x\,\mathrm{d}y - y\,\mathrm{d}x = 0$；

(3) $y + x^2 = y^2$；　　　　　　(4) $x(y')^2 = \mathrm{e}^x$；

(5) $(s'')^3 + s' = 3t$；　　　　　(6) $\dfrac{\mathrm{d}^2 x}{\mathrm{d}t^2} = 1$.

2. 验证下列各函数是否是所给微分方程的解,若是解,指明是通解还是特解.

(1) $xy' + 3y = 0$，$y = Cx^{-3}$；　(2) $y'' = x^2 + y^2$，$y = \dfrac{1}{x}$；

(3) $y'' + 2y' + y = 0$，$y = 3\mathrm{e}^x - x\,\mathrm{e}^{-x}$.

3. 求方程 $y''' = \cos x$ 的通解.

7.2　可分离变量的微分方程

7.2.1　可分离变量的微分方程

定义 7.2.1　形如 $\dfrac{\mathrm{d}y}{\mathrm{d}x} = f(x)g(y)$ 的方程,称为可分离变量的方程.

可分离变量方程的特点是等式右边可以分解成两个函数之积,其中一个只含 x 的函数,另一个只含 y 的函数.

可分离变量方程的解法如下.

(1) 分离变量　将该方程化为等式一边只含变量 y，而另一边只含变量 x 的形式,即 $\dfrac{\mathrm{d}y}{g(y)} = f(x)\mathrm{d}x$，其中 $g(y) \neq 0$.

(2) 两边积分　$\displaystyle\int \dfrac{1}{g(y)}\mathrm{d}y = \int f(x)\mathrm{d}x$.

(3) 计算上述不定积分,得通解.

例 7.2.1　求微分方程 $y' - x = 1$ 的通解.

解　微分方程可变形为

$$\frac{\mathrm{d}y}{\mathrm{d}x} = x + 1,$$

分离变量,得 $$\mathrm{d}y = (x+1)\mathrm{d}x,$$

等式两端同时积分 $$\int \mathrm{d}y = \int (x+1)\mathrm{d}x,$$

求出通解 $$y = \frac{1}{2}x^2 + x + C.$$

例 7.2.2 求微分方程 $y' + \dfrac{x}{y} = 0$ 的通解.

解 微分方程可变形为

$$\frac{\mathrm{d}y}{\mathrm{d}x} = -\frac{x}{y},$$

分离变量,得 $$y\,\mathrm{d}y = -x\,\mathrm{d}x,$$

等式两端同时积分 $$\int y\,\mathrm{d}y = -\int x\,\mathrm{d}x,$$

求出通解 $$\frac{1}{2}y^2 = -\frac{1}{2}x^2 + C_1$$

$$y^2 = -x^2 + 2C_1,$$

整理得 $$x^2 + y^2 = C,$$

其中 $2C_1 = C$.

例 7.2.3 求微分方程 $y' - \dfrac{y}{x} = 0$ 的通解.

解 微分方程可变形为

$$\frac{\mathrm{d}y}{\mathrm{d}x} = \frac{y}{x},$$

分离变量,得 $$\frac{1}{y}\mathrm{d}y = \frac{1}{x}\mathrm{d}x,$$

等式两端同时积分 $$\int \frac{1}{y}\mathrm{d}y = \int \frac{1}{x}\mathrm{d}x,$$

求出通解 $$\ln y = \ln x + \ln C = \ln Cx \ (C > 0),$$

整理得 $$y = Cx.$$

7.2.2　应用拓展

牛顿冷却定律：物体在空气中冷却的速度与物体温度和空气温度之差成正比.

例 7.2.4　应用牛顿冷却定律可以帮助警方进行刑事侦查中死亡时间的鉴定. 据悉,在一次谋杀事件发生后,被害人遗体的温度从原来的 37℃ 开始下降（假设该过程是按照牛顿冷却定律进行的）,如果两个小时后被害人遗体的温度变为 35℃,并且假定周围空气的温度保持在 20℃ 不变,试求被害人遗体温度 T 随时间 t 的变化规律. 又如果被害人遗体发现时的温度是 30℃,时间是 18:00,那么谋杀是何时发生的？

解　设被害人遗体的温度为 $T(t)$（t 从谋杀时开始计）,根据题意,被害人遗体的冷却速度 $\dfrac{\mathrm{d}T}{\mathrm{d}t}$ 与被害人遗体温度 T 和空气温度之差成正比. 即

$$\frac{\mathrm{d}T}{\mathrm{d}t}=k(T-20),$$

其中 k 是常数,初始条件为 $T(0)=37$.

分离变量得　　　　　　$\dfrac{1}{T-20}\mathrm{d}T=k\,\mathrm{d}t,$

等式两端同时积分　　　$\displaystyle\int\frac{1}{T-20}\mathrm{d}T=\int k\,\mathrm{d}t,$

求得　　　　　　$\ln|T-20|=kt+C_1$（其中 C_1 是常数）,

化简整理得　　　　$T=C\mathrm{e}^{kt}+20$（其中 C 是常数）.

将初始条件 $T(0)=37$ 代入通解,得 $C=17$. 于是满足该问题的特解为

$$T=20+17\mathrm{e}^{kt}.$$

又因为两个小时后被害人遗体的温度为 35℃,所以有

$$35=20+17\mathrm{e}^{2k},$$

求出　　　　　　　　$k\approx-0.062\ 6,$

于是,被害人遗体的温度函数为 $T=20+17\mathrm{e}^{-0.062\ 6t}$.

将 $T=30$ 代入上式有 $\dfrac{10}{17}=\mathrm{e}^{-0.062\ 6t}$,即得 $t\approx8.48$(h). 于是可以

判定谋杀发生在被害人遗体被发现前的 8.48(h),即是在 9:40 左右发生的.

能力训练 7.2

1. 下列微分方程中属于可分离变量的方程有哪些?

(1) $\dfrac{\mathrm{d}y}{\mathrm{d}x} = y \cdot \sin x$;

(2) $y' = \mathrm{e}^{x-y}$;

(3) $y' + \dfrac{x}{y} = y^2$;

(4) $x \cos(xy)\mathrm{d}x = y\mathrm{d}y$.

2. 用可分离变量方程的解法求解下列微分方程的通解或特解.

(1) $y' - \dfrac{x^2}{y} = 0$;

(2) $\dfrac{\mathrm{d}y}{\mathrm{d}x} = \mathrm{e}^{x-y}$;

(3) $y' - 2xy = 3x^2 y$, 且 $y(0) = \mathrm{e}$;

(4) $\dfrac{\mathrm{d}y}{\mathrm{d}x} = \dfrac{y}{\sqrt{1-x^2}}$.

3. 曲线在点 (x, y) 处的切线斜率等于该点横坐标的平方,且曲线过点 $(0, 1)$,求此曲线方程.

4. 镭的衰变速度与它的现存量 R 成正比,由材料积累分析可知,镭经过 1 600 年后,只会剩余原始量 R_0 的一半,试求镭的量 R 与时间 t 的函数关系.

7.3　一阶线性微分方程

7.3.1　一阶线性微分方程

定义 7.3.1　形如

$$\frac{\mathrm{d}y}{\mathrm{d}x} + P(x)y = Q(x)$$

的方程,称为一阶线性方程,其中 $P(x)$,$Q(x)$ 为已知函数.

当 $Q(x) = 0$ 时,有 $\dfrac{\mathrm{d}y}{\mathrm{d}x} + P(x)y = 0$,称其为齐次线性方程;

当 $Q(x) \neq 0$ 时,称 $\dfrac{\mathrm{d}y}{\mathrm{d}x} + P(x)y = Q(x)$ 为非齐次线性方程.

一阶线性微分方程的解法

(1) 先求齐次线性方程的解

分离变量得　　　　　　　$\dfrac{\mathrm{d}y}{\mathrm{d}x} = -P(x)y$,

即
$$\frac{\mathrm{d}y}{y} = -P(x)\mathrm{d}x,$$

两边同时积分
$$\int \frac{1}{y}\mathrm{d}y = -\int P(x)\mathrm{d}x,$$

得
$$\ln|y| = -\int P(x)\mathrm{d}x + C_1,$$

即
$$y = C\mathrm{e}^{-\int P(x)\mathrm{d}x}.$$

（2）用常数变易法求非齐次线性方程的通解

令 $y = C(x)\mathrm{e}^{-\int P(x)\mathrm{d}x}$ 为非齐次线性方程的解，代入原微分方程

$$\frac{\mathrm{d}y}{\mathrm{d}x} + P(x)y = Q(x),$$

则

$$\left[C'(x)\mathrm{e}^{-\int P(x)\mathrm{d}x} + C(x)(\mathrm{e}^{-\int P(x)\mathrm{d}x})'\right] + P(x)C(x)\mathrm{e}^{-\int P(x)\mathrm{d}x} = Q(x),$$

即
$$C'(x) = Q(x)\mathrm{e}^{\int P(x)\mathrm{d}x},$$

两边积分得
$$C(x) = \int Q(x)\mathrm{e}^{\int P(x)\mathrm{d}x}\mathrm{d}x + C,$$

将 $C(x)$ 代入 $y = C(x)\mathrm{e}^{-\int P(x)\mathrm{d}x}$，得通解为

$$y = \mathrm{e}^{-\int P(x)\mathrm{d}x}\left[\int Q(x)\mathrm{e}^{\int P(x)\mathrm{d}x}\mathrm{d}x + C\right].$$

上式称为一阶线性非齐次微分方程的通解公式.

上述求解方法称为常数变易法，用常数变易法求一阶非齐次线性方程的通解的步骤如下：

（1）先求出非齐次线性方程所对应的齐次方程的通解.

（2）根据所求出的齐次方程的通解设出非齐次线性方程的解，即将所求出的齐次方程的通解中的任意常数 C 改写为待定函数 $C(x)$.

（3）将所设解代入非齐次线性方程，解出 $C(x)$，并写出非齐次线性方程的通解.

例 7.3.1 求微分方程 $y' + y = \mathrm{e}^{-x}$ 的通解.

解 由一阶线性微分方程的标准形式 $\dfrac{\mathrm{d}y}{\mathrm{d}x} + P(x)y = Q(x)$，可

以知道

$$P(x) = 1, \; Q(x) = e^{-x}.$$

代入一阶线性非齐次微分方程的通解公式

$$y = e^{-\int P(x)dx} \left[\int Q(x) e^{\int P(x)dx} dx + C \right] = e^{-\int 1dx} \left[\int e^{-x} e^{\int 1dx} dx + C \right]$$

$$= e^{-x} \left[\int e^{-x} e^{x} dx + C \right] = e^{-x}(x + C).$$

例 7.3.2 求微分方程 $y' - \dfrac{y}{x} = 1$ 的通解.

解 由一阶线性微分方程的标准形式 $\dfrac{dy}{dx} + P(x)y = Q(x)$, 可以知道

$$P(x) = -\frac{1}{x}, \; Q(x) = 1.$$

代入一阶线性非齐次微分方程的通解公式

$$y = e^{-\int P(x)dx} \left[\int Q(x) e^{\int P(x)dx} dx + C \right] = e^{\int \frac{1}{x}dx} \left[\int e^{-\int \frac{1}{x}dx} dx + C \right]$$

$$= e^{\ln|x|} \left[\int e^{-\ln|x|} dx + C \right] = x \left[\int \frac{1}{x} dx + C \right] = x \ln x + Cx.$$

7.3.2 应用拓展

例 7.3.3 一个桶内盛有盐水 100(L), 其中含盐 50(g), 现在使浓度为 2(g/L) 盐水流入桶内, 其流速为 3(L/min), 假设流入桶内的新盐水和原有盐水因搅拌而能使其在顷刻间成为均匀的溶液, 此溶液又以 2(L/min) 的流速流出, 那么 5(min) 后, 桶内的含盐量是多少呢?

解 设在 t(min) 时, 桶内盐水的存盐量为 $y = y(t)$(g), 因为流入桶内的盐水为 3(L/min), 且其浓度为 2(g/L), 所以在任一时刻 t 流入盐的速度为

$$v_1(t) = 3(\mathrm{L/min}) \cdot 2(\mathrm{g/L}) = 6(\mathrm{g/min}).$$

同时溶液又以 2 L/min 的速度流出, 故在 t(min) 时, 溶液总量为

$$[100 + (3-2)t](\mathrm{L}) = (100 + t)(\mathrm{L}).$$

每升溶液的含盐量为 $\dfrac{y}{100+t}$(g/L), 因此, 排出盐的速度为

$$v_2(t) = 2(\text{L/min}) \cdot \frac{y}{100+t}(\text{g/L}) = \frac{2y}{100+t}(\text{g/min}).$$

那么,桶内盐的变化率为

$$\frac{\mathrm{d}y}{\mathrm{d}t} = v_1(t) - v_2(t) = 6 - \frac{2y}{100+t}$$

即

$$\frac{\mathrm{d}y}{\mathrm{d}t} + \frac{2}{100+t} \cdot y = 6,$$

$$P(t) = \frac{2}{100+t}, \quad Q(t) = 6.$$

代入一阶线性非齐次微分方程的通解公式

$$
\begin{aligned}
y(t) &= \mathrm{e}^{-\int P(t)\mathrm{d}t}\left[\int Q(t)\mathrm{e}^{\int P(t)\mathrm{d}t}\mathrm{d}t + C\right]\\
&= \mathrm{e}^{-\int \frac{2}{100+t}\mathrm{d}t}\left[\int 6\mathrm{e}^{\int \frac{2}{100+t}\mathrm{d}t}\mathrm{d}t + C\right]\\
&= \mathrm{e}^{-2\ln|100+t|}\left[\int 6\mathrm{e}^{2\ln|100+t|}\mathrm{d}t + C\right]\\
&= \frac{1}{(100+t)^2}\left[\int 6(100+t)^2\mathrm{d}t + C\right]\\
&= \frac{1}{(100+t)^2}\left[2(100+t)^3 + C\right]\\
&= 2(100+t) + \frac{C}{(100+t)^2}.
\end{aligned}
$$

当 $t = 0(\text{min})$ 时, $y(0) = 50(\text{g})$,即 $C = -150 \times 100^2$,代入上式,得

$$y(t) = 200 + 2t - \frac{150 \times 100^2}{(100+t)^2}(\text{g}),$$

故在 $t = 5(\text{min})$ 时,桶内的存盐量为 $y(t) = 200 + 10 - \frac{150 \times 100^2}{105^2} \approx 73.95(\text{g})$.

能力训练 7.3

1. 下列微分方程中为一阶线性微分方程的有哪些?

(1) $\dfrac{y'}{x} = \sin x$;

(2) $y'y^2 = \sin x$;

(3) $xy' + 1 = y$;

(4) $(y')^2 + x = \sin x$.

2. 求下列一阶线性微分方程的通解或特解.

(1) $y' + y = e^x$；　　　　　　　　(2) $y' + y = 1$；

(3) $\dfrac{\mathrm{d}y}{\mathrm{d}x} - 3xy = x$；　　　　　　(4) $5x^2 + 2x = 2y'$；

(5) $(1+y)\mathrm{d}x = (1-x)\mathrm{d}y$；　　(6) $\mathrm{d}y - y\sin^2 x\,\mathrm{d}x = 0$；

(7) $y' = \dfrac{y + x\ln x}{x}$，且 $y(1) = 1$；

(8) $y' + 2xy = x\mathrm{e}^{-x^2}$，且 $y(0) = 1$.

3. 某一曲线上各点的切线斜率为 $2x + y$，且过点 $(0,0)$，求该曲线方程.

*7.4　可降阶的高阶微分方程

二阶及其以上的微分方程统称为高阶微分方程. 对于有些高阶方程，可以通过降阶的方法将它转化为较低阶的微分方程来求解.

7.4.1　$y^{(n)} = f(x)$ 型的微分方程

设函数 $y = f(x)$ 连续，方程右端仅含有自变量 x，那么，对于这种方程，可以采用两端积分的方法来对原微分方程进行降阶处理.

例 7.4.1　求微分方程 $y''' - \mathrm{e}^{2x} = 0$ 的通解，

解　将该微分方程改写为 $y''' = \mathrm{e}^{2x}$，则

$$y'' = \int \mathrm{e}^{2x}\,\mathrm{d}x = \frac{1}{2}\int \mathrm{e}^{2x}\,\mathrm{d}(2x) = \frac{1}{2}\mathrm{e}^{2x} + C_1,$$

$$y' = \int \left(\frac{1}{2}\mathrm{e}^{2x} + C_1\right)\mathrm{d}x = \frac{1}{4}\int \mathrm{e}^{2x}\,\mathrm{d}(2x) + \int C_1\,\mathrm{d}x$$

$$= \frac{1}{4}\mathrm{e}^{2x} + C_1 x + C_2,$$

$$y = \int \left(\frac{1}{4}\mathrm{e}^{2x} + C_1 x + C_2\right)\mathrm{d}x = \frac{1}{8}\mathrm{e}^{2x} + C_1 x^2 + C_2 x + C_3.$$

7.4.2　$y'' = f(x, y')$ 型的微分方程

解决这类微分方程的方法是令 $y' = p(x)$，则 $y'' = p'(x)$，将其代入原微分方程，得到一个以 $p(x)$ 为未知函数的一阶微分方程，求出通解后将通解积分，即求得原微分方程的通解.

例 7.4.2　求微分方程 $(1+x)y'' - y' = 0$ 的通解.

解　令 $y' = p(x)$,则 $y'' = p'(x)$,将其代入原微分方程得

$$(1+x)p'(x) - p(x) = 0,$$

即

$$(1+x)\frac{\mathrm{d}p}{\mathrm{d}x} = p,$$

用可分离变量法求解该微分方程

$$\int \frac{1}{p}\mathrm{d}p = \int \frac{1}{1+x}\mathrm{d}x,$$

求积分　$\ln|p| = \ln|1+x| + \ln C_1 (C_1 > 0)$,

求得

$$p(x) = C_1(1+x) = y',$$

则

$$y = \int C_1(1+x)\mathrm{d}x = C_1(1+x)^2 + C_2.$$

7.4.3　$y'' = f(y, y')$ 型的微分方程

解决这类微分方程的方法是通过变量代换,将其降为一阶微分方程求解.将 y 作为自变量,令 $y' = p(y)$,则

$$y'' = \frac{\mathrm{d}p}{\mathrm{d}y} \cdot \frac{\mathrm{d}y}{\mathrm{d}x} (复合函数求导法则)$$

代入原方程 $y'' = f(y, y')$,得 $p \cdot \frac{\mathrm{d}p}{\mathrm{d}y} = f(y, p)$,再利用一阶微分方程的解法求解即可.

例 7.4.3　求微分方程 $2yy'' = (y')^2$ 的通解.

解　由于该微分方程不显含自变量 x,则将 y 作为自变量,令 $y' = p(y)$,则

$$y'' = \frac{\mathrm{d}p}{\mathrm{d}y} \cdot \frac{\mathrm{d}y}{\mathrm{d}x},$$

将其代入原微分方程得

$$2yp\frac{\mathrm{d}p}{\mathrm{d}y} = p^2.$$

这个微分方程是一阶微分方程中的可分离变量的情形,求解为

$$\frac{1}{p}\mathrm{d}p = \frac{1}{2y}\mathrm{d}y,$$

两边同时积分
$$\int \frac{1}{p}\mathrm{d}p = \frac{1}{2}\int \frac{1}{y}\mathrm{d}y,$$

解得
$$\ln \mid p \mid = \frac{1}{2}(\ln \mid y \mid + \ln C)\ (C > 0),$$

$$p = \sqrt{Cy}.$$

将 $y' = p(y)$ 代入 $p = \sqrt{Cy}$，即 $\dfrac{\mathrm{d}y}{\mathrm{d}x} = \sqrt{Cy}$，

分离变量
$$\int \frac{1}{\sqrt{Cy}}\mathrm{d}y = \int \mathrm{d}x,$$

则原微分方程的通解为
$$y = (C_1 x + C_2)^2.$$

7.4.4 应用拓展

例 7.4.4 质量为 m 的物体从离地面高为 s_0 处以初速度 v_0 竖直向上抛起,不计空气阻力,试求该物体的运动方程.

解 设该物体作竖直上抛运动的位移 s 与时间 t 的函数关系式为

$$s = s(t),$$

由题意可知,当 $t = 0$ 时, $s(0) = s_0$.

由导数的物理意义可知,速度 v 与时间 t 的函数关系式

$$v = v(t) = \frac{\mathrm{d}s(t)}{\mathrm{d}t}.$$

由题意知,当 $t = 0$ 时, $v(0) = v_0$,且在 t 时刻,物体运动的加速度

$$a(t) = \frac{\mathrm{d}v(t)}{\mathrm{d}t} = \frac{\mathrm{d}^2 s(t)}{\mathrm{d}t^2}.$$

由于物体在上抛运动中如果不计空气阻力,就只受重力作用的影响,由牛顿第二定律可知 $F = ma = -mg$. 由此可得

$$m\frac{\mathrm{d}^2 s(t)}{\mathrm{d}t^2} = -mg,\text{即}\frac{\mathrm{d}^2 s(t)}{\mathrm{d}t^2} = -g.$$

这是一个可降阶的二阶微分方程,将 $\dfrac{\mathrm{d}^2 s(t)}{\mathrm{d}t^2} = -g$ 两端同时积分

可得

$$v(t) = \frac{\mathrm{d}s(t)}{\mathrm{d}t} = \int -g \, \mathrm{d}t = -gt + C_1,$$

再将上式两端同时积分可得

$$s(t) = \int (-gt + C_1) \, \mathrm{d}t = -\frac{1}{2} gt^2 + C_1 t + C_2,$$

分别代入初始条件 $\begin{cases} v(0) = -g \cdot 0 + C_1 = v_0, \\ s(0) = -\dfrac{1}{2} g \cdot 0^2 + C_1 \cdot 0 + C_2 = s_0, \end{cases}$ 解得

$$C_1 = v_0, \quad C_2 = s_0.$$

则该物体的运动方程为

$$s(t) = -\frac{1}{2} gt^2 + v_0 t + s_0.$$

能力训练 7.4

1. 求下列微分方程的通解或特解.

(1) $y''' = \mathrm{e}^x + \cos x$;　　　　　　(2) $y''' = x + \mathrm{e}^{-x}$;

(3) $y'' = \dfrac{2x}{1+x^2} y'$;　　　　　　(4) $yy'' = (y')^2$.

2. 试求 $y'' = x$ 的过点 $(0, 1)$ 且在此点与直线 $y = \dfrac{x}{2} + 1$ 相切的曲线方程.

习题七

1. 指出下列方程中哪些是微分方程,并说出微分方程的阶数.

(1) $x \, \mathrm{d}y - 2y \, \mathrm{d}x = 0$;　　　　　　(2) $(y')^2 - 2x^3 y^3 = 0$;

(3) $\dfrac{\mathrm{d}^2 y}{\mathrm{d}x^2} - x = 1$;　　　　　　(4) $y^3 - x^2 = 1$;

(5) $(\sin x)'' + (\sin x)' = -1$;　　(6) $y''' + 4x = 1$.

2. 验证函数 $y = x \mathrm{e}^x$, $y = \mathrm{e}^x$, $y = C_1 \mathrm{e}^x + C_2 x \mathrm{e}^x$ 是否为微分方程 $y'' - 2y' + y = 0$ 的解,若是解,请说明是通解还是特解?

3. 给定一阶微分方程 $y' - 3x = 0$,求:

（1）该微分方程的通解；

（2）过点 $(-2, 3)$ 的特解；

（3）求出与直线 $y = 2x - 1$ 相切的曲线方程.

4. 一物体作直线运动，其运动速度为 $v = 2\sin t (\text{m/s})$，当 $t = \dfrac{\pi}{4}(\text{s})$ 时，物体与原点相距 $10(\text{m})$，求物体在时刻 t 与原点的距离 $s(t)$.

5. 求下列微分方程的通解或特解.

（1）$\dfrac{\mathrm{d}y}{\mathrm{d}x} = \dfrac{1+y}{1-x}$；

（2）$y' = \dfrac{y}{\sqrt{1-x^2}}$；

（3）$3x^2 + 5x - 5y' = 0$；

（4）$xy\,\mathrm{d}x + (1+x^2)\,\mathrm{d}y = 0$；

（5）$\dfrac{\mathrm{d}y}{\mathrm{d}x} = y, \; y(0) = 2$；

（6）$y' = \mathrm{e}^{2x-y}, \; y(0) = 0$.

6. 求下列微分方程的通解或特解.

（1）$y' - 2xy = x$；

（2）$y' + y = \mathrm{e}^{-2x}$；

（3）$y' + \dfrac{y}{x} = x$；

（4）$y' - y\sin^2 x = 0$；

（5）$\dfrac{\mathrm{d}y}{\mathrm{d}x} = x + y, \; y(0) = 0$；

（6）$2y'\sqrt{x} = y, \; y(4) = 1$.

7. 将一个温度为 $80℃$ 的物体放在 $20℃$ 的恒温环境中冷却，已知物体的冷却速度与该物体和周围环境的温差成正比，求该物体温度的变化规律.

8. 求下列微分方程的通解或特解.

（1）$y''' = \sin x$；

（2）$y'' = x\,\mathrm{e}^x$；

（3）$y'' = \ln x$，满足 $y(1) = 0, \; y'(1) = 1$；

（4）$2y'' = (y')^2$.

文本：习题七参考答案

第 8 章
多元函数微分学

前面几章我们学习了一元函数微分学和积分学的相关知识,从本章开始,我们将进入多元函数微积分的学习.多元函数微分学与一元函数微分学有着密切联系,在学习过程中应注意多元函数与一元函数的区别与联系,这样能更好地学习多元函数的微分学.

8.1 空间直角坐标系及曲面方程

8.1.1 空间直角坐标系

以空间中任意一定点为共同点(记为原点 O),分别作三条互相垂直的数轴,Ox 轴、Oy 轴和 Oz 轴,取相同的单位长度,按照右手定则规定它们的正方向:

用右手握住 Oz 轴,当右手的四个手指从 Ox 轴的正方向,以 $\dfrac{\pi}{2}$ 角度转向 Oy 轴正方向时,大拇指的指向就是 Oz 轴的正方向,这样构成的直角坐标系称为**空间直角坐标系**,这三条数轴称为坐标轴,可记为 x 轴(横轴),y 轴(纵轴)和 z 轴(竖轴),如图 8-1-1 所示.

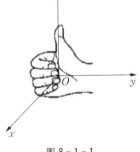

图 8-1-1

在空间直角坐标系中,任意两个坐标轴都可以确定一个平面,这样的平面称为**坐标平面**,由 x 轴和 y 轴确定的坐标平面叫作 xOy 面,由 x 轴和 z 轴确定的坐标平面叫作 xOz 面,由 y 轴和 z 轴确定的坐标平面叫作 yOz 面,这三个坐标平面也是两两互相垂直的.

三个坐标平面将整个空间分为八个部分,每一部分叫作**卦限**,含有三个正半轴的卦限称为 Ⅰ 卦限,它位于 xOy 面的上方,从该卦限开始,在 xOy 面的上方按照逆时针方向依次规定为 Ⅱ 卦限、Ⅲ 卦限和 Ⅳ 卦限,在 xOy 面的下方,Ⅰ 卦限对应的是 Ⅴ 卦限,同样按照逆时针方向依次规定为 Ⅵ 卦限、Ⅶ卦限和 Ⅷ卦限,如图 8-1-2 所示.

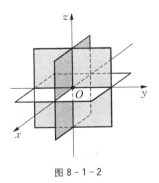

图 8-1-2

微视频:坐标平面

微视频:卦限

建立了空间直角坐标系以后,空间中任意一点 M 的位置由三元有序数组唯一确定,记为点 $M(x,y,z)$,其中 x,y,z 分别是点 M 向三条坐标轴作垂线的交点.

同理,一个三元有序数组也确定了空间中的任意一点.

微视频:空间点与空间坐标系的关系

在空间直角坐标系中,坐标平面和坐标轴上的点其坐标具有一定的特征:

坐标 $(x,y,0)$ 表示 xOy 面上的任意一点;

坐标 $(0,y,z)$ 表示 yOz 面上的任意一点;

坐标 $(x,0,z)$ 表示 xOz 面上的任意一点;

坐标 $(x,0,0)$ 表示 x 轴上的任意一点;

坐标 $(0,y,0)$ 表示 y 轴上的任意一点;

坐标 $(0,0,z)$ 表示 z 轴上的任意一点.

下面研究空间两点间的距离公式.

设 $M_1(x_1,y_1,z_1)$,$M_2(x_2,y_2,z_2)$ 是空间任意两点,如图 $8-1-3$ 所示,过点 M_1、M_2 分别作垂直各坐标轴的平面,这六个平面组成一个长方体,由勾股定理可以得到如下表达式

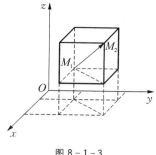
图 $8-1-3$

微视频:空间中两点间的距离

$$|M_1M_2|=\sqrt{(x_2-x_1)^2+(y_2-y_1)^2+(z_2-z_1)^2}.$$

这就是空间中任意两点间的距离公式.

特别地,空间中任意点 $M(x,y,z)$ 与原点 $O(0,0,0)$ 的距离公式为

$$|OM|=\sqrt{x^2+y^2+z^2}.$$

8.1.2 空间曲面与方程

定义 8.1.1 如果空间曲面 Π 上任意一点的坐标 $P(x,y,z)$ 都满足方程 $F(x,y,z)=0$,而不在空间曲面 Π 上的点的坐标都不满足上述方程,那么,称方程 $F(x,y,z)=0$ 为曲面 Π 的方程,称曲面 Π 为方程 $F(x,y,z)=0$ 的图形.

微视频:空间曲面

在空间直角坐标系中,该如何将空间曲面与方程对应起来呢?下面来学习空间直角坐标系中常见的几种曲面方程.

例 8.1.1　求到两定点 $M_1(3，1，1)$ 和 $M_2(-1，0，2)$ 距离相等的点的轨迹方程.

解　设球面上任意一点为 $M(x，y，z)$，由题意知 $\mid M_1M \mid=$ $\mid M_2M \mid$，由空间中任意两点间的距离公式得

$$\sqrt{(x-3)^2+(y-1)^2+(z-1)^2}=\sqrt{(x+1)^2+y^2+(z-2)^2}，$$

整理得

$$4x+y-z-3=0，$$

所求的点的轨迹是线段 M_1M_2 的垂直平分面，它的方程是三元一次方程.

一般地，将形如

$$Ax+By+Cz+D=0，$$

其中 $A，B，C，D$ 均为常数，且 $A，B，C$ 不全为 0 的方程称为**空间平面的方程**.

（1）如果 $A，B，C$ 有一个为 0，比如当 $C=0$ 时，方程为 $Ax+By+D=0$，它在平面直角坐标系中表示的是一条直线，但是在空间直角坐标系中表示的是一个平面，由于 $C=0$，那么竖坐标 z 任意取值时，只要满足方程 $Ax+By+D=0$ 的点 $(x，y，z)$ 都应该在此平面上，也就是说该平面方程表示一个平行于 z 轴的平面；同理，当 $A=0$ 时，方程 $By+Cz+D=0$ 在空间直角坐标系中表示一个平行于 x 轴的平面；当 $B=0$ 时，方程 $Ax+Cz+D=0$ 在空间直角坐标系中表示一个平行于 y 轴的平面.

（2）如果 $A，B，C$ 有两个为 0，比如当 $B=C=0$ 时，方程为 $Ax+D=0$，它在平面直角坐标系中表示的是一条垂直于 x 轴的直线，但是在空间直角坐标系中表示的是一个平面，由于 $B=C=0$，那么 y 和 z 任意取值时，只要满足方程 $Ax+D=0$ 的点 $(x，y，z)$ 都应该在此平面上，也就是说该平面方程表示一个垂直于 x 轴且平行于 yOz 面的平面；同理，当 $A=B=0$ 时，方程 $Cz+D=0$ 在空间直角坐标系中表示一个垂直于 z 轴且平行于 xOy 面的平面；当 $A=C=0$ 时，方程 $By+D=0$ 在空间直角坐标系中表示一个垂直于 y 轴且平行于 xOz 面的平面.

例 8.1.2　求球心为点 $M_0(x_0，y_0，z_0)$，半径为 R 的球面方程.

微视频:例 8.1.2 解析

解 设球面上任意一点为 $M(x, y, z)$,该点到圆心 $M_0(x_0, y_0, z_0)$ 的距离即为半径 R,根据空间中任意两点的距离公式,可以得到如下表达式

$$|M_0M| = \sqrt{(x-x_0)^2 + (y-y_0)^2 + (z-z_0)^2} = R,$$

两边同时平方

$$(x-x_0)^2 + (y-y_0)^2 + (z-z_0)^2 = R^2.$$

这就是空间中的球面方程.特殊地,当球心在坐标原点时,球面方程为

$$x^2 + y^2 + z^2 = R^2.$$

微视频:柱面

定义 8.1.2 直线 L 沿定曲线 C 平行移动所形成的曲面称为**柱面**.定曲线 C 称为柱面的准线,动直线 L 称为柱面的母线,如图 8-1-4 所示.

例 8.1.3 在空间直角坐标系中,设母线 L 平行于 z 轴,准线 C 是 xOy 平面上以原点为圆心、R 为半径的圆,请绘制此柱面.

解 方程 $x^2 + y^2 = R^2$ 在平面直角坐标系 xOy 中表示的是以原点为圆心、半径为 R 的圆.但是,在空间直角坐标系中,由于任意一点的坐标都应该有三个坐标分量,此时该方程不含有 z,并不表示 z 不存在,而是表示无论 z 取怎样的值,只要 x 和 y 满足方程 $x^2 + y^2 = R^2$ 的点都在该曲面上,最终所得柱面如图 8-1-5 所示.

微视频:例 8.1.3 解析

通常将方程 $x^2 + y^2 = R^2$ 所表示的空间曲面称为**圆柱面**.

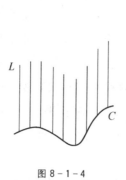

图 8-1-4　　　　　　　　图 8-1-5

能力训练 8.1

1. 指出下列各点在空间直角坐标系的什么位置上.

$A(2, 0, 0)$; $B(0, 0, 1)$; $C(1, 1, 0)$; $D(1, -2, 3)$; $E(-2,$

$1，1$；$F(-3，2，-1)$.

2. 求出点 $P(1，3，2)$ 关于原点、各坐标轴、各坐标平面的对称点.

3. 求出空间点 $M_1(4，-1，0)$ 和 $M_2(-3，5，-2)$ 的距离，以及这两点分别到原点的距离.

8.2　多元函数的概念

8.2.1　邻域与区域

1. 邻域

定义 8.2.1　设 $P_0(x_0，y_0)$ 是平面直角坐标系 xOy 上的一个点，δ 是某一正数，与点 $P_0(x_0，y_0)$ 距离小于 δ 的点 $P(x，y)$ 的全体，称为点 P_0 的 δ 邻域，记作 $\mathring{U}(P_0，\delta)$，即

微视频：多元函数的邻域

$$\mathring{U}(P_0，\delta) = \{P \mid \mid PP_0 \mid < \delta\}$$
$$= \{(x，y) \mid \sqrt{(x-x_0)^2 + (y-y_0)^2} < \delta\}.$$

在几何上，它表示平面直角坐标系 xOy 上以点 $P_0(x_0，y_0)$ 为中心、δ 为半径的圆的内部的所有点的集合.

定义 8.2.2　在平面直角坐标系 xOy 上，满足 $0 < \mid PP_0 \mid < \delta$，即 $0 < \sqrt{(x-x_0)^2 + (y-y_0)^2} < \delta$ 的点 $P(x，y)$ 的全体称为点 P_0 的去心 δ 邻域，记作 $\mathring{U}(P_0，\delta)$，即

$$\mathring{U}(P_0，\delta) = \{P \mid 0 < \mid PP_0 \mid < \delta\} = \{(x，y) \mid 0$$
$$< \sqrt{(x-x_0)^2 + (y-y_0)^2} < \delta\}.$$

2. 区域

一般地，平面上由一条或者几条曲线围成的部分称为**平面区域**.

不包括边界的区域称为**开区域**，例如 $\{(x，y) \mid 1 < x^2 + y^2 < 4\}$；包括边界的区域称为**闭区域**，例如 $\{(x，y) \mid 1 \leqslant x^2 + y^2 \leqslant 4\}$；包含部分边界的区域称为半开区域，例如 $\{(x，y) \mid 1 \leqslant x^2 + y^2 < 4\}$ 或 $\{(x，y) \mid 1 < x^2 + y^2 \leqslant 4\}$.

如果一个区域可以包含在一个以原点为圆心且半径适当大的圆域内，则称该区域为**有界区域**，否则称为**无界区域**. 例如，$\{(x，y) \mid 1 \leqslant x^2 + y^2 \leqslant 4\}$ 是有界闭区域；$\{(x，y) \mid x + y > 0\}$ 是无界开区域.

8.2.2 二元函数的概念

定义 8.2.3 设 D 是 xOy 面上的一个点集,如果对于每个点 $P(x,y) \in D$,变量 z 按照一定的法则总有确定的值和它对应,则称 z 是变量 x,y 的二元函数,记作 $z=f(x,y)$ 或 $z=f(P)$,其中 x 与 y 称为**自变量**,其变化范围 D 称为函数的**定义域**,变量 z 称为**因变量**,数集 $\{z \mid z=f(x,y),(x,y) \in D\}$ 称为该函数的**值域**.

类似地,可定义三元及三元以上函数.

当 $n \geqslant 2$ 时,n 元函数统称为多元函数.

例 8.2.1 求出函数 $z = \ln(x-y)$ 的定义域并作出定义域的图像.

解 该函数的定义域为

$$D = \{(x,y) \mid x-y > 0\} = \{(x,y) \mid y < x\}.$$

如图 $8-2-1$ 所示,该函数的定义域是直线 $y=x$ 的右下方但不包括边界 $y=x$ 的无界开区域.

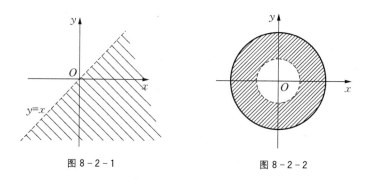

图 $8-2-1$ 图 $8-2-2$

例 8.2.2 求出函数 $z=\sqrt{4-x^2-y^2}+\dfrac{1}{\sqrt{x^2+y^2-1}}$ 的定义域并作出定义域的图像.

解 该函数的定义域为

$$D = \{(x,y) \mid 1 < x^2+y^2 \leqslant 4\}.$$

如图 $8-2-2$ 所示,该函数的定义域是环状的,介于 $x^2+y^2=1$ 以及 $x^2+y^2=4$ 之间的有界区域.

例 8.2.3 已知函数 $f(x,y) = \ln(x+y^2)+3xy$,求 $f(e^2,0)$.

解 $f(e^2,0)=\ln(e^2+0)+3e^2 \cdot 0 = 2.$

8.2.3　二元函数的几何表示

设函数 $z = f(x, y)$ 的定义域为 D，对于任意取定的点 $P(x, y) \in D$，都有函数值为 $z = f(x, y)$ 与之相对应,这样,就确定了空间中的一点 (x, y, z). 当 (x, y) 取遍定义域 D 上的所有点时,得到的空间点集

$$\{(x, y, z) \mid z = f(x, y), (x, y) \in D\}$$

微视频:二元函数的
几何意义

即为函数的图形. 通常情况下,一个二元函数 $z = f(x, y)$ 的图形就是空间中的一个曲面,该曲面在 xOy 面上的投影就是该函数 $z = f(x, y)$ 的定义域 D.

例 8.2.4　作出下列二元函数 $z = \sqrt{1 - x^2 - y^2}$ 的图像.

解　该函数的定义域为

$$D = \{(x, y) \mid 1 - x^2 - y^2 \geqslant 0\}$$
$$= \{(x, y) \mid x^2 + y^2 \leqslant 1\}.$$

如图 8-2-3 所示,该函数的定义域是环状的,包括边界 $x^2 + y^2 = 1$ 在内的有界闭区域.

由 $z = \sqrt{1 - x^2 - y^2}$ 两边平方整理得到

$$x^2 + y^2 + z^2 = 1.$$

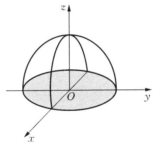

图 8-2-3

由于 $z = \sqrt{1 - x^2 - y^2} \geqslant 0$,所以该二元函数的图像表示以原点为圆心,以 1 为半径的一个半球面,它的定义域 $D = \{(x, y) \mid x^2 + y^2 \leqslant 1\}$ 即为球面在 xOy 面上的投影.

例 8.2.5　在空间直角坐标系中,作出二元函数 $z = x^2 + y^2$ 的图像.

解　此函数的定义域为 xOy 面上的所有点,由于 $z = x^2 + y^2 \geqslant 0$,所以曲面上的点都在 xOy 面的上方,它与任意平面 $z = c$ $(c > 0)$ 的交线在 xOy 面上的投影是圆 $x^2 + y^2 = c$. 则图像如图 8-2-4 所示.

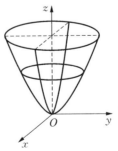

图 8-2-4

*8.2.4 二元函数的极限与连续性

定义 8.2.4 设函数 $z=f(x,y)$ 在点 $P_0(x_0,y_0)$ 的某一邻域内有定义（点 P_0 可以除外），如果对于任意给定的正数 ε，总存在正数 δ，使得对于适合不等式

$$0<|PP_0|=\sqrt{(x-x_0)^2+(y-y_0)^2}<\delta$$

的一切点 (x,y)，都有 $|f(x,y)-A|<\varepsilon$ 成立，则称 A 为函数 $z=f(x,y)$ 当 $x\to x_0$，$y\to y_0$ 时的极限，记作

$$\lim_{\substack{x\to x_0\\y\to y_0}}f(x,y)=A \text{ 或 } f(x,y)\to A\ ((x,y)\to(x_0,y_0)).$$

注意：（1）定义中 $P\to P_0$ 的方式是任意的；

（2）二元函数的极限也叫二重极限 $\lim\limits_{(x,y)\to(x_0,y_0)}f(x,y)$；

（3）二元函数的极限运算法则与一元函数类似.

例 8.2.6 求证 $\lim\limits_{\substack{x\to 0\\y\to 0}}\dfrac{\sin(x^2y)}{x^2+y^2}=0$.

解 $\lim\limits_{\substack{x\to 0\\y\to 0}}\dfrac{\sin(x^2y)}{x^2+y^2}=\lim\limits_{\substack{x\to 0\\y\to 0}}\dfrac{\sin(x^2y)}{x^2y}\cdot\dfrac{x^2y}{x^2+y^2}$，其中

$$\lim_{\substack{x\to 0\\y\to 0}}\frac{\sin(x^2y)}{x^2y}=1,$$

$$\left|\frac{x^2y}{x^2+y^2}\right|\leqslant\frac{1}{2}|x|\xrightarrow{x\to 0}0.$$

所以

$$\lim_{\substack{x\to 0\\y\to 0}}\frac{\sin(x^2y)}{x^2+y^2}=0$$

*例 8.2.7 证明 $\lim\limits_{\substack{x\to 0\\y\to 0}}\dfrac{x^3y}{x^6+y^2}$ 不存在.

证明 当 $y=kx^3$ 时，

$$\lim_{\substack{x\to 0\\y\to 0}}\frac{x^3y}{x^6+y^2}=\lim_{\substack{x\to 0\\y=kx^3}}\frac{x^3\cdot kx^3}{x^6+k^2x^6}=\frac{k}{1+k^2}$$

即是说，该函数的极限值随着 k 的变化而变化，故极限不存在.

确定极限不存在的方法有两种.

方法一：令 $P(x,y)$ 沿 $y=kx^n$ 趋向于 $P_0(x_0,y_0)$，若极限值与

k 有关,则可断言极限不存在.

方法二:找两种不同趋近方式,使 $\lim\limits_{\substack{x \to x_0 \\ y \to y_0}} f(x, y)$ 存在,但两者不相等,此时也可断言 $f(x, y)$ 在点 $P_0(x_0, y_0)$ 处极限不存在.

闭区域上连续函数的性质如下:

(1) 最大值和最小值定理　在有界闭区域 D 上的多元连续函数,在 D 上至少取得它的最大值和最小值各一次;

(2) 介值定理　在有界闭区域 D 上的多元连续函数,如果在 D 上取得两个不同的函数值,则它在 D 上取得介于这两值之间的任何值至少一次.

一切多元初等函数在其定义区域内是连续的.定义区域是指包含在定义域内的区域或闭区域.

能力训练 8.2

1. 求下列函数的定义域并作出定义域的图像.

(1) $z = \ln(x - y)$;　　　　　　　(2) $z = \dfrac{\sqrt{4 - x^2 - y^2}}{\ln(x^2 + y^2 + 1)}$;

(3) $z = \arcsin x + \arcsin \dfrac{y}{2}$;　　(4) $z = \sqrt{x - \sqrt{y}}$.

2. 已知函数 $f(x, y) = 2xy + y^2 - \arcsin x$,求 $f(1, 1)$.

3. 求下列函数极限.

(1) $\lim\limits_{\substack{x \to 0 \\ y \to 0}} \dfrac{\sin(x + y)}{x + y}$;　　　　　(2) $\lim\limits_{\substack{x \to 1 \\ y \to 2}} \dfrac{x^2 + y}{x - y^2}$;

(3) $\lim\limits_{\substack{x \to 0 \\ y \to 0}} (x + y)$;　　　　　　(4) $\lim\limits_{\substack{x \to 0 \\ y \to 0}} \dfrac{xy}{\sqrt{xy + 1} - 1}$.

8.3　偏导数

8.3.1　偏导数的定义

定义 8.3.1　设函数 $z = f(x, y)$ 在点 (x_0, y_0) 的某一邻域内有定义,当 y 固定在 y_0 而 x 在 x_0 处有增量 Δx 时,相应地,函数有增量

$$\Delta z = f(x_0 + \Delta x, y_0) - f(x_0, y_0),$$

如果极限

$$\lim_{\Delta x \to 0} \frac{\Delta z}{\Delta x} = \lim_{\Delta x \to 0} \frac{f(x_0 + \Delta x, y_0) - f(x_0, y_0)}{\Delta x}$$

存在,则称此极限为函数 $z = f(x, y)$ 在点 (x_0, y_0) 处对 x 的偏导数,记作

$$\frac{\partial z}{\partial x}\bigg|_{\substack{x = x_0 \\ y = y_0}}, \ \frac{\partial f}{\partial x}\bigg|_{\substack{x = x_0 \\ y = y_0}}, \ z_x\bigg|_{\substack{x = x_0 \\ y = y_0}} \text{或} \ f_x(x_0, y_0).$$

同理,如果极限

$$\lim_{\Delta y \to 0} \frac{\Delta z}{\Delta y} = \lim_{\Delta y \to 0} \frac{f(x_0, y_0 + \Delta y) - f(x_0, y_0)}{\Delta y}$$

存在,则此极限为函数 $z = f(x, y)$ 在点 (x_0, y_0) 处对 y 的偏导数,记作

$$\frac{\partial z}{\partial y}\bigg|_{\substack{x = x_0 \\ y = y_0}}, \ \frac{\partial f}{\partial y}\bigg|_{\substack{x = x_0 \\ y = y_0}}, \ z_y\bigg|_{\substack{x = x_0 \\ y = y_0}} \text{或} \ f_y(x_0, y_0).$$

如果函数 $z = f(x, y)$ 在区域 D 内任一点 (x, y) 处对 x 的偏导数都存在,那么这个偏导数就是 x、y 的函数,它就称为函数 $z = f(x, y)$ 对自变量 x 的偏导数,记作

$$\frac{\partial z}{\partial x}, \ \frac{\partial f}{\partial x}, \ z_x \text{或} \ f_x(x, y).$$

同理,可以定义函数 $z = f(x, y)$ 对自变量 y 的偏导数,记作

$$\frac{\partial z}{\partial y}, \ \frac{\partial f}{\partial y}, \ z_y \text{或} \ f_y(x, y).$$

偏导数的概念可以推广到二元以上函数,如 $u = f(x, y, z)$ 在点 (x, y, z) 处的偏导数 u_x、u_y、u_z 可以分别表示为

$$f_x(x, y, z) = \lim_{\Delta x \to 0} \frac{f(x + \Delta x, y, z) - f(x, y, z)}{\Delta x},$$

$$f_y(x, y, z) = \lim_{\Delta y \to 0} \frac{f(x, y + \Delta y, z) - f(x, y, z)}{\Delta y},$$

$$f_z(x, y, z) = \lim_{\Delta z \to 0} \frac{f(x, y, z + \Delta z) - f(x, y, z)}{\Delta z}.$$

例 8.3.1 求函数 $f(x, y) = \begin{cases} \dfrac{x^3 \sqrt{y}}{x + y - 1}, & x + y - 1 \neq 0, \\ 0, & x + y - 1 = 0 \end{cases}$ 在点

$(0, 1)$ 处对 x 和对 y 的偏导数.

解　$f_x(0, 1) = \lim\limits_{\Delta x \to 0} \dfrac{f(0 + \Delta x, 1) - f(0, 1)}{\Delta x}$

$\qquad\qquad = \lim\limits_{\Delta x \to 0} \dfrac{(\Delta x)^2 - 0}{\Delta x} = \lim\limits_{\Delta x \to 0} \Delta x = 0$

$\quad f_y(0, 1) = \lim\limits_{\Delta x \to 0} \dfrac{f(0, 1 + \Delta y) - f(0, 1)}{\Delta y} = \lim\limits_{\Delta x \to 0} \dfrac{0 - 0}{\Delta y} = 0$

例 8.3.2　求函数 $z = \sqrt{x^2 + y^2}$ 在点 $(0, 0)$ 处的偏导数.

解　$f_x(0, 0) = \lim\limits_{\Delta x \to 0} \dfrac{f(0 + \Delta x, 0) - f(0, 0)}{\Delta x}$, $\lim\limits_{\Delta x \to 0} \dfrac{|\Delta x|}{\Delta x}$ 不

存在;

$\qquad f_y(0, 0) = \lim\limits_{\Delta x \to 0} \dfrac{f(0, 0 + \Delta y) - f(0, 0)}{\Delta y}$, $\lim\limits_{\Delta y \to 0} \dfrac{|\Delta y|}{\Delta y}$ 也 不

存在.

可以发现,该函数虽然在点 $(0, 0)$ 处的偏导数不存在,但是,函数在点 $(0, 0)$ 处却是连续的. 这与一元函数的情况不同. 在一元函数微分学中,如果函数 $y = f(x)$ 可导,那么它必然连续.

8.3.2　偏导数的计算

求 $\dfrac{\partial z}{\partial x}$ 时,将 x 看作变量,将 y 看作常量;求 $\dfrac{\partial z}{\partial y}$ 时,将 y 看作变量,将 x 看作常量.

例 8.3.3　求 $z = x^2 + 3xy + y^2$ 在点 $(1, 2)$ 处的偏导数.

解　$\dfrac{\partial z}{\partial x} = 2x + 3y$, $\dfrac{\partial z}{\partial y} = 3x + 2y$,

$\therefore \dfrac{\partial z}{\partial x}\bigg|_{\substack{x=1 \\ y=2}} = 2 \times 1 + 3 \times 2 = 8$, $\dfrac{\partial z}{\partial y}\bigg|_{\substack{x=1 \\ y=2}} = 3 \times 1 + 2 \times 2 = 7$.

例 8.3.4　设 $z = x^y$ $(x > 0, x \neq 1)$,求证 $\dfrac{x}{y}\dfrac{\partial z}{\partial x} + \dfrac{1}{\ln x}$

$\dfrac{\partial z}{\partial y} = 2z$.

证明　$\dfrac{\partial z}{\partial x} = yx^{y-1}$, $\dfrac{\partial z}{\partial y} = x^y \ln x$,

$\dfrac{x}{y}\dfrac{\partial z}{\partial x} + \dfrac{1}{\ln x}\dfrac{\partial z}{\partial y} = \dfrac{x}{y} yx^{y-1} + \dfrac{1}{\ln x} x^y \ln x = 2z$.

原结论成立.

例 8.3.5 设 $z = \arcsin \dfrac{x}{\sqrt{x^2 + y^2}}$，求 $\dfrac{\partial z}{\partial x}$，$\dfrac{\partial z}{\partial y}$.

解 $\dfrac{\partial z}{\partial x} = \dfrac{1}{\sqrt{1 - \dfrac{x^2}{x^2 + y^2}}} \cdot \left(\dfrac{x}{\sqrt{x^2 + y^2}}\right)'_x$

$$= \dfrac{\sqrt{x^2 + y^2}}{|y|} \cdot \dfrac{y^2}{\sqrt{(x^2 + y^2)^3}} = \dfrac{|y|}{x^2 + y^2},$$

$\dfrac{\partial z}{\partial y} = \dfrac{1}{\sqrt{1 - \dfrac{x^2}{x^2 + y^2}}} \cdot \left(\dfrac{x}{\sqrt{x^2 + y^2}}\right)'_y$

$$= \dfrac{\sqrt{x^2 + y^2}}{|y|} \cdot \dfrac{(-xy)}{\sqrt{(x^2 + y^2)^3}}$$

$$= -\dfrac{x}{x^2 + y^2}\operatorname{sgn}\dfrac{1}{y}\,(y \neq 0).$$

8.3.3 偏导数的几何意义

微视频：偏导数的几何意义

设点 $M_0(x_0, y_0, f(x_0, y_0))$ 是曲面 $z = f(x, y)$ 上一点，则偏导数 $f_x(x_0, y_0)$ 就是曲面被平面 $y = y_0$ 所截得的曲线在点 M_0 处的切线 $M_0 T_x$ 对 x 轴的斜率；同理，偏导数 $f_y(x_0, y_0)$ 就是曲面被平面 $x = x_0$ 所截得的曲线在点 M_0 处的切线 $M_0 T_y$ 对 y 轴的斜率，如图 8-3-1 所示.

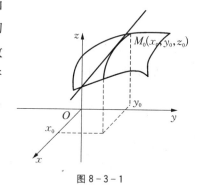

图 8-3-1

8.3.4 高阶偏导数

设二元函数 $z = f(x, y)$ 在区域 D 内的偏导数 $\dfrac{\partial z}{\partial x}$、$\dfrac{\partial z}{\partial y}$ 存在，如果继续对 x 或 y 求偏导数，若此时偏导数仍然存在，则称这样的偏导数是二元函数 $z = f(x, y)$ 的二阶偏导数. 这样的二阶偏导数一共有四个，分别是：

$$\dfrac{\partial}{\partial x}\left(\dfrac{\partial z}{\partial x}\right) = \dfrac{\partial^2 z}{\partial x^2} = f_{xx}(x, y),$$

$$\frac{\partial}{\partial y}\left(\frac{\partial z}{\partial y}\right)=\frac{\partial^2 z}{\partial y^2}=f_{yy}(x,y), \text{纯偏导}$$

$$\frac{\partial}{\partial y}\left(\frac{\partial z}{\partial x}\right)=\frac{\partial^2 z}{\partial x \partial y}=f_{xy}(x,y),$$

$$\frac{\partial}{\partial x}\left(\frac{\partial z}{\partial y}\right)=\frac{\partial^2 z}{\partial y \partial x}=f_{yx}(x,y). \text{混合偏导}$$

类似地,可以定义三阶、四阶、$\cdots$、n 阶导数,一般将二阶及二阶以上的偏导数统称为高阶偏导数.

例 8.3.6　设函数 $z=x^3 y^2-3x y^3-xy+1$,求 $\dfrac{\partial^2 z}{\partial x^2}$、$\dfrac{\partial^2 z}{\partial y^2}$、

$\dfrac{\partial^2 z}{\partial y \partial x}$、$\dfrac{\partial^2 z}{\partial x \partial y}$ 及 $\dfrac{\partial^3 z}{\partial x^3}$.

解　
$$\frac{\partial z}{\partial x}=3x^2 y^2-3y^3-y, \qquad \frac{\partial z}{\partial y}=2x^3 y-9x y^2-x,$$

$$\frac{\partial^2 z}{\partial x^2}=6x y^2, \qquad\qquad \frac{\partial^2 z}{\partial y^2}=2x^3-18x y,$$

$$\frac{\partial^2 z}{\partial x \partial y}=6x^2 y-9y^2-1, \qquad \frac{\partial^2 z}{\partial y \partial x}=6x^2 y-9y^2-1,$$

$$\frac{\partial^3 z}{\partial x^3}=6y^2.$$

例 8.3.7　设 $u=\mathrm{e}^{ax}\cos by$,求二阶偏导数.

解　
$$\frac{\partial u}{\partial x}=a\,\mathrm{e}^{ax}\cos by, \qquad\qquad \frac{\partial u}{\partial y}=-b\,\mathrm{e}^{ax}\sin by,$$

$$\frac{\partial^2 u}{\partial x^2}=a^2\,\mathrm{e}^{ax}\cos by, \qquad\qquad \frac{\partial^2 u}{\partial y^2}=-b^2\,\mathrm{e}^{ax}\cos by,$$

$$\frac{\partial^2 u}{\partial x \partial y}=-ab\,\mathrm{e}^{ax}\sin by, \qquad \frac{\partial^2 u}{\partial y \partial x}=-ab\,\mathrm{e}^{ax}\sin by.$$

***例 8.3.8**　设 $f(x,y)=\begin{cases}\dfrac{x^3 y}{x^2+y^2}, & (x,y)\neq(0,0),\\[2mm] 0, & (x,y)=(0,0),\end{cases}$ 求

$f(x,y)$ 的二阶混合偏导数.

解　当 $(x,y)\neq(0,0)$ 时,

$$f_x(x,y)=\frac{3x^2 y(x^2+y^2)-2x\cdot x^3 y}{(x^2+y^2)^2}$$

$$= \frac{3x^2y}{x^2+y^2} - \frac{2x^4y}{(x^2+y^2)^2},$$

$$f_y(x, y) = \frac{x^3}{x^2+y^2} - \frac{2x^3y^2}{(x^2+y^2)^2},$$

当 $(x, y) = (0, 0)$ 时,按定义可知:

$$f_x(0, 0) = \lim_{\Delta x \to 0} \frac{f(\Delta x, 0) - f(0, 0)}{\Delta x} = \lim_{\Delta x \to 0} \frac{0}{\Delta x} = 0,$$

$$f_y(0, 0) = \lim_{\Delta y \to 0} \frac{f(0, \Delta y) - f(0, 0)}{\Delta y} = \lim_{\Delta y \to 0} \frac{0}{\Delta y} = 0,$$

$$f_{xy}(0, 0) = \lim_{\Delta y \to 0} \frac{f_x(0, \Delta y) - f_x(0, 0)}{\Delta y} = 0,$$

$$f_{yx}(0, 0) = \lim_{\Delta x \to 0} \frac{f_y(\Delta x, 0) - f_y(0, 0)}{\Delta x} = 1.$$

显然 $f_{xy}(0, 0) \neq f_{yx}(0, 0)$.

那么,具备怎样的条件才能使混合偏导数相等?

如果函数 $z = f(x, y)$ 的两个二阶混合偏导数 $\dfrac{\partial^2 z}{\partial y \partial x}$ 及 $\dfrac{\partial^2 z}{\partial x \partial y}$ 在

区域 D 内连续,那么在该区域内的这两个二阶混合偏导数必相等.

能力训练8.3

1. 求下列函数在指定点的偏导数.

(1) $z = x^3 + 2xy - y^2$, $(1, 2)$;

(2) $z = \ln(x + 2y)$, $(1, 0)$;

(3) $z = e^{-2x}\sin(x + y)$, $\left(0, \dfrac{\pi}{4}\right)$;

(4) $z = (1 + xy)^x$, $(1, 1)$.

2. 求下列函数的偏导数.

(1) $z = \dfrac{x+y}{x-y}$;　　　　　　　(2) $z = \sin(2x - y)$;

(3) $z = e^x \cos y$;　　　　　　　(4) $z = \sqrt{x + y^2}$;

(5) $z = \arctan(xy)$;　　　　　　(6) $z = x^3y + 3x - y$.

3. 求下列函数的二阶偏导数.

(1) $z = 3x^2y$;　　　　　　　(2) $z = \ln(xy^2)$;

(3) $z = e^{x-2y}$;　　　　　　　(4) $z = \sin x + x\cos y$.

8.4　全微分

8.4.1　全微分的定义

1. 全增量的概念

定义 8.4.1　如果函数 $z = f(x, y)$ 在点 (x, y) 的某邻域内有定义,并设 $P'(x + \Delta x, y + \Delta y)$ 为这邻域内的任意一点,则称这两点的函数值之差

$$f(x + \Delta x, y + \Delta y) - f(x, y)$$

为函数在点 P 对应于自变量增量 Δx, Δy 的全增量,记作 Δz,即

$$\Delta z = f(x + \Delta x, y + \Delta y) - f(x, y).$$

2. 全微分的定义

定义 8.4.2　如果函数 $z = f(x, y)$ 在点 (x, y) 处的全增量

$$\Delta z = f(x + \Delta x, y + \Delta y) - f(x, y)$$

可以表示为

$$\Delta z = A\Delta x + B\Delta y + o(\rho),$$

其中 A, B 不依赖于 Δx, Δy 而仅与 x, y 有关,$\rho = \sqrt{(\Delta x)^2 + (\Delta y)^2}$ 是关于 Δx, Δy 的高阶无穷小,则称函数 $z = f(x, y)$ 在点 (x, y) 处可微分,$A\Delta x + B\Delta y$ 称为函数 $z = f(x, y)$ 在点 (x, y) 处的全微分,记为 $\mathrm{d}z$,即

$$\mathrm{d}z = A\Delta x + B\Delta y.$$

函数若在某区域 D 内各点处处可微分,则称这函数在 D 内可微分.

定理 8.4.1　如果函数 $z = f(x, y)$ 在点 (x, y) 处可微分,则函数 $z = f(x, y)$ 在该点处连续.

事实上,$\Delta z = A\Delta x + B\Delta y + o(\rho)$,

$$\lim_{\substack{\Delta x \to 0 \\ \Delta y \to 0}} f(x + \Delta x, y + \Delta y) = \lim_{\rho \to 0}[f(x, y) + \Delta z] = f(x, y).$$

故函数 $z = f(x, y)$ 在点 (x, y) 处连续.

定理 8.4.2　如果函数 $z = f(x, y)$ 在点 (x, y) 处可微分,则函

数 $z=f(x,y)$ 在该点的两个偏导数存在,且 $A=\dfrac{\partial z}{\partial x}$, $B=\dfrac{\partial z}{\partial y}$.

与一元函数类似,令 $\Delta x=\mathrm{d}x$, $\Delta y=\mathrm{d}y$,也可以将全微分写为

$$\mathrm{d}z=\frac{\partial z}{\partial x}\mathrm{d}x+\frac{\partial z}{\partial y}\mathrm{d}y.$$

例 8.4.1 计算函数 $z=\mathrm{e}^{xy}$ 在点 $(2,1)$ 处的全微分.

解 $\dfrac{\partial z}{\partial x}=y\mathrm{e}^{xy},\dfrac{\partial z}{\partial y}=x\mathrm{e}^{xy},$

$\dfrac{\partial z}{\partial x}\bigg|_{(2,1)}=\mathrm{e}^{2},\dfrac{\partial z}{\partial y}\bigg|_{(2,1)}=2\mathrm{e}^{2},$

所求全微分 $\mathrm{d}z=\mathrm{e}^{2}\mathrm{d}x+2\mathrm{e}^{2}\mathrm{d}y.$

例 8.4.2 求函数 $z=y\cos(x-2y)$,当 $x=\dfrac{\pi}{4}$, $y=\pi$, $\mathrm{d}x=\dfrac{\pi}{4}$, $\mathrm{d}y=\pi$ 时的全微分.

解 $\dfrac{\partial z}{\partial x}=-y\sin(x-2y),\dfrac{\partial z}{\partial y}=\cos(x-2y)+2y\sin(x-2y),$

$\mathrm{d}z\big|_{(\frac{\pi}{4},\pi)}=\dfrac{\partial z}{\partial x}\bigg|_{(\frac{\pi}{4},\pi)}\mathrm{d}x+\dfrac{\partial z}{\partial y}\bigg|_{(\frac{\pi}{4},\pi)}\mathrm{d}y=\dfrac{\sqrt{2}}{8}\pi(4-7\pi).$

*例 8.4.3 计算函数 $u=x+\sin\dfrac{y}{2}+\mathrm{e}^{yz}$ 的全微分.

解 $\dfrac{\partial u}{\partial x}=1,\dfrac{\partial u}{\partial y}=\dfrac{1}{2}\cos\dfrac{y}{2}+z\mathrm{e}^{yz},\dfrac{\partial u}{\partial z}=y\mathrm{e}^{yz},$

所求全微分 $\mathrm{d}u=\mathrm{d}x+\left(\dfrac{1}{2}\cos\dfrac{y}{2}+z\mathrm{e}^{yz}\right)\mathrm{d}y+y\mathrm{e}^{yz}\mathrm{d}z.$

*8.4.2 利用全微分求近似值

由前面的叙述可知,如果函数 $z=f(x,y)$ 的全增量

$\Delta z=f(x+\Delta x,y+\Delta y)-f(x,y)=A\Delta x+B\Delta y+o(\rho),$

其中 $\rho=\sqrt{(\Delta x)^{2}+(\Delta y)^{2}}$ 是关于 Δx、Δy 的高阶无穷小,而全微分

$$\mathrm{d}z=A\Delta x+B\Delta y.$$

可见,$|\Delta z-\mathrm{d}z|=o(\rho)$ 是关于 Δx、Δy 的高阶无穷小,即是说

$$\Delta z\approx\mathrm{d}z=A\Delta x+B\Delta y=\frac{\partial z}{\partial x}\Delta x+\frac{\partial z}{\partial y}\Delta y,$$

即是说　$f(x+\Delta x,y+\Delta y)-f(x,y)\approx\dfrac{\partial z}{\partial x}\Delta x+\dfrac{\partial z}{\partial y}\Delta y,$

所以

$$f(x+\Delta x,y+\Delta y)\approx f(x,y)+\dfrac{\partial z}{\partial x}\Delta x+\dfrac{\partial z}{\partial y}\Delta y.$$

随着 ρ 越小（即 $|\Delta x|$ 和 $|\Delta y|$ 越小），近似的效果越好.

例 8.4.4　利用全微分求 $(0.98)^{2.01}$ 的近似值.

解　设函数 $z=f(x,y)=x^{y}$，那么要计算的就是 $f(0.98,2.01)$ 函数值. 由公式可得

$$f(0.98,2.01)=f[1+(-0.02),2+0.01],$$

此时，将 $x=1,\Delta x=-0.02,y=2,\Delta y=0.01$ 代入函数，得

$$f(0.98,2.01)\approx f(1,2)+\dfrac{\partial z}{\partial x}\cdot(-0.02)+\dfrac{\partial z}{\partial y}\cdot 0.01.$$

可以求得 $\dfrac{\partial z}{\partial x}=yx^{y-1},\dfrac{\partial z}{\partial y}=x^{y}\ln x.$

将 $x=1,y=2$ 代入上式，得

$$f(0.98,2.01)\approx 1^{2}+2\cdot 1^{2-1}(-0.02)+1^{2}\ln 1\cdot(0.01)=0.96.$$

8.4.3　应用拓展

例 8.4.5　要给一种圆柱形钢件镀一层 $0.02(\mathrm{cm})$ 厚的铜，已知该圆柱体的底面半径为 $5(\mathrm{cm})$，高为 $10(\mathrm{cm})$，问给 10 个这样的圆柱体镀铜需要铜多少克？

解　底面半径为 r，高为 h 的圆柱体的体积为

$$V=\pi r^{2}h,$$

所镀铜的体积　$\Delta V\approx\mathrm{d}V=\dfrac{\partial V}{\partial r}\Delta r+\dfrac{\partial V}{\partial h}\Delta h$

$$=2\pi rh\Delta r+\pi r^{2}\Delta h,$$

将 $r=5(\mathrm{cm})$，$h=10(\mathrm{cm})$，$\Delta r=\Delta h=0.02(\mathrm{cm})$ 代入上式，得

$$\Delta V\approx 2\pi rh\Delta r+\pi r^{2}\Delta h=100\pi\cdot 0.02+25\pi\cdot 0.04=9.42(\mathrm{cm}^{3}),$$

因为铜的密度为 $8.89(\mathrm{g/m}^{3})$，所以共需要铜

$$8.89(g/cm^3) \times 9.42(cm^3) = 83.74(g).$$

能力训练 8.4

1. 求函数 $z = \dfrac{y}{x}$ 在 $x = 2$，$y = 1$，$\Delta x = 0.1$，$\Delta y = -0.2$ 时的全增量和全微分.

2. 求函数 $z = x^2 y + y^2$ 在 $x = 2$，$y = -1$，$\Delta x = 0.03$，$\Delta y = -0.01$ 时的全增量和全微分.

3. 求下列函数的全微分.

(1) $z = \ln(1 + x^2 - y)$；　　　　(2) $z = \arctan(xy^2)$；

(3) $z = \dfrac{x + y}{x - y}$；　　　　　　(4) $u = x + 2y + 3z$；

(5) $z = \sin(x - y)$；　　　　　(6) $z = e^{xy}$.

4. 求函数 $z = \dfrac{y}{x^2 + y^2}$ 在点 $(1, 0)$ 处的全微分.

5. 试求 $(1.97)^{1.05}$ 的近似值.

8.5 多元复合函数与隐函数微分法

8.5.1 多元复合函数求偏导数

定理 8.5.1 如果函数 $u = \phi(t)$ 及 $v = \psi(t)$ 都在点 t 处可导，函数 $z = f(u, v)$ 在对应点 (u, v) 处具有连续偏导数，则复合函数 $z = f[\phi(t), \psi(t)]$ 在对应点 t 处可导，且其导数可用下列公式计算

$$\frac{\mathrm{d}z}{\mathrm{d}t} = \frac{\partial z}{\partial u} \frac{\mathrm{d}u}{\mathrm{d}t} + \frac{\partial z}{\partial v} \frac{\mathrm{d}v}{\mathrm{d}t}.$$

定理 8.5.1 的结论可推广到中间变量多于两个的情况，如

$$\frac{\mathrm{d}z}{\mathrm{d}t} = \frac{\partial z}{\partial u} \frac{\mathrm{d}u}{\mathrm{d}t} + \frac{\partial z}{\partial v} \frac{\mathrm{d}v}{\mathrm{d}t} + \frac{\partial z}{\partial w} \frac{\mathrm{d}w}{\mathrm{d}t}$$

以上公式中的导数 $\dfrac{\mathrm{d}z}{\mathrm{d}t}$ 称为**全导数**，如图 8-5-1 所示.

例 8.5.1 设 $z = uv + \sin t$，而 $u = e^t$，$v = \cos t$，求全导数 $\dfrac{\mathrm{d}z}{\mathrm{d}t}$.

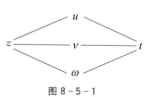

图 8-5-1

解
$$\frac{\mathrm{d}z}{\mathrm{d}t} = \frac{\partial z}{\partial u} \cdot \frac{\mathrm{d}u}{\mathrm{d}t} + \frac{\partial z}{\partial v} \cdot \frac{\mathrm{d}v}{\mathrm{d}t} + \frac{\partial z}{\partial t} = v\mathrm{e}^t - u\sin t + \cos t$$

$$= \mathrm{e}^t(\cos t - \sin t) + \cos t.$$

定理 8.5.1 还可推广到中间变量是多元函数的情况.

定理 8.5.2(链式法则) 对于函数 $z = f[\phi(x, y), \psi(x, y)]$,
如果 $u = \phi(x, y)$ 及 $v = \psi(x, y)$ 都在点 (x, y) 处具有对 x 和 y 的
偏导数,且函数 $z = f(u, v)$ 在对应点 (u, v) 处具有连续偏导数,则
复合函数 $z = f[\phi(x, y), \psi(x, y)]$ 在对应点 (x, y) 处的两个偏导
数存在,且可用下列公式

微视频：链式法则

$$\frac{\partial z}{\partial x} = \frac{\partial z}{\partial u}\frac{\partial u}{\partial x} + \frac{\partial z}{\partial v}\frac{\partial v}{\partial x}, \quad \frac{\partial z}{\partial y} = \frac{\partial z}{\partial u}\frac{\partial u}{\partial y} + \frac{\partial z}{\partial v}\frac{\partial v}{\partial y}$$

进行计算.

链式法则如图 8-5-2 所示.

例 8.5.2 设 $z = \mathrm{e}^u \sin v$, 而 $u = xy$, $v = x + y$, 求 $\dfrac{\partial z}{\partial x}$ 和 $\dfrac{\partial z}{\partial y}$.

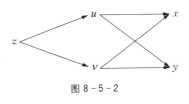

图 8-5-2

微视频：例 8.5.2 解析

解
$$\frac{\partial z}{\partial x} = \frac{\partial z}{\partial u} \cdot \frac{\partial u}{\partial x} + \frac{\partial z}{\partial v} \cdot \frac{\partial v}{\partial x} = \mathrm{e}^u \sin v \cdot y + \mathrm{e}^u \cos v \cdot 1$$

$$= \mathrm{e}^{xy}[y\sin(xy) + \cos(x + y)],$$

$$\frac{\partial z}{\partial y} = \frac{\partial z}{\partial u} \cdot \frac{\partial u}{\partial y} + \frac{\partial z}{\partial v} \cdot \frac{\partial v}{\partial y} = \mathrm{e}^u \sin v \cdot x + \mathrm{e}^u \cos v \cdot 1$$

$$= \mathrm{e}^{xy}[x\sin(xy) + \cos(x + y)].$$

例 8.5.3 设 $w = f(x - y + 2z, x^2yz)$, 求 $\dfrac{\partial w}{\partial x}$、$\dfrac{\partial w}{\partial y}$ 和 $\dfrac{\partial w}{\partial z}$.

解 令 $u = x - y + 2z$, $v = x^2yz$,

记 $f_1' = \dfrac{\partial f(u, v)}{\partial u}$, $f_2' = \dfrac{\partial f(u, v)}{\partial v}$,

$$\frac{\partial w}{\partial x} = \frac{\partial f}{\partial u} \cdot \frac{\partial u}{\partial x} + \frac{\partial f}{\partial v} \cdot \frac{\partial v}{\partial x} = f_1' + 2xyzf_2',$$

$$\frac{\partial w}{\partial y} = \frac{\partial f}{\partial u} \cdot \frac{\partial u}{\partial y} + \frac{\partial f}{\partial v} \cdot \frac{\partial v}{\partial y} = -f_1' + x^2zf_2',$$

$$\frac{\partial w}{\partial z} = \frac{\partial f}{\partial u} \cdot \frac{\partial u}{\partial z} + \frac{\partial f}{\partial v} \cdot \frac{\partial v}{\partial z} = 2f_1' + x^2yf_2'.$$

*8.5.2 隐函数的偏导数

1. 由方程 $F(x, y)=0$ 所确定的隐函数 $y=f(x)$ 的求导公式

在一元函数微分学中,我们已经学习了隐函数的求导方法,现在,利用二元复合函数的链式法则可以求出隐函数求导的一般公式.

方程 $F(x, y)=0$ 两端同时对自变量 x 求导,得

$$F_x(x, y)+F_y(x, y) \cdot \frac{\mathrm{d}y}{\mathrm{d}x}=0.$$

当 $F_y(x, y) \neq 0$ 时,

$$\frac{\mathrm{d}y}{\mathrm{d}x}=-\frac{F_x(x, y)}{F_y(x, y)}.$$

例 8.5.4 求由方程 $x \sin y=y\mathrm{e}^x$ 所确定的隐函数 $y=f(x)$ 的导数 $\dfrac{\mathrm{d}y}{\mathrm{d}x}$.

解 令 $F(x, y)=x \sin y-y\mathrm{e}^x$,求出

$$F'_x(x, y)=\sin y-y\mathrm{e}^x, \quad F'_y(x, y)=x \cos y-\mathrm{e}^x,$$

则

$$\frac{\mathrm{d}y}{\mathrm{d}x}=-\frac{F_x}{F_y}=-\frac{\sin y-y\mathrm{e}^x}{x \cos y-\mathrm{e}^x}.$$

2. 由方程 $F(x, y, z)=0$ 所确定的隐函数 $z=f(x, y)$ 的求导公式

定义 8.5.1 由方程 $F(x, y, z)=0$ 所确定的二元函数 $z=f(x, y)$ 称为二元隐函数.

上式中,将 $z=f(x, y)$ 代入函数 $F(x, y, z)$ 可得 $F(x, y, f(x, y))=0$. 根据链式法则,该等式两边分别对 x 和 y 求偏导数,得到

$$F_x(x, y, z)+F_z(x, y, z) \cdot \frac{\partial z}{\partial x}=0,$$

$$F_y(x, y, z)+F_z(x, y, z) \cdot \frac{\partial z}{\partial y}=0.$$

那么,当 $F_z(x, y, z) \neq 0$ 时,

$$\frac{\partial z}{\partial x}=-\frac{F_x}{F_z}, \quad \frac{\partial z}{\partial y}=-\frac{F_y}{F_z}.$$

例 8.5.5 求由方程 $x^2+3y^2+z^2-4z=0$ 所确定的隐函数 $z=f(x,y)$ 的 $\dfrac{\partial z}{\partial x}$、$\dfrac{\partial z}{\partial y}$ 和 $\dfrac{\partial^2 z}{\partial x^2}$.

解 令 $F(x,y,z)=x^2+3y^2+z^2-4z$,

则 $F_x=2x$,$F_y=6y$,$F_z=2z-4$,所以

$$\frac{\partial z}{\partial x}=-\frac{F_x}{F_z}=\frac{x}{2-z},\quad \frac{\partial z}{\partial y}=-\frac{F_y}{F_z}=\frac{3y}{2-z},$$

$$\frac{\partial^2 z}{\partial x^2}=\frac{(x)'\cdot(2-z)+x\cdot\dfrac{\partial z}{\partial x}}{(2-z)^2}=\frac{(2-z)+x\cdot\dfrac{x}{2-z}}{(2-z)^2}$$

$$=\frac{(2-z)^2+x^2}{(2-z)^3}.$$

能力训练 8.5

1. 求下列复合函数的一阶导数或偏导数.

(1) $z=\mathrm{e}^u\sin v$,其中 $u=2x-y$,$v=x^2y$;

(2) $z=u^2v$,其中 $u=\cos xy$,$v=\sin y$;

(3) $z=\arctan u+t^3$,其中 $u=\sqrt{2t+1}$;

(4) $z=\ln(u+v)$,其中 $u=\mathrm{e}^{x+2y}$,$v=x-y$.

2. 函数 $z=f(x,y)$ 由以下方程所确定,求偏导数 $\dfrac{\partial z}{\partial x}$,$\dfrac{\partial z}{\partial y}$.

(1) $x^2-2y\mathrm{e}^z+z^2=0$;　　　　(2) $xy^3+\mathrm{e}^x=z$.

8.6 多元函数的极值

8.6.1 多元函数极值的概念

在一元函数微分学中,可以利用导数来求函数的极值,从而进一步解决最值的相关问题,那么应该如何解决求解多元函数的极值问题呢? 下面以二元函数为例来探讨这个问题.

1. 二元函数极值的定义

定义 8.6.1 设函数 $z=f(x,y)$ 在点 (x_0,y_0) 的某邻域内有定义,对于该邻域内异于 (x_0,y_0) 的点 (x,y):

(1) 若满足不等式 $f(x,y)<f(x_0,y_0)$,则称函数值 $f(x_0,y_0)$ 是函数 $z=f(x,y)$ 的一个极大值,此时称点 (x_0,y_0) 为函数

$z=f(x, y)$ 的极大值点;

(2) 若满足不等式 $f(x, y) > f(x_0, y_0)$,则称函数值 $f(x_0, y_0)$ 是函数 $z=f(x, y)$ 的一个极小值,此时称点 (x_0, y_0) 为函数 $z=f(x, y)$ 的极小值点.

极大值、极小值统称为极值;使函数取得极值的点称为极值点.

例如,函数 $z=3x^2+4y^2$ 在点 $(0,0)$ 处有极小值;函数 $z=-\sqrt{x^2+y^2}$ 在点 $(0,0)$ 处有极大值;函数 $z=xy$ 在点 $(0,0)$ 没有极值.

2. 多元函数取得极值的条件

定理 8.6.1(必要条件) 设函数 $z=f(x, y)$ 在点 (x_0, y_0) 处具有偏导数,且在点 (x_0, y_0) 处有极值,则它在该点处的偏导数必然为零,即

$$f_x(x_0, y_0)=0, \quad f_y(x_0, y_0)=0.$$

推广 如果三元函数 $u=f(x, y, z)$ 在点 $P(x_0, y_0, z_0)$ 处具有偏导数,则它在 $P(x_0, y_0, z_0)$ 处有极值的必要条件为

$$f_x(x_0, y_0, z_0)=0, \quad f_y(x_0, y_0, z_0)=0,$$
$$f_z(x_0, y_0, z_0)=0.$$

仿照一元函数,凡能使一阶偏导数同时为零的点,均称为函数的驻点.

注意:具有偏导数的多元函数的极值点为驻点;但函数的驻点不一定是极值点.

例如,点 $(0,0)$ 是函数 $z=xy$ 的驻点,但不是极值点.

定理 8.6.2(充分条件) 设函数 $z=f(x, y)$ 在点 (x_0, y_0) 的某邻域内连续,有一阶及二阶连续偏导数,又 $f_x(x_0, y_0)=0$,$f_y(x_0, y_0)=0$,令 $A=f_{xx}(x_0, y_0)$,$B=f_{xy}(x_0, y_0)$,$C=f_{yy}(x_0, y_0)$,$\Delta=AC-B^2$,则 $f(x, y)$ 在点 (x_0, y_0) 处是否取得极值的条件如下:

(1) $AC-B^2 > 0$ 时具有极值,当 $A < 0$ 时有极大值,当 $A > 0$ 时有极小值;

(2) $AC-B^2 < 0$ 时没有极值;

(3) $AC-B^2 = 0$ 时可能有极值,也可能没有极值,还需另作讨论.

例 8.6.1　求函数 $f(x, y) = x^3 + y^3 - 9xy + 7$ 的极值.

解　先求 $f_x(x, y) = 3x^2 - 9y$，$f_y(x, y) = 3y^2 - 9x$，

令 $\begin{cases} f_x(x, y) = 0, \\ f_y(x, y) = 0, \end{cases}$ 得驻点 $(0, 0)$ 和 $(3, 3)$.

再求 $f_{xx}(x, y) = 6x$，$f_{xy}(x, y) = -9$，$f_{yy}(x, y) = 6y$，

代入 $(0, 0)$ 点，则

$A = f_{xx}(0, 0) = 0$，$B = f_{xy}(0, 0) = -9$，$C = f_{yy}(0, 0) = 0$，

$\Delta = -81 < 0$，故 $(0, 0)$ 点不是极值点. 代入 $(3, 3)$ 点，则

$A = f_{xx}(3, 3) = 18$，$B = f_{xy}(3, 3) = -9$，$C = f_{yy}(3, 3) = 18$，

$\Delta = 243 > 0$，故 $(3, 3)$ 点是极值点，且 $A = 18 > 0$，故 $(3, 3)$ 点是极小值点，极小值为 $f(3, 3) = -20$.

例 8.6.2　求由方程 $x^2 + y^2 + z^2 - 2x + 2y - 4z - 10 = 0$ 确定的函数 $z = f(x, y)$ 的极值.

解　将方程两边分别对 x，y 求偏导

$$\begin{cases} 2x + 2z \cdot z_x - 2 - 4z_x = 0, \\ 2y + 2z \cdot z_y + 2 - 4z_y = 0, \end{cases}$$

由函数取极值的必要条件知，驻点为 $P(1, -1)$.

将上面的方程组再分别对 x，y 求偏导数

$$A = z_{xx} \mid_P = \frac{1}{2-z}, \quad B = z_{xy} \mid_P = 0, \quad C = z_{yy} \mid_P = \frac{1}{2-z}.$$

故 $AC - B^2 = \dfrac{1}{(2-z)^2} > 0 \ (z \neq 2)$，函数在点 P 处有极值，将

$P(1, -1)$ 代入原方程，有 $z_1 = -2$，$z_2 = 6$.

当 $z_1 = -2$ 时，$A = \dfrac{1}{4} > 0$，所以 $z = f(1, -1) = -2$ 为极小值；

当 $z_2 = 6$ 时，$A = -\dfrac{1}{4} < 0$，所以 $z = f(1, -1) = 6$ 为极大值.

求函数 $z = f(x, y)$ 极值的一般步骤为

第一步：解方程组 $\begin{cases} f'_x(x, y) = 0, \\ f'_y(x, y) = 0, \end{cases}$ 求出实数解，得驻点；

第二步：对于每一个驻点 (x_0, y_0)，求出二阶偏导数的值 A、B、C；

第三步：判定 $AC-B^2$ 的符号，再判定是否是极值.

8.6.2 多元函数的最值

与一元函数相类似，利用函数的极值可以求函数的最大值和最小值.

求最值的一般方法：

将函数在 D 内的所有驻点处的函数值及在 D 的边界上的最大值和最小值相互比较，其中最大者即为最大值，最小者即为最小值.

例 8.6.3 求二元函数 $z=f(x，y)=x^2y(4-x-y)$ 在直线 $x+y=6$，x 轴和 y 轴所围成的闭区域 D（图 8-6-1）上的最大值与最小值.

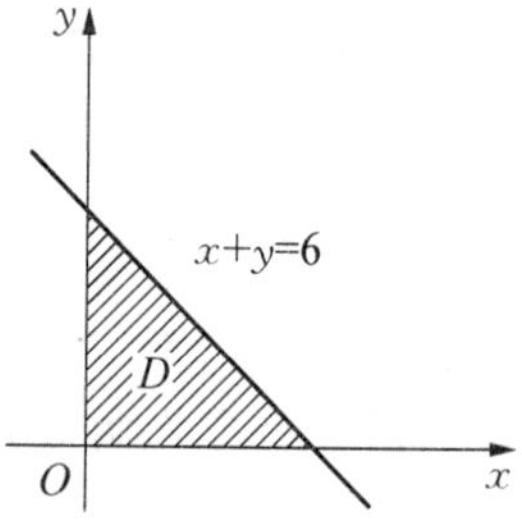

解 先求函数在 D 内的驻点，解方程组

$$\begin{cases} f_x(x，y)=2xy(4-x-y)-x^2y=0， \\ f_y(x，y)=x^2(4-x-y)-x^2y=0， \end{cases}$$

得闭区域 D 内唯一驻点 $(2，1)$，且 $f(2，1)=4$，

图 8-6-1

再求 $f(x，y)$ 在 D 边界上的最值，在边界 $x=0$ 和 $y=0$ 上得 $f(x，y)=0$；在边界 $x+y=6$ 上，即 $y=6-x$，得 $f(x，y)=x^2(6-x)(-2)$，

由 $f_x(x，y)=4x(x-6)+2x^2=0$，得

$$x_1=0，x_2=4 \Rightarrow y=6-x \mid_{x=4}=2，$$

比较后可知 $f(2，1)=4$ 为最大值，$f(4，2)=-64$ 为最小值.

*8.6.3 条件极值、拉格朗日乘数法

多元函数的极值问题通常分为两类：一类如上面讨论的，自变量在定义域内可以任意取值，未受到其他条件的限制，这种极值问题称为**无条件极值**；另一类则是对自变量附加一定条件的极值问题，称为**条件极值**. 在求实际问题的极值或最值时，往往都会对自变量的取值附加一定的条件，称为**约束条件**. 在这里，主要介绍求条件极值的**拉格朗日乘数法**，其目的是将条件极值问题转化为无条件极值问题. 具体步骤如下

第一步：要找出函数 $z=f(x，y)$ 在约束条件 $\varphi(x，y)=0$ 下的可能极值点，先构造函数

$$L(x, y, \lambda) = f(x, y) + \lambda \varphi(x, y),$$

其中 λ 为某一常数,称为拉格朗日乘数,从而将原条件极值问题转化为求三元函数 $L(x, y, \lambda)$ 的无条件极值问题.

第二步:联立方程组

$$\begin{cases} f_x(x, y) + \lambda \varphi_x(x, y) = 0, \\ f_y(x, y) + \lambda \varphi_y(x, y) = 0, \\ \varphi(x, y) = 0. \end{cases}$$

解出 x, y, λ,其中 x, y 就是可能的极值点的坐标.

拉格朗日乘数法可推广到自变量多于两个的情况. 要找函数 $u = f(x, y, z, t)$ 在约束条件 $\varphi(x, y, z, t) = 0, \psi(x, y, z, t) = 0$ 下的极值,先构造函数

$$\begin{aligned} L(x, y, z, t) = f(x, y, z, t) + \lambda_1 \varphi(x, y, z, t) + \\ \lambda_2 \psi(x, y, z, t), \end{aligned}$$

其中 λ_1, λ_2 均为常数,可联立方程组解出 x, y, z, t,即得极值点的坐标.

例 8.6.4　将正数 12 分成三个正数 x, y, z 之和,使得 $u = x^3 y^2 z$ 为最大.

解　令 $F(x, y, z) = x^3 y^2 z + \lambda(x + y + z - 12)$,则

$$\begin{cases} F'_x = 3x^2 y^2 z + \lambda = 0, \\ F'_y = 2x^3 yz + \lambda = 0, \\ F'_z = x^3 y^2 + \lambda = 0, \\ x + y + z = 12. \end{cases}$$

解得唯一驻点 $(6, 4, 2)$,故最大值为 $u_{\max} = 6^3 \cdot 4^2 \cdot 2 = 6\,912$.

8.6.4　应用拓展

例 8.6.5　某厂要用铁板做一个体积为 $2(\mathrm{m}^3)$ 的有盖长方体水箱,那么当长、宽、高各是多少的时候用料最省?

解　设该有盖长方体水箱的长和宽分别为 $x, y(\mathrm{m})$,则其高为 $\dfrac{2}{xy}(\mathrm{m})$,那么该水箱的用料为

$$S(x, y) = 2\left(xy + y \cdot \frac{2}{xy} + x \cdot \frac{2}{xy}\right)$$

$$=2\left(xy+\frac{2}{x}+\frac{2}{y}\right) \ (x>0,\ y>0).$$

令 $S_x(x,\ y)=2y-\dfrac{4}{x^2}=0$，$S_y(x,\ y)=2x-\dfrac{4}{y^2}=0$，解得 $x=$

$y=\sqrt[3]{2}\,(\mathrm{m})$ 时，该水箱用料最省，此时其高为 $\dfrac{2}{xy}=\sqrt[3]{2}\,(\mathrm{m})$.

例 8.6.6 求表面积为 a^2 而体积最大的长方体的体积.

解 设该长方体的长、宽、高分别为 $x,\ y,\ z$，则问题就是求

$$V=xyz \ (x>0,\ y>0,\ z>0)$$

在条件 $\varphi(x,\ y,\ z)=2(xy+yz+xz)-a^2$ 下的最大值.

设拉格朗日函数为

$$F(x,\ y,\ z)=V(x,\ y,\ z)+\lambda\varphi(x,\ y,\ z).$$

分别对 $x,\ y,\ z$ 求偏导数，得方程组

$$\begin{cases} yz+2\lambda(y+z)=0,\\ xz+2\lambda(x+z)=0,\\ xy+2\lambda(x+y)=0, \end{cases}$$

因为 $x>0,\ y>0,\ z>0$，解得 $x=y=z=\dfrac{\sqrt{6}}{6}a$，此时的长方

体是个棱长为 $\dfrac{\sqrt{6}}{6}a$ 的正方体，体积最大，最大体积为 $V=\dfrac{\sqrt{6}}{36}a^3$.

能力训练 8.6

1. 求下列函数的极值.

(1) $f(x,\ y)=(4x-x^2)(6y-y^2)$；

(2) $f(x,\ y)=3x^2-xy+2y^2+3$；

(3) $f(x,\ y)=e^{2x}(x+y^2+2y)$.

2. 某工厂生产甲、乙两种产品，出售价格分别为 10 元和 9 元. 生产 Q_1 单位时的产品甲与生产 Q_2 单位的产品乙的总成本函数为

$$C(Q_1,\ Q_2)=400+2Q_1+3Q_2+0.01(3Q_1^2+Q_1Q_2+3Q_2^2)(\text{元}).$$

问甲、乙两种产品的产量分别是多少时，可使该工厂的总利润最大？

3. 求出函数 $f(x,\ y)=5x^2+2xy+3y^2+800$ 在 $x+y=39$ 条件下的极值.

习题八

1. 求下列函数的定义域,并作出定义域的图像.

(1) $z = \sqrt{4 - x^2 - y^2} + \ln(x^2 + y^2 - 2)$;

(2) $z = \ln(2x - y)$;

(3) $z = \dfrac{\sqrt{x + y}}{\ln(1 - x^2 - y^2)}$.

2. 设函数 $f(x, y) = \sqrt{9 - x^2 - y^2}$,求:

(1) 函数的定义域并作出定义域的图像;

(2) 计算函数值 $f(-1, 1)$,$f(1, 0)$.

3. 求下列函数的极限.

(1) $\lim\limits_{(x, y) \to (0, 0)} \dfrac{\sin xy}{y}$;

(2) $\lim\limits_{(x, y) \to (0, 0)} \dfrac{1}{x^2 + y^2}$;

(3) $\lim\limits_{(x, y) \to (1, 0)} \dfrac{\ln(x + e^y)}{\sqrt{x^2 + y^2}}$;

(4) $\lim\limits_{(x, y) \to (2, 1)} \dfrac{x + y}{x - y}$.

4. 求下列函数的偏导数.

(1) $z = e^x \sin y$;

(2) $z = x^2 y + 3xy^2$;

(3) $z = \sqrt{x^2 + y}$;

(4) $z = \arcsin(xy)$;

(5) $z = (x^2 y + 3)^4$;

(6) $z = x^y$.

5. 已知函数 $f(x, y) = x^3 + y - 2xy$,求 $f_x(1, 1)$, $f_y(1, 1)$.

6. 求下列函数的二阶偏导数.

(1) $z = e^{x + 2y}$;

(2) $z = 2x^2 y^3 + \ln x$;

(3) $z = \cos(xy)$;

(4) $z = (x - y)^3$.

7. 已知函数 $z = e^{\frac{x}{y}}$,求 dz.

8. 利用全微分计算 $(1.01)^{2.99}$ 的近似值.

9. 求下列复合函数的导数或偏导数.

(1) $z = \arctan(u + v)$,其中 $u = 2x - y^2$,$v = xy^2$;

(2) $z = e^u \cos v$,其中 $u = xy$,$v = x + y$;

(3) $z = u^2 v - uv^2$,其中 $u = x \cos y$,$v = x \sin y$;

(4) $z = f(u, v)$,其中 $u = x e^y$,$v = \dfrac{x}{y}$;

(5) $z = \mathrm{e}^{x-2y}$，其中 $x = \sin t$，$y = t^2$.

10. 求下列各方程所确定的隐函数的导数或偏导数.

(1) $\mathrm{e}^z = xyz$，试求 $\dfrac{\partial z}{\partial x}$，$\dfrac{\partial z}{\partial y}$；

(2) $\ln \sqrt{x^2 + y^2} = \arctan \dfrac{y}{x}$，试求 $\dfrac{\mathrm{d}y}{\mathrm{d}x}$；

(3) $\mathrm{e}^{xy} - 2z + \mathrm{e}^z = 0$，试求 $\dfrac{\partial z}{\partial x}$，$\dfrac{\partial z}{\partial y}$；

(4) $x^2 + y^2 + z^2 = 1$，试求 $\dfrac{\partial z}{\partial x}$，$\dfrac{\partial z}{\partial y}$.

11. 求下列函数的极值.

(1) $z = x^3 + y^3 - 3xy + 1$；

(2) $z = (x+1)^2 + (y-1)^2 + 1$；

(3) $z = x^3 - 4x^2 + 2xy - y^2 + 1$；

(4) $z = \mathrm{e}^{2x}(x + y^2 + 2y)$.

12. 求二元函数 $f(x, y) = xy$ 在条件 $x + y = 1$ 下的极值.

13. 求二元函数 $f(x, y) = 1 - x - y^2$ 在条件 $y = 2$ 下的极值.

14. 花费 a 元购买隔水材料，建造一个宽与深（高）相等的长方体水池，已知四周的单位面积材料费为底面单位面积材料费的 1.2 倍，问水池的长与宽、深各为多少时，才能使容积最大？最大容积是多少？

文本：习题八参考答案

第9章
多元函数积分学

在一元函数的积分学中,我们为大家介绍了微元法,并运用微元法解决了很多实际问题,本章将在一元函数积分微元法的基础上引入学习二重积分的概念,介绍它的性质,研究其在直角坐标系下的计算方法,并简单讨论二重积分的应用.

9.1 二重积分的概念及其性质

9.1.1 二重积分的概念

1. 曲顶柱体的体积

设有一空间立体 Ω,它的底是 xOy 面上的有界区域 D,它的侧面是以 D 的边界曲线为准线,而母线平行于 z 轴的柱面,它的顶是曲面 $z=f(x,y)$,$f(x,y)$ 在 D 上连续. 且 $f(x,y) \geqslant 0$,这种立体称为**曲顶柱体**,如图 $9-1-1$ 所示.

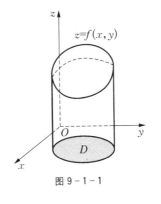

图 $9-1-1$

曲顶柱体的体积 V 可以这样来计算:

用任意一组曲线网将区域 D 分成 n 个小区域

$$\Delta\sigma_1, \ \Delta\sigma_2, \ \cdots, \ \Delta\sigma_n,$$

以这些小区域的边界曲线为准线,作母线平行于 z 轴的柱面,这些柱面将原来的曲顶柱体 Ω 划分成 n 个小曲顶柱体 $\Delta\Omega_1, \Delta\Omega_2, \cdots, \Delta\Omega_h$.

微视频:求曲顶柱体的体积

在此,假设 $\Delta\sigma_i$ 所对应的小曲顶柱体为 $\Delta\Omega_i$,这里 $\Delta\sigma_i$ 既代表第 i 个小区域,又表示它的面积值,$\Delta\Omega_i$ 既代表第 i 个小曲顶柱体,又代表它的体积值,从而 $V = \sum_{i=1}^{n} \Delta\Omega_i$,如图 $9-1-2$ 所示.

由于 $f(x,y)$ 连续,对于同一个小区域来说,函数值的变化不大. 因此,可以将小曲顶柱体近似地看作小平顶柱体,于是

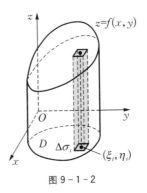

图 $9-1-2$

$$\Delta\Omega_i \approx f(\xi_i , \eta_i)\Delta\sigma_i , \quad \forall (\xi_i , \eta_i) \in \Delta\sigma_i .$$

整个曲顶柱体的体积近似值为 $V \approx \sum_{i=1}^{n} f(\xi_i , \eta_i)\Delta\sigma_i$. 为得到 V 的精确值,只需让这 n 个小区域越来越小,即让每个小区域向某点收缩. 为此,需要引入区域直径的概念:一个闭区域的直径是指区域上任意两点距离的最大者. 所谓让区域向一点收缩性地变小,意思是指让区域的直径趋向于零. 设 n 个小区域直径中的最大者为 λ ,则 $V = \lim_{\lambda \to 0} \sum_{i=1}^{n} f(\xi_i , \eta_i)\Delta\sigma_i$.

2. 平面薄片的质量

设有一平面薄片占有 xOy 面上的区域 D ,它在点 (x , y) 处的面密度为 $\rho(x , y)$,这里 $\rho(x , y) > 0$,而且 $\rho(x , y)$ 在 D 上连续,现计算该平面薄片的质量 M .

将 D 分成 n 个小区域 $\Delta\sigma_1 , \Delta\sigma_2 , \cdots , \Delta\sigma_n$,用 λ_i 记 $\Delta\sigma_i$ 的直径, $\Delta\sigma_i$ 既代表第 i 个小区域,又代表它的面积. 当 $\lambda = \max_{1 \leqslant i \leqslant n}\{\lambda_i\}$ 很小时,由于 $\rho(x , y)$ 连续,每小片区域的质量可近似地看作是均匀的,那么第 i 小块区域的近似质量可取为

$$\rho(\xi_i , \eta_i)\Delta\sigma_i , \quad \forall (\xi_i , \eta_i) \in \Delta\sigma_i .$$

于是 $M \approx \sum_{i=1}^{n} \mu(\xi_i , \eta_i)\Delta\sigma_i$, $M = \lim_{\lambda \to 0} \sum_{i=1}^{n} \mu(\xi_i , \eta_i)\Delta\sigma_i$.

两种实际意义完全不同的问题,最终都归结于同一形式的极限问题. 因此,有必要撇开这类极限问题的实际背景,给出一个更广泛、更抽象的数学概念——二重积分.

3. 二重积分的定义

定义 9.1.1 设 $f(x , y)$ 是有界闭区域 D 上的有界函数,将区域 D 任意分成 n 个小闭区域

$$\Delta\sigma_1 , \Delta\sigma_2 , \cdots , \Delta\sigma_n ,$$

其中 $\Delta\sigma_i$ 既表示第 i 个小闭区域,也表示它的面积. 在每个 $\Delta\sigma_i$ 上任取一点 (ξ_i , η_i) ,作乘积 $f(\xi_i , \eta_i)\Delta\sigma_i$ $(i = 1 , 2 , \cdots , n)$,并作和 $\sum_{i=1}^{n} f(\xi_i , \eta_i)\Delta\sigma_i$. 如果当各小闭区域的直径中的最大值 λ 趋近于零时,这和的极限总存在,则称此极限为函数 $f(x , y)$ 在闭区域 D 上的二重积分,记作 $\iint\limits_{D} f(x , y)\mathrm{d}\sigma$,即

$$\iint\limits_{D} f(x, y)\mathrm{d}\sigma = \lim_{\lambda \to 0} \sum_{i=1}^{n} f(\xi_i, \eta_i)\Delta\sigma_i.$$

其中 $f(x, y)$ 叫作**被积函数**，$f(x, y)\mathrm{d}\sigma$ 叫作**被积表达式**，$\mathrm{d}\sigma$ 叫作**面积元素**，x 与 y 叫作**积分变量**，D 叫作**积分区域**，$\sum_{i=1}^{n} f(\xi_i, \eta_i)\Delta\sigma_i$ 叫作**积分和**.

若 $f(x, y)$ 在闭区域 D 上连续，则 $f(x, y)$ 在 D 上的二重积分存在.

由于二重积分的定义中对区域 D 的划分是任意的，若用一组平行于坐标轴的直线来划分区域 D，那么除了靠近边界曲线的一些小区域之外，绝大多数的小区域都是矩形，因此，可以将 $\mathrm{d}\sigma$ 记作 $\mathrm{d}x\mathrm{d}y$，并称 $\mathrm{d}x\mathrm{d}y$ 为直角坐标系下的面积元素，二重积分也可表示成为 $\iint\limits_{D} f(x, y)\mathrm{d}x\mathrm{d}y$.

9.1.2　二重积分的几何意义

1. 若 $f(x, y) \geqslant 0$，二重积分表示以 $z = f(x, y)$ 为顶，以 D 为底的曲顶柱体的体积.

2. 如果 $f(x, y) < 0$，柱体位于 xOy 面的下方，二重积分的绝对值仍等于柱体的体积，但二重积分的值是负的.

3. 如果 $f(x, y)$ 在 D 的若干部分区域上是正的，而在其他的部分区域上是负的，我们可以把 xOy 面上方的柱体体积取成正，xOy 下方的柱体体积取成负，则 $f(x, y)$ 在 D 上的二重积分就等于这些部分区域上的柱体体积的代数和.

9.1.3　二重积分的性质

二重积分与定积分有相类似的性质.

性质 9.1.1　$\iint\limits_{D} kf(x, y)\mathrm{d}\sigma = k\iint\limits_{D} f(x, y)\mathrm{d}\sigma$ （k 为常数）.

性质 9.1.2　两个函数代数和的积分等于它们积分的代数和，即

$$\iint\limits_{D}[f(x, y) \pm g(x, y)]\mathrm{d}\sigma = \iint\limits_{D} f(x, y)\mathrm{d}\sigma \pm \iint\limits_{D} g(x, y)\mathrm{d}\sigma.$$

该性质还可以推广到两个以上（有限个）可积函数的情形.

性质 9.1.3 若区域 D 分为两个部分区域 D_1 与 D_2，则

$$\iint\limits_{D}f(x,y)\mathrm{d}\sigma=\iint\limits_{D_1}f(x,y)\mathrm{d}\sigma+\iint\limits_{D_2}f(x,y)\mathrm{d}\sigma.$$

性质 9.1.4 若在 D 上，$f(x,y)\equiv1$，σ 为区域 D 的面积，则

$$\iint\limits_{D}f(x,y)\mathrm{d}\sigma=\iint\limits_{D}\mathrm{d}\sigma=\sigma.$$

性质 9.1.4 的几何意义为，$\iint\limits_{D}\mathrm{d}\sigma$ 表示高为 1 的顶面是平面的柱体的体积，那么该体积在数值上等于柱体的底面积.

性质 9.1.5 若在 D 上，$f(x,y)\leqslant g(x,y)$，则有不等式：

$$\iint\limits_{D}f(x,y)\mathrm{d}\sigma\leqslant\iint\limits_{D}g(x,y)\mathrm{d}\sigma.$$

性质 9.1.6 设 M 与 m 分别是 $f(x,y)$ 在闭区域 D 上最大值和最小值，σ 是 D 的面积，则

$$m\sigma\leqslant\iint\limits_{D}f(x,y)\mathrm{d}\sigma\leqslant M\sigma.$$

性质 9.1.7 设函数 $f(x,y)$ 在闭区域 D 上连续，σ 是 D 的面积，则在 D 上至少存在一点 (ξ,η)，使得

$$\iint\limits_{D}f(x,y)\mathrm{d}\sigma=f(\xi,\eta)\sigma.$$

例 9.1.1 估计二重积分 $I=\iint\limits_{D}(x^2+4y^2+9)\mathrm{d}\sigma$ 的值（D 是圆域 $x^2+y^2\leqslant4$）.

解 求出被积函数 $f(x,y)=x^2+4y^2+9$ 在区域 D 上的最值

$$f_{\max}=25,\quad f_{\min}=9.$$

于是有 $9\cdot2^2\pi\leqslant I\leqslant25\cdot2^2\pi$，即 $36\pi\leqslant I\leqslant100\pi$.

例 9.1.2 比较积分 $\iint\limits_{D}\ln(x+y)\mathrm{d}\sigma$ 与 $\iint\limits_{D}[\ln(x+y)]^2\mathrm{d}\sigma$ 的大小，其中 D 是三角形闭区域，三顶点各为 $(1,0)$，$(1,1)$，$(2,0)$.

解 三角形斜边方程 $x+y=2$，在 D 内有 $1\leqslant x+y\leqslant2<\mathrm{e}$，故 $\ln(x+y)<1$，于是 $\ln(x+y)>[\ln(x+y)]^2$，因此

$$\iint\limits_{D}\ln(x+y)\mathrm{d}\sigma>\iint\limits_{D}\big[\ln(x+y)\big]^{2}\mathrm{d}\sigma.$$

能力训练 9.1

1. 用二重积分表示出以下列曲面为顶、区域 D 为底的曲顶柱体的体积.

(1) $z=x+y+1$，区域 D 是正方形域：$0\leqslant x\leqslant 1$，$0\leqslant y\leqslant 1$；

(2) $z=\sqrt{4-x^{2}-y^{2}}$，区域 D 由圆 $x^{2}+y^{2}=1$ 所围成；

(3) $z=x^{2}+y^{2}$，区域 D 由抛物线 $y=x^{2}$，直线 $y=1$ 所围成.

2. 利用二重积分的几何意义计算 $\iint\limits_{D}2\mathrm{d}\sigma$，其中区域 D 为 $x\geqslant 0$，$y\geqslant 0$，$x^{2}+y^{2}\leqslant 4$ 围成的部分.

9.2　二重积分的计算

9.2.1　在直角坐标系下计算二重积分

利用二重积分的定义及几何意义来计算二重积分显然是不实际的，二重积分的计算是需要通过两个定积分的计算（即累次积分）来实现的.

在直角坐标系下，用平行于 x 轴和 y 轴的直线族将划分区域 D 分成若干小区域，除去靠近边界的一些是不规则的小区域外，其余的绝大部分小区域都是小矩形，如图 9-2-1 所示，而小矩形 $\Delta\sigma_{i}$ 的面积为

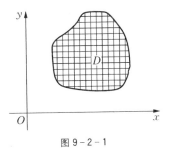

微视频：直角坐标系下
二重积分

图 9-2-1

$$\Delta\sigma_{i}=\Delta x_{i}\Delta y_{i}.$$

所以，在直角坐标系下，面积微元 $\mathrm{d}\sigma=\mathrm{d}x\mathrm{d}y$，二重积分可以写成

$$\iint\limits_{D}f(x,y)\mathrm{d}\sigma=\iint\limits_{D}f(x,y)\mathrm{d}x\mathrm{d}y.$$

在计算二重积分时，根据积分区域 D 的特点，一般分为：

1. 积分区域 D 为 X 型

X 型区域的特点是穿过区域且平行于 y 轴的直线与区域边界相交不多于两个交点，如图 9-2-2 所示，计算公式为

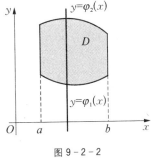

图 9-2-2

微视频：直角坐标系下
X 型区域二重积分

$$
\begin{cases}
a \leqslant x \leqslant b, \\
\varphi_1(x) \leqslant y \leqslant \varphi_2(x),
\end{cases}
$$

（$\varphi_1(x)$、$\varphi_2(x)$ 在区间 $[a, b]$ 上连续），则

$$
\iint\limits_{D} f(x, y)\mathrm{d}\sigma = \int_a^b \mathrm{d}x \int_{\varphi_1(x)}^{\varphi_2(x)} f(x, y)\mathrm{d}y.
$$

2. 积分区域 D 为 Y 型

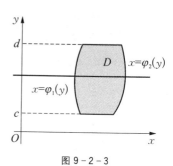

Y 型区域的特点是穿过区域且平行于 x 轴的直线与区域边界相交不多于两个交点，如图 $9-2-3$ 所示，计算公式为

$$
\begin{cases}
c \leqslant y \leqslant d \\
\varphi_1(y) \leqslant x \leqslant \varphi_2(y)
\end{cases}
$$

（$\varphi_1(y)$、$\varphi_2(y)$ 在区间 $[c, d]$ 上连续），则

图 $9-2-3$

微视频：直角坐标系下 Y 型区域二重积分

$$
\iint\limits_{D} f(x, y)\mathrm{d}\sigma = \int_c^d \mathrm{d}y \int_{\varphi_1(y)}^{\varphi_2(y)} f(x, y)\mathrm{d}x.
$$

如果积分区域既不是 X 型区域，又不是 Y 型区域，则可把 D 分成几部分，使每个部分是 X 型区域或是 Y 型区域，每部分上的二重积分求得后，根据二重积分的性质中对于积分区域具有可加性，它们的和就是在 D 上的二重积分。

在直角坐标系下，求二重积分一般按下列步骤完成

第一步：根据已知条件画出积分区域 D；

第二步：根据积分区域 D 的形态和特点，选择适当的积分类型，将二重积分化为累次积分；

第三步：按照积分次序求出各积分。

例 9.2.1 计算二重积分 $\iint\limits_{D} \mathrm{e}^{x+y}\mathrm{d}\sigma$，其中 D 由 $|x| \leqslant 1$、$|y| \leqslant 2$ 围成。

解 积分区域 D 如图 $9-2-4$ 所示，由此可得

$$
\iint\limits_{D} \mathrm{e}^{x+y}\mathrm{d}\sigma = \int_{-1}^{1} \left(\int_{-2}^{2} \mathrm{e}^{x+y}\mathrm{d}y \right)\mathrm{d}x
$$

$$
= \int_{-1}^{1} \left(\int_{-2}^{2} \mathrm{e}^x \mathrm{e}^y \mathrm{d}y \right)\mathrm{d}x
$$

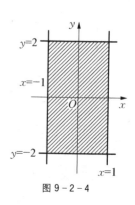

图 $9-2-4$

$$=\int_{-1}^{1}e^{x}\left(\int_{-2}^{2}e^{y}\mathrm{d}y\right)\mathrm{d}x$$

$$=\int_{-1}^{1}e^{x}\cdot e^{y}\bigg|_{-2}^{2}\mathrm{d}x=\int_{-1}^{1}e^{x}\cdot(e^{2}-e^{-2})\mathrm{d}x$$

$$=(e^{2}-e^{-2})\int_{-1}^{1}e^{x}\mathrm{d}x=(e^{2}-e^{-2})e^{x}\bigg|_{-1}^{1}$$

$$=(e^{2}-e^{-2})(e-e^{-1}).$$

例 9.2.2　计算 $\iint\limits_{D}xy\mathrm{d}\sigma$，其中 D 是由抛物线 $y^{2}=x$ 及直线 $y=x-2$ 所围成的区域.

解法一　先联立方程组 $\begin{cases}y^{2}=x, \\ y=x-2,\end{cases}$ 求出交点后画出积分区域 D（图 9-2-5）

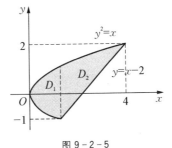

微视频：例 9.2.2 解析

图 9-2-5

$D_{1}: 0\leqslant x\leqslant 1, -\sqrt{x}\leqslant y\leqslant\sqrt{x}$，

$D_{2}: 1\leqslant x\leqslant 4, x-2\leqslant y\leqslant\sqrt{x}$，

$$\iint\limits_{D}xy\mathrm{d}\sigma=\iint\limits_{D_{1}}xy\mathrm{d}\sigma+\iint\limits_{D_{2}}xy\mathrm{d}\sigma$$

$$=\int_{0}^{1}\mathrm{d}x\int_{-\sqrt{x}}^{\sqrt{x}}xy\mathrm{d}\sigma+\int_{1}^{4}\mathrm{d}x\int_{x-2}^{\sqrt{x}}xy\mathrm{d}\sigma=\frac{45}{8}.$$

解法二　$D: -1\leqslant y\leqslant 2, y^{2}\leqslant x\leqslant y+2$，

$$\iint\limits_{D}xy\mathrm{d}\sigma=\int_{-1}^{2}\mathrm{d}y\int_{y^{2}}^{y+2}xy\mathrm{d}x=\frac{45}{8}.$$

例 9.2.3　求由曲面 $z=x^{2}+2y^{2}$ 及 $z=6-2x^{2}-y^{2}$ 所围成立体的体积.

解　立体在 xOy 面的投影区域为 $D: x^{2}+y^{2}\leqslant 2$，

$$V=\iint\limits_{D}\big[(6-2x^{2}-y^{2})-(x^{2}+2y^{2})\big]\mathrm{d}\sigma$$

$$=\iint\limits_{D}(6-3x^{2}-3y^{2})\mathrm{d}\sigma$$

$$=\int_{-\sqrt{2}}^{\sqrt{2}}\mathrm{d}x\int_{-\sqrt{2-x^{2}}}^{\sqrt{2-x^{2}}}(6-3x^{2}-3y^{2})\mathrm{d}y=6\pi.$$

9.2.2 交换积分次序

例 9.2.4 改变积分 $I = \int_0^1 \mathrm{d}x \int_0^{1-x} 2xy\,\mathrm{d}y$ 的积分次序,并求此时积分的值.

解 首先根据累次积分的形式将积分区域 D 用不等式表示出来,即:

$$D: \begin{cases} 0 \leqslant x \leqslant 1, \\ 0 \leqslant y \leqslant 1-x, \end{cases}$$

画出积分区域 D 的图形,如图 $9-2-6$ 所示.

按照先对 x 积分再对 y 积分,重新将积分区域 D 用不等式表示出来,即

$$D: \begin{cases} 0 \leqslant y \leqslant 1 \\ 0 \leqslant x \leqslant 1-y \end{cases}$$

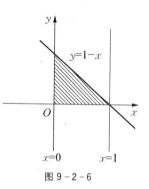

图 $9-2-6$

于是原二重积分交换积分次序后变为

$$
\begin{aligned}
I &= \int_0^1 \mathrm{d}y \int_0^{1-y} 2xy\,\mathrm{d}x \\
&= \int_0^1 y \left(\int_0^{1-y} 2x\,\mathrm{d}x \right) \mathrm{d}y = \int_0^1 y \cdot \left(x^2 \Big|_0^{1-y} \right) \mathrm{d}y \\
&= \int_0^1 y \cdot (1-y)^2 \,\mathrm{d}y = \int_0^1 (y - 2y^2 + y^3)\,\mathrm{d}y \\
&= \left(\frac{1}{2}y^2 - \frac{2}{3}y^3 + \frac{1}{4}y^4 \right) \Big|_0^1 = \frac{1}{12}.
\end{aligned}
$$

*例 9.2.5 求 $\iint\limits_{D} x^2 \mathrm{e}^{-y^2} \mathrm{d}x\,\mathrm{d}y$,其中 D 是以 $(0,0)$,$(1,1)$,$(0,1)$ 为顶点的三角形.

解 因为 $\int \mathrm{e}^{-y^2} \mathrm{d}y$ 无法用初等函数表示,所以积分时必须考虑积分次序,求解积分

$$
\begin{aligned}
\iint\limits_{D} x^2 \mathrm{e}^{-y^2} \mathrm{d}x\,\mathrm{d}y &= \int_0^1 \mathrm{d}y \int_0^y x^2 \mathrm{e}^{-y^2} \mathrm{d}x = \int_0^1 \mathrm{e}^{-y^2} \cdot \frac{y^3}{3} \mathrm{d}y \\
&= \int_0^1 \mathrm{e}^{-y^2} \cdot \frac{y^2}{6} \mathrm{d}y^2 = \frac{1}{6}\left(1 - \frac{2}{\mathrm{e}}\right).
\end{aligned}
$$

注意：在化二重积分为二次积分时，为了计算简便，需要选择恰当的积分次序. 这时，既要考虑积分区域 D 的形状，又要考虑被积函数 $f(x, y)$ 的特性.

能力训练 9.2

1. 求下列积分的值.

(1) $\displaystyle\int_0^2 \mathrm{d}x \int_0^1 (x + 2y)\mathrm{d}y$；　　　　(2) $\displaystyle\int_0^1 \mathrm{d}x \int_0^1 \mathrm{e}^{x+2y}\mathrm{d}y$；

(3) $\displaystyle\int_1^2 \mathrm{d}y \int_{\frac{1}{y}}^{y} \frac{x^2}{y}\mathrm{d}x$；　　　　(4) $\displaystyle\int_0^1 \mathrm{d}x \int_0^{\sqrt{1-x^2}} x\,y\,\mathrm{d}y$.

2. 交换下列积分的积分次序.

(1) $\displaystyle\int_0^1 \mathrm{d}x \int_x^{2-x^2} f(x, y)\mathrm{d}y$；　　　(2) $\displaystyle\int_0^1 \mathrm{d}y \int_0^y f(x, y)\mathrm{d}x$；

(3) $\displaystyle\int_0^2 \mathrm{d}x \int_x^{2x} f(x, y)\mathrm{d}y$；　　　(4) $\displaystyle\int_1^2 \mathrm{d}x \int_{2-x}^{\sqrt{2x-x^2}} f(x, y)\mathrm{d}y$.

3. 求下列定积分的值.

(1) $\displaystyle\iint\limits_{D} x\sqrt{y}\,\mathrm{d}\sigma$，其中 D 是由 $x = 0$，$y = x$，$y = 1$ 所围成的区域；

(2) $\displaystyle\iint\limits_{D} \frac{x}{y}\mathrm{d}\sigma$，其中 D 是由 $0 \leqslant x \leqslant 2$，$1 \leqslant y \leqslant 2$ 所围成的区域；

(3) $\displaystyle\iint\limits_{D} (x + y)\mathrm{d}\sigma$，其中 D 是由 $y = x^2$，$y = 0$，$x = 1$ 所围成的区域；

(4) $\displaystyle\iint\limits_{D} (2x - y)\mathrm{d}\sigma$，其中 D 是由直线 $y = 1$，$2x - y + 3 = 0$ 与 $x + y - 3 = 0$ 所围成的区域.

习题九

1. 计算下列二重积分.

(1) $\displaystyle\iint\limits_{D} (x + 6y)\mathrm{d}\sigma$，其中 D 是由 $y = x$，$y = 3x$，$x = 1$ 所围成的区域；

(2) $\displaystyle\iint\limits_{D} y\mathrm{e}^{xy}\mathrm{d}\sigma$，其中 D 是由 $0 \leqslant x \leqslant 1$，$0 \leqslant y \leqslant 1$ 所围成的区域；

(3) $\displaystyle\iint\limits_{D} \mathrm{e}^{x+2y}\mathrm{d}\sigma$，其中 D 是由 $0 \leqslant x \leqslant 1$，$0 \leqslant y \leqslant 1$ 所围成的区域；

(4) $\iint\limits_{D} \dfrac{x^2}{y^2} \mathrm{d}\sigma$，其中 D 是由 $x=2$，$y=x$ 以及曲线 $xy=1$ 所围成的区域；

(5) $\iint\limits_{D} \cos(x+y) \mathrm{d}\sigma$，其中 D 是由 $x=0$，$y=\pi$ 以及 $y=x$ 所围成的区域.

2. 在对人口的统计中发现，每个城市的市中心人口密度最大，离市中心越远，人口越稀少，密度越小. 最为常见的人口密度（每平方千米人口数）模型为 $\rho=k\mathrm{e}^{-ar^2}$，其中 k，a 为正常数，r 是距市中心的距离. 现在假设市中心位于坐标原点，在城市半径 5 km 内，城市的任意一点 $M(x,y)$ 到市中心的距离为 $r=\sqrt{x^2+y^2}$. 已知城市中心（$r=0$）处的人口密度为 $\rho=10^5$，距离城市中心 1 km 处的人口密度为 $\rho=\dfrac{10^5}{\mathrm{e}}$，试求该城市的总人口.

文本：习题九参考答案

第 10 章
级　数

无穷级数主要是研究如何利用比较简单的函数形式的加法运算来逼近复杂函数,是高等数学的基础知识之一.本章将从研究无穷项数项级数的和的收敛性及其极限值入手,然后再简单地介绍幂级数和傅里叶级数的相关知识,使同学们对级数的基础知识有初步认识.

10.1　数项级数

10.1.1　无穷项数项级数的概念

引例　有人根据下面的推理,得出一个大胆的结论.

设 $S = 1 + 2 + 3 + \cdots + n + \cdots$,因为

$$S = 1 + 2 + 3 + \cdots + n + \cdots$$
$$= [1 + 3 + 5 + \cdots + (2n-1) + \cdots] + [2 + 4 + 6 + \cdots + 2n + \cdots]$$
$$> 2 + 4 + 6 + \cdots + 2n + \cdots$$
$$= 2(1 + 2 + 3 + \cdots + n + \cdots)$$
$$= 2S.$$

即 $S > 2S$,故 $1 > 2$.

上面这个结论显然是错误的,但是这个推理错在哪里呢?

通过下面无穷多个数相加的和式——无穷项数项级数的学习,希望同学们能自己找到问题的答案.

定义 10.1.1　若给定一个数列 u_1,u_2,$\cdots$,u_n,$\cdots$,由它构成的表达式

$$u_1 + u_2 + \cdots + u_n + \cdots$$

称为**无穷级数**,简称**级数**,记作 $\sum\limits_{n=1}^{\infty} u_n$.亦即

$$\sum_{n=1}^{\infty} u_n = u_1 + u_2 + \cdots + u_n + \cdots.$$

其中 u_n 称为级数的第 n 项,也称为**级数的一般项或通项**.

若 u_n 是常数的级数称为**常数项级数**,简称**数项级数**;若 u_n 是函数的级数称为**函数项级数**.

定义 10.1.2 作级数 u_1，u_2，$\cdots$，u_n，$\cdots$ 的前 n 项之和

$$s_n = u_1 + u_2 + \cdots + u_n,$$

称 s_n 为级数 $\sum\limits_{n=1}^{\infty} u_n$ 的**部分和**. 当 n 依次取 1，2，3，$\cdots$ 时，它们构成一个新数列

$$s_1 = u_1$$
$$s_2 = u_1 + u_2$$
$$s_3 = u_1 + u_2 + u_3$$
$$\cdots\cdots$$
$$s_n = u_1 + u_2 + u_3 + \cdots + u_n$$
$$\cdots\cdots$$

称此数列为级数 $\sum\limits_{n=1}^{\infty} u_n$ 的**部分和数列**.

10.1.2 级数的收敛与发散

根据部分和数列 s_n 是否有极限，可以得出级数 $\sum\limits_{n=1}^{\infty} u_n$ 收敛与发散的概念.

定义 10.1.3 当 n 无限增大时，如果级数 $\sum\limits_{n=1}^{\infty} u_n$ 的部分和数列 s_n 有极限 s，即

$$\lim_{n \to \infty} s_n = s \, (s \text{ 为常数}),$$

则称级数 $\sum\limits_{n=1}^{\infty} u_n$ **收敛**，这时极限 s 叫作级数 $\sum\limits_{n=1}^{\infty} u_n$ 的**和**，并记作

$$s = u_1 + u_2 + u_3 + \cdots + u_n + \cdots.$$

如果部分和数列 s_n 无极限，则称级数 $\sum\limits_{n=1}^{\infty} u_n$ **发散**.

当级数 $\sum\limits_{n=1}^{\infty} u_n$ 收敛时，其部分和 s_n 是级数和 s 的近似值，它们之间的差值

$$r_n = s - s_n = u_{n+1} + u_{n+2} + \cdots + u_{n+k} + \cdots$$

叫作级数的**余项**.

例 10.1.1 判断级数 $1+(-1)+1+(-1)+\cdots+(-1)^{n-1}+$ $(-1)^n+\cdots$ 的收敛性.

解 部分和为 $s_n=\begin{cases}0, & n \text{ 为偶数}, \\ 1, & n \text{ 为奇数},\end{cases}$ s_n 无极限,故级数发散.

例 10.1.2 讨论**几何级数**(也称等比级数)

$$\sum_{k=0}^{\infty} aq^k = a+aq+aq^2+\cdots+aq^n+\cdots(a \neq 0) \text{ 的收敛性.}$$

解 若 $q \neq 1$,则部分和为

$$s_n = \sum_{k=0}^{n-1} aq^k = a+aq+aq^2+\cdots+aq^{n-1} = \frac{a-aq^n}{1-q}.$$

(1) 当 $|q|<1$ 时,$\lim_{n \to \infty} q^n = 0$,故 $\lim_{n \to \infty} s_n = \frac{a}{1-q}$,等比级数收敛,

且级数和为 $s = \frac{a}{1-q}$;

(2) 当 $|q|>1$ 时,$\lim_{n \to \infty} q^n = \infty$,从而 $\lim_{n \to \infty} s_n = \infty$,等比级数发散;

(3) 当 $|q|=1$ 时,若 $q=1$,则

$$s_n = \sum_{k=0}^{n-1} a \cdot 1^k = a+a+a+\cdots+a = n \cdot a \to \infty \ (n \to \infty),$$

若 $q=-1$,则

$$s_n = \sum_{k=0}^{n-1} (-1)^k \cdot a = a-a+a-a+\cdots+(-1)^{n-2}a+(-1)^{n-1}a$$
$$= \begin{cases}0, & n \text{ 为偶数}, \\ a, & n \text{ 为奇数},\end{cases}$$

故 $\lim_{n \to \infty} s_n$ 不存在.

即当 $|q|=1$ 时,等比级数发散.

综上所述,可以得出几何级数收敛性的结论如下.

当 $|q|<1$ 时,$\sum_{k=0}^{\infty} aq^k$ 收敛,$s = \frac{a}{1-q}$;

当 $|q| \geqslant 1$ 时,$\sum_{k=0}^{\infty} aq^k$ 发散.

例 10.1.3 研究下列**伸缩型**级数的收敛性.

(1) $\sum_{n=1}^{\infty} \ln \frac{n+1}{n}$; (2) $\sum_{n=1}^{\infty} \frac{1}{n(n+1)}$.

解 （1）$s_n = \ln\dfrac{2}{1} + \ln\dfrac{3}{2} + \cdots + \ln\dfrac{n+1}{n}$

$$= \ln\left(\dfrac{2}{1} \cdot \dfrac{3}{2} \cdot \cdots \cdot \dfrac{n+1}{n}\right) = \ln(n+1)$$

从而 $\lim\limits_{n\to\infty} s_n = \lim\limits_{n\to\infty}\ln(n+1) = +\infty$.

因此，此级数是发散的.

（2）$s_n = \displaystyle\sum_{k=1}^{n}\dfrac{1}{k(k+1)} = \sum_{k=1}^{n}\left(\dfrac{1}{k} - \dfrac{1}{k+1}\right)$

$$= \left(\dfrac{1}{1} - \dfrac{1}{2}\right) + \left(\dfrac{1}{2} - \dfrac{1}{3}\right) + \left(\dfrac{1}{3} - \dfrac{1}{4}\right) + \cdots +$$

$$\left(\dfrac{1}{n-1} - \dfrac{1}{n}\right) + \left(\dfrac{1}{n} - \dfrac{1}{n+1}\right)$$

$$= 1 - \dfrac{1}{n+1}$$

从而 $\lim\limits_{n\to\infty} s_n = \lim\limits_{n\to\infty}\left(1 - \dfrac{1}{n+1}\right) = 1$

因此，此级数收敛于 1.

定理 10.1.1 已知 p - 级数

$$\sum_{n=1}^{\infty}\dfrac{1}{n^p} = 1 + \dfrac{1}{2^p} + \dfrac{1}{3^p} + \cdots + \dfrac{1}{n^p} + \cdots (p > 0),$$

（1）当 $0 < p \leqslant 1$ 时，p - 级数为发散的；

（2）当 $p > 1$ 时，p - 级数是收敛的.

例 10.1.4 研究下列级数的收敛性.

（1）$\displaystyle\sum_{n=1}^{\infty}\dfrac{1}{\sqrt{n}}$；　　　　　（2）$\displaystyle\sum_{n=1}^{\infty}\dfrac{1}{n^2}$.

解 （1）级数 $\displaystyle\sum_{n=1}^{\infty}\dfrac{1}{\sqrt{n}} = \sum_{n=1}^{\infty}\dfrac{1}{n^{\frac{1}{2}}}$，是 $p = \dfrac{1}{2} < 1$ 的 p - 级数，故该

级数发散；

（2）级数 $\displaystyle\sum_{n=1}^{\infty}\dfrac{1}{n^2}$，是 $p = 2 > 1$ 的 p - 级数，故该级数收敛.

10.1.3　级数的基本性质

性质 10.1.1 如果级数 $\displaystyle\sum_{n=1}^{\infty}u_n$ 收敛，则 $\lim\limits_{n\to\infty}u_n = 0$，反之不然.

必须指出,级数的一般项趋向于零并不是级数收敛的充分条件.

著名反例:讨论调和级数 $1+\dfrac{1}{2}+\dfrac{1}{3}+\cdots+\dfrac{1}{n}+\cdots$ 的收敛性时,

$\lim\limits_{n\to\infty}u_n=\lim\limits_{n\to\infty}\dfrac{1}{n}=0$,即调和级数的一般项趋近于零,但此级数是发散的.(证明略)

逆否命题成立:若 $\lim\limits_{n\to\infty}u_n\neq0$,则级数 $\sum\limits_{n=1}^{\infty}u_n$ 发散.

这是判定级数收敛性的重要方法之一.

例 10.1.5　判定级数 $\sum\limits_{n=1}^{\infty}\dfrac{n}{2n-1}$ 的收敛性.

解　因为 $\lim\limits_{n\to\infty}u_n=\lim\limits_{n\to\infty}\dfrac{n}{2n-1}=\dfrac{1}{2}\neq0$,故此级数发散.

性质 10.1.2　若常数 $c\neq0$,则级数 $\sum\limits_{n=1}^{\infty}cu_n$ 与 $\sum\limits_{n=1}^{\infty}u_n$ 有相同的收敛性,且若收敛级数 $\sum\limits_{n=1}^{\infty}u_n$ 的和为 s,则级数 $\sum\limits_{n=1}^{\infty}cu_n$ 也收敛,其和为 cs.

性质 10.1.3　设有级数

$$u_1+u_2+\cdots+u_n+\cdots \text{ 和 } v_1+v_2+\cdots+v_n+\cdots$$

分别收敛,其和分别为 s 与 σ,则级数

$$(u_1\pm v_1)+(u_2\pm v_2)+\cdots+(u_n\pm v_n)+\cdots$$

也收敛,且和为 $s\pm\sigma$.

证明　设级数 $\sum\limits_{n=1}^{\infty}u_n$、$\sum\limits_{n=1}^{\infty}v_n$ 的部分和分别为 s_n、σ_n,则级数 $\sum\limits_{n=1}^{\infty}(u_n\pm v_n)$ 的部分和

$$\begin{aligned}
z_n&=(u_1\pm v_1)+(u_2\pm v_2)+\cdots+(u_n\pm v_n)\\
&=(u_1+u_2+\cdots+u_n)\pm(v_1+v_2+\cdots+v_n)=s_n\pm\sigma_n,
\end{aligned}$$

故 $\lim\limits_{n\to\infty}z_n=\lim\limits_{n\to\infty}(s_n\pm\sigma_n)=\lim\limits_{n\to\infty}s_n\pm\lim\limits_{n\to\infty}\sigma_n=s\pm\sigma.$

这表明级数 $\sum\limits_{n=1}^{\infty}(u_n\pm v_n)$ 收敛,且其和为 $s\pm\sigma$.

据性质 3,可得到几个**有用的结论**:

(1) 若收敛 $\sum\limits_{n=1}^{\infty}u_n$,而 $\sum\limits_{n=1}^{\infty}v_n$ 发散,则 $\sum\limits_{n=1}^{\infty}(u_n\pm v_n)$ 必发散.

（2）若 $\sum\limits_{n=1}^{\infty} u_n$、$\sum\limits_{n=1}^{\infty} v_n$ 均发散,那么 $\sum\limits_{n=1}^{\infty}(u_n \pm v_n)$ 可能收敛,也可能发散.

如 $u_n=1$,$v_n=(-1)^n$,$\sum\limits_{n=1}^{\infty}(u_n \pm v_n)=\sum\limits_{n=1}^{\infty}[1+(-1)^n]=2+2+\cdots+2+\cdots$ 发散;

又如 $u_n=1$,$v_n=-1$,$\sum\limits_{n=1}^{\infty}(u_n \pm v_n)=\sum\limits_{n=1}^{\infty}(1-1)=0+0+\cdots+0+\cdots$ 收敛.

性质 10.1.4 在级数的前面去掉有限项,不会影响级数的收敛性,不过在收敛时,一般来说级数的和是要改变的.（证明略）

类似地,可以证明在级数的前面**增加有限项**,不会影响级数的收敛性.

10.1.4 应用拓展

阿溪里斯是古希腊传说中的"运动健将",现在让他和乌龟赛跑.假定他的速度为乌龟的 10 倍.乌龟先出发,走了 1/10 千米,此时阿溪里斯开始追赶它.当阿溪里斯走完这 1/10 千米时,乌龟又向前走了 1/100 千米;阿溪里斯再走完这 1/100 千米时,乌龟又向前走了 1/1 000 千米;……阿溪里斯的速度再快,走过一段路总得花一段时间,乌龟速度再慢,在这一段时间里也总要再向前走一段路程.这样说来,阿溪里斯是永远追不上乌龟了.请问现实情况是不是这样的?

解 这个问题造成的假象是乌龟走过的路程之和越来越大,所以阿溪里斯才会追不上.其实要解决这个问题,最后可以归结为求无穷项数项级数的和是否存在.

设乌龟走过的路程是 s,如果按照题目中描述的情况,那么

$$s=\frac{1}{10}+\frac{1}{100}+\frac{1}{1\ 000}+\cdots$$

根据在前面学过的知识,这是一个几何级数,由于其 $q=\dfrac{1}{10}$,故该级数收敛,且级数和为 $s=\dfrac{\dfrac{1}{10}}{1-\dfrac{1}{10}}=\dfrac{1}{9}$（千米）.也就是说乌龟走过的路程是有限的,那么阿溪里斯是肯定追得上乌龟的.

能力训练 10.1

1. 写出下列级数的前 5 项.

(1) $\displaystyle\sum_{n=1}^{\infty} \frac{1}{2n(n+1)}$;   (2) $\displaystyle\sum_{n=1}^{\infty} \frac{2^n}{n!}$;

(3) $\displaystyle\sum_{n=1}^{\infty} \frac{3n-1}{n^2+n-1}$;   (4) $\displaystyle\sum_{n=0}^{\infty} (-1)^n \ln(n+1)$.

2. 根据级数收敛的定义判定下列级数是否收敛,若收敛,求其和.

(1) $1+2+3+\cdots$;   (2) $\displaystyle\sum_{n=1}^{\infty} (\sqrt{n} - \sqrt{n-1})$;

(3) $\displaystyle\sum_{n=1}^{\infty} \frac{1}{n^2+n}$;   (4) $\displaystyle\sum_{n=1}^{\infty} \ln\left(1+\frac{1}{n}\right)$.

3. 判断下列级数的收敛性.

(1) $\displaystyle\sum_{n=1}^{\infty} \sqrt{3}$;   (2) $\displaystyle\sum_{n=1}^{\infty} \frac{1}{2^n}$;

(3) $\displaystyle\sum_{n=1}^{\infty} \frac{3}{\sqrt[5]{n}}$;   (4) $\displaystyle\sum_{n=1}^{\infty} \frac{10}{n^8}$.

4. 一只球从 100 m 高空落下,每次弹回的高度为上次高度的 $\dfrac{2}{3}$,这样一直运动下去,求小球运动的总路程.

10.2 幂级数

10.2.1 幂级数的概念

1. 函数项级数

定义 10.2.1 设在区间 I 上有定义的函数列

$$u_1(x), u_2(x), \cdots, u_n(x), \cdots,$$

由此函数列构成的表达式

$$\sum_{n=1}^{\infty} u_n(x) = u_1(x) + u_2(x) + \cdots + u_n(x) + \cdots$$

称作**函数项级数**.

当 x 在区间 I 上取某个特定值 x_0 时,函数项级数 $\displaystyle\sum_{n=1}^{\infty} u_n(x)$ 就成为常数项级数

$$\sum_{n=1}^{\infty} u_n(x_0) = u_1(x_0) + u_2(x_0) + \cdots + u_n(x_0) + \cdots.$$

定义 10.2.2 若级数 $\sum_{n=1}^{\infty} u_0(x_0)$ 收敛,则称点 x_0 是函数项级数 $\sum_{n=1}^{\infty} u_n(x)$ 的收敛点;若级数 $\sum_{n=1}^{\infty} u_n(x_0)$ 发散,则称点 x_0 是函数项级数 $\sum_{n=1}^{\infty} u_n(x)$ 的发散点;函数项级数的所有收敛点的全体称为它的收敛域;函数项级数的所有发散点的全体称为它的发散域.

对于函数项级数收敛域内任意一点 x,$\sum_{n=1}^{\infty} u_n(x)$ 收敛,其收敛和应为关于 x 的函数 $s(x)$,即 $s(x) = \sum_{n=1}^{\infty} u_n(x)$,通常称为函数项级数的**和函数**.它的定义域就是级数的收敛域.

函数项级数 $\sum_{n=1}^{\infty} u_n(x)$ 的前 n 项部分和记作 $s_n(x)$,即

$$s_n(x) = u_1(x) + u_2(x) + \cdots + u_n(x)$$

则在收敛域上有

$$\lim_{n \to \infty} s_n(x) = s(x)$$

2. 幂级数的概念

定义 10.2.3 幂级数是各函数项均为常数乘幂函数的级数,一般将形如

$$\sum_{n=0}^{\infty} a_n(x - x_0)^n = a_0 + a_1(x - x_0) + a_2(x - x_0)^2 + \cdots + a_n(x - x_0)^n + \cdots$$

的幂级数称为关于 $x - x_0$ 的**幂级数**,其中常数 a_0, a_1, a_2, $\cdots$, a_n, $\cdots$ 称作**幂级数的系数**.

当 $x_0 = 0$ 时,一般将幂级数

$$\sum_{n=0}^{\infty} a_n x^n = a_0 + a_1 x + a_2 x^2 + \cdots + a_n x^n + \cdots$$

称为关于 x 的幂级数.

10.2.2 幂级数的收敛半径

定理 10.2.1 如果幂级数 $\sum_{n=0}^{\infty} a_n x^n$ 的系数满足 $\lim\limits_{n \to \infty} \left| \dfrac{a_n}{a_{n+1}} \right| = R$:

(1) 当 $R=0$ 时,幂级数 $\sum\limits_{n=0}^{\infty}a_nx^n$ 只有在 $x=0$ 处收敛.

(2) 若 $0<R<+\infty$ 时,则当 $|x|<R$ 时,幂级数 $\sum\limits_{n=0}^{\infty}a_nx^n$ 收敛,当 $|x|>R$ 时,幂级数 $\sum\limits_{n=0}^{\infty}a_nx^n$ 发散.

(3) 当 $R=+\infty$ 时,幂级数 $\sum\limits_{n=0}^{\infty}a_nx^n$ 在 $(-\infty,+\infty)$ 上处处收敛.

(4) 在 $x=\pm R$ 处收敛性不定.

以上证明从略.

上述定理中的实数 R 通常称作幂级数的**收敛半径**,由幂级数在 $x=\pm R$ 处的收敛性就可决定它在区间 $(-R,R)$,$[-R,R)$,$(-R,R)$ 或 $[-R,R]$ 上收敛,这区间叫作幂级数的**收敛区间**或**收敛域**.

例 10.2.1　求幂级数 $\sum\limits_{n=0}^{\infty}n!\,x^n$ 的收敛半径与收敛区间

解　因为 $R=\lim\limits_{n\to\infty}\left|\dfrac{a_n}{a_{n+1}}\right|=\lim\limits_{n\to\infty}\left|\dfrac{n!}{(n+1)!}\right|=\lim\limits_{n\to\infty}\left|\dfrac{1}{n+1}\right|=0$,

所以该幂级数的收敛半径 $R=0$,即 $\sum\limits_{n=0}^{\infty}n!\,x^n$ 只在 $x=0$ 处收敛.

例 10.2.2　求幂级数 $\sum\limits_{n=0}^{\infty}x^n$ 的收敛半径与收敛区间.

解　因为 $R=\lim\limits_{n\to\infty}\left|\dfrac{a_n}{a_{n+1}}\right|=\lim\limits_{n\to\infty}\dfrac{1}{1}=1$,

所以该幂级数的收敛半径 $R=1$. 当 $x=-1$ 时,级数 $\sum\limits_{n=0}^{\infty}(-1)^n$ 发散,当 $x=1$ 时,级数 $\sum\limits_{n=0}^{\infty}1$ 也发散,故 $\sum\limits_{n=0}^{\infty}x^n$ 的收敛区间为 $(-1,1)$.

例 10.2.3　求幂级数 $\sum\limits_{n=0}^{\infty}\dfrac{x^{2n}}{2^n}$ 的收敛半径与收敛区间.

解　令 $u=x^2$,于是原幂级数变为 $\sum\limits_{n=0}^{\infty}\dfrac{u^n}{2^n}$,

因为 $R=\lim\limits_{n\to\infty}\left|\dfrac{a_n}{a_{n+1}}\right|=\lim\limits_{n\to\infty}\dfrac{\dfrac{1}{2^n}}{\dfrac{1}{2^{n+1}}}=2$,即是 $|u|=|x^2|<2$,解得

$-\sqrt{2}<x<\sqrt{2}$.

当 $x = \pm\sqrt{2}$ 时,级数 $\displaystyle\sum_{n=0}^{\infty} \frac{x^{2n}}{2^n}$ 发散. 故幂级数 $\displaystyle\sum_{n=0}^{\infty} \frac{x^{2n}}{2^n}$ 的收敛区间为 $(-\sqrt{2}, \sqrt{2})$.

*10.2.3 幂级数的性质

性质 10.2.1 幂级数 $\displaystyle\sum_{n=0}^{\infty} a_n x^n$ 的和函数 $s(x)$ 在收敛区间内连续.

性质 10.2.2(加法运算) 设 $\displaystyle\sum_{n=0}^{\infty} a_n x^n = S_1(x)$,收敛半径为 R_1, $\displaystyle\sum_{n=0}^{\infty} b_n x^n = S_2(x)$,收敛半径为 R_2,记 $R = \min\{R_1, R_2\}$,则在 $(-R, R)$ 内,

$$\sum_{n=0}^{\infty} a_n x^n \pm \sum_{n=0}^{\infty} b_n x^n = \sum_{n=0}^{\infty} (a_n \pm b_n) x^n = S_1(x) \pm S_2(x).$$

性质 10.2.3(微分运算) 设幂级数 $\displaystyle\sum_{n=0}^{\infty} a_n x^n$ 的收敛半径为 R,则其和函数 $s(x)$ 在区间 $(-R, R)$ 内可以逐项求导,即

$$s'(x) = \left(\sum_{n=0}^{\infty} a_n x^n\right)' = \sum_{n=0}^{\infty} (a_n x^n)' = \sum_{n=0}^{\infty} n a_n x^{n-1}.$$

性质 10.2.4(积分运算) 设幂级数 $\displaystyle\sum_{n=0}^{\infty} a_n x^n$ 的收敛半径为 R,则其和函数 $s(x)$ 在区间 $(-R, R)$ 内可以逐项积分,即

$$\int_0^x s(x)\mathrm{d}x = \int_0^x \left(\sum_{n=0}^{\infty} a_n x^n\right)\mathrm{d}x = \sum_{n=0}^{\infty} \left(\int_0^x a_n x^n \mathrm{d}x\right) = \sum_{n=0}^{\infty} \frac{a_n}{n+1} x^{n+1}.$$

注意:逐项求导与逐项积分后得到的幂级数和原级数有相同的收敛半径 R,但是收敛端点处的敛散性可能有所不同.

例 10.2.4 求幂级数 $\displaystyle\sum_{n=0}^{\infty} n x^{n-1}$ 的收敛区间及其和函数.

解 因为 $R = \lim\limits_{n \to \infty} \dfrac{n}{n+1} = 1$,

所以该幂级数的收敛半径 $R = 1$,幂级数在区间 $(-1, 1)$ 内收敛.

当 $x = -1$ 时,级数 $\displaystyle\sum_{n=0}^{\infty} (-1)^{n-1} n$ 发散,当 $x = 1$ 时,级数 $\displaystyle\sum_{n=0}^{\infty} n$ 发

散,故幂级数 $\displaystyle\sum_{n=0}^{\infty} nx^{n-1}$ 的收敛区间为 $(-1, 1)$.

设幂级数 $\displaystyle\sum_{n=0}^{\infty} nx^{n-1}$ 的和函数为 $s(x)$,即 $s(x) = \displaystyle\sum_{n=0}^{\infty} nx^{n-1}$,则

$$\int_0^x s(x)\mathrm{d}x = \int_0^x \left(\sum_{n=0}^{\infty} nx^{n-1}\right)\mathrm{d}x = \sum_{n=0}^{\infty} \left(\int_0^x nx^{n-1}\mathrm{d}x\right) = \sum_{n=0}^{\infty} x^n$$

$$= \frac{1}{1-x}, \; x \in (-1, 1).$$

两边求导得

$$s(x) = \left(\int_0^x S(x)\mathrm{d}x\right)' = \left(\frac{1}{1-x}\right)' = \frac{1}{(1-x)^2}, \; x \in (-1, 1).$$

10.2.4 函数展开成幂级数

有前面所学知识,可以知道幂级数在其收敛区间内可以表示成一个函数(即该幂级数的和函数),那么反过来,一个函数能否表示成幂级数呢?

1. 泰勒级数

如果函数 $f(x)$ 在点 x_0 的某一邻域具有直到 $n+1$ 阶导数,则在点 x_0 的邻域内的任意点 x,有

$$f(x) = f(x_0) + f'(x_0)(x - x_0) + \frac{f''(x_0)}{2!}(x - x_0)^2 + \cdots +$$

$$\frac{f^{(n)}(x_0)}{n!}(x - x_0)^n + R_n(x)$$

$$= \sum_{k=0}^{n} \frac{f^{(k)}(x)}{k!}(x - x_0)^k + R_n(x)$$

其中,$R_n(x) = \dfrac{f^{(n+1)}(\xi)}{(n+1)!}(x - x_0)^{n+1}$($\xi$ 介于 x 与 x_0 之间).

该公式称为**泰勒公式**.

如果函数 $f(x)$ 在点 x_0 处任意阶可导,则幂级数

$$f(x) = f(x_0) + f'(x_0)(x - x_0) + \frac{f''(x_0)}{2!}(x - x_0)^2 + \cdots +$$

$$\frac{f^{(n)}(x_0)}{n!}(x - x_0)^n + \cdots$$

称为函数 $f(x)$ 在点 x_0 处的**泰勒级数**.

2. 麦克劳林级数

对于泰勒级数,当 $x_0 = 0$ 时,幂级数

$$f(x) = f(0) + f'(0)x + \frac{f''(0)}{2!}x^2 + \cdots + \frac{f^{(n)}(0)}{n!}x^n + \cdots$$

称为**麦克劳林级数**.

3. 将函数展开成幂级数的方法

第一步:求出函数 $f(x)$ 的各阶导数 $f'(x)$,$f''(x)$,$f'''(x)$,$\cdots$,$f^{(n)}(x)$,$\cdots$.

第二步:求出函数及其各阶导数在 $x = 0$ 处的值,即

$$f'(0), f''(0), f'''(0), \cdots, f^{(n)}(0), \cdots.$$

第三步:写出幂级数

$$f(0) + f'(0)x + \frac{f''(0)}{2!}x^2 + \cdots + \frac{f^{(n)}(0)}{n!}x^n + \cdots.$$

第四步:讨论在区间 $(-R, R)$ 内时,$R_n(x) = \dfrac{f^{(n+1)}(\xi)}{(n+1)!}x^{n+1}$ 的极限是否为 0,如果 $\lim\limits_{n \to \infty} R_n(x) = 0$,则函数 $f(x)$ 在区间 $(-R, R)$ 内的展开式为

$$f(x) = f(0) + f'(0)x + \frac{f''(0)}{2!}x^2 + \cdots + \frac{f^{(n)}(0)}{n!}x^n + \cdots.$$

上式称为**麦克劳林展开式**.

注意:在下列讨论中,将函数 $f(x)$ 展开成幂级数主要是指麦克劳林展开式.

例 10.2.5 将函数 $f(x) = e^x$ 展开成幂级数.

解 求出函数 $f(x)$ 的各阶导数 $f^{(n)}(x) = e^x$,

求出函数及其各阶导数在 $x = 0$ 处的值,即 $f^{(n)}(0) = e^0 = 1$,

写出幂级数 $1 + x + \dfrac{1}{2!}x^2 + \cdots + \dfrac{1}{n!}x^n + \cdots$,

通过讨论不难得出 $R = \lim\limits_{n \to \infty} \left| \dfrac{\dfrac{1}{n!}}{\dfrac{1}{(n+1)!}} \right| = +\infty$,则当 $x \in$

$(-\infty, +\infty)$ 时，

$$\lim_{n \to \infty} R_n(x) = \lim_{n \to \infty} \frac{1}{(n+1)!} x^{n+1} = 0,$$

则

$$f(x) = e^x = 1 + x + \frac{1}{2!} x^2 + \cdots + \frac{1}{n!} x^n + \cdots, \; x \in (-\infty, +\infty).$$

例 10.2.6　将函数 $f(x) = \sin x$ 展开成幂级数.

解　求出函数 $f(x)$ 的各阶导数

$$f^{(n)}(x) = \sin\left(x + \frac{n\pi}{2}\right) \; (n = 0, 1, 2, 3, \cdots),$$

求出函数及其各阶导数在 $x = 0$ 处的值依次为 $0, 1, 0, -1, \cdots$，写出幂级数 $x - \dfrac{1}{3!} x^3 + \dfrac{1}{5!} x^5 + \cdots + (-1)^n$

$\dfrac{1}{(2n+1)!} x^{2n+1} + \cdots \; (n = 0, 1, 2, 3, \cdots)$，

通过讨论不难得出 $R = \lim_{n \to \infty} \left| \dfrac{\dfrac{1}{(2n+1)!}}{\dfrac{1}{(2n+3)!}} \right| = +\infty$，则当 $x \in$

$(-\infty, +\infty)$ 时，

$$\lim_{n \to \infty} R_n(x) = 0,$$

则当 $x \in (-\infty, +\infty)$ 时，

$$\sin x = x - \frac{1}{3!} x^3 + \frac{1}{5!} x^5 - \cdots + (-1)^n \frac{1}{(2n+1)!} x^{2n+1} + \cdots$$

$$(n = 0, 1, 2, 3, \cdots).$$

能力训练 10.2

1. 求下列幂级数的收敛区间.

(1) $\displaystyle\sum_{n=1}^{\infty} 2n! \; x^n$；　　　　(2) $\displaystyle\sum_{n=1}^{\infty} \frac{n}{2^n} x^n$；

(3) $\displaystyle\sum_{n=1}^{\infty} \frac{x^n}{n}$；　　　　(4) $\displaystyle\sum_{n=1}^{\infty} n^n x^n$.

2. 将函数 $f(x) = \cos x$ 展开成关于 x 的幂级数.

3. 将函数 $f(x) = \dfrac{1}{1-x}$ 展开成关于 x 的幂级数.

10.3 傅里叶级数

10.3.1 三角函数系

根据物理学相关知识可知,描述简谐振动的函数 $y = A\sin(\omega t + \varphi)$ 是一个以 $\dfrac{2\pi}{\omega}$ 为周期的正弦函数,其中 y 表示动点的位置,t 表示时间,A 为振幅,ω 为角频率,φ 为初相.

在实际问题中,还会遇到一些更复杂的周期函数,如电子技术中常用的周期为 T 的**矩形波**,如图 $10 - 3 - 1$ 所示.这些周期函数可以展开成许多不同频率的正弦函数的叠加.联系到前面介绍过的用函数的幂级数展开式表示已知函数的方法,也可将周期函数展开成由简单的周期函数(例如三角函数)组成的级数,具体来说,将周期为 $T = \dfrac{2\pi}{\omega}$ 的周期函数用一系列三角函数 $A_n\sin(n\omega t + \varphi_n)$ 组成的级数来表示,记为

$$f(t) = A_0 + \sum_{n=1}^{\infty} A_n \sin(n\omega t + \varphi_n).$$

其中 A_0,A_n,$\varphi_n (n = 1,\ 2,\ 3,\ \cdots)$ 都是常数.

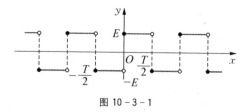

图 $10 - 3 - 1$

为了讨论的方便,可以将正弦函数 $A_n\sin(n\omega t + \varphi_n)$ 变形成为

$$A_n\sin(n\omega t + \varphi_n) = A_n\sin\varphi_n\cos n\omega t + A_n\cos\varphi_n\sin n\omega t.$$

并且令 $\dfrac{a_0}{2} = A_0$,$a_n = A_n\sin\varphi_n$,$b_n = A_n\cos\varphi_n$,$\omega t = x$,

则 $f(t) = A_0 + \sum\limits_{n=1}^{\infty} A_n\sin(n\omega t + \varphi_n)$ 式右端的级数就可以改写为

$$\dfrac{a_0}{2} + \sum_{n=1}^{\infty}(a_n\cos nx + b_n\sin nx).$$

一般地，该级数叫作**三角级数**.

定义 10.3.1　设函数 $f(x)$ 是一个以 2π 为周期的函数，且能展开成级数

$$f(x) = \frac{a_0}{2} + \sum_{n=1}^{\infty}(a_n\cos nx + b_n\sin nx).$$

将该级数称为函数 $f(x)$ 的**傅里叶级数**，其中

$$a_0 = \frac{1}{\pi}\int_{-\pi}^{\pi}f(x)\mathrm{d}x,$$

$$a_n = \frac{1}{\pi}\int_{-\pi}^{\pi}f(x)\cos nx\,\mathrm{d}x \quad (n=1,2,3,\cdots),$$

$$b_n = \frac{1}{\pi}\int_{-\pi}^{\pi}f(x)\sin nx\,\mathrm{d}x \quad (n=1,2,3,\cdots),$$

我们将 a_0，a_n，b_n 称为函数 $f(x)$ 的**傅里叶系数**.

10.3.2　周期为 2π 的函数展开成傅里叶级数

例 10.3.1　设 $f(x)$ 是以 2π 为周期的周期函数，它在区间 $[-\pi, \pi)$ 上的表达式为

$$f(x) = \begin{cases} -1, & -\pi \leqslant x < 0, \\ 1, & 0 \leqslant x < \pi, \end{cases}$$ 将 $f(x)$ 展开成傅里叶级数.

解　函数的图形如图 $10-3-2$ 所示，函数仅在 $x=k\pi$（$k=0$，± 1，± 2，$\cdots$）处跳跃间断，满足收敛定理的条件，由收敛定理可知，$f(x)$ 的傅里叶级数收敛，并且当 $x=k\pi$ 时，级数收敛于 $\dfrac{-1+1}{2} = \dfrac{1+(-1)}{2} = 0$，当 $x \neq k\pi$ 时，级数收敛于 $f(x)$.

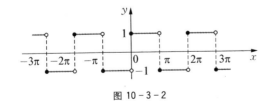

图 $10-3-2$

计算傅里叶系数如下：

$$a_n = \frac{1}{\pi}\int_{-\pi}^{\pi}f(x)\cos nx\,\mathrm{d}x$$

$$= \frac{1}{\pi} \int_{-\pi}^{0} (-1) \cos nx \, dx + \frac{1}{\pi} \int_{0}^{\pi} 1 \cdot \cos nx \, dx$$

$$= 0;$$

$$b_n = \frac{1}{\pi} \int_{-\pi}^{\pi} f(x) \sin nx \, dx$$

$$= \frac{1}{\pi} \int_{-\pi}^{0} (-1) \sin nx \, dx + \frac{1}{\pi} \int_{0}^{\pi} 1 \cdot \sin nx \, dx$$

$$= \frac{1}{\pi} \left(\frac{\cos nx}{n} \right) \Big|_{-\pi}^{0} + \frac{1}{\pi} \left(-\frac{\cos nx}{n} \right) \Big|_{0}^{\pi}$$

$$= \frac{1}{n\pi} [1 - \cos n\pi - \cos n\pi + 1]$$

$$= \frac{2}{n\pi} [1 - (-1)^n].$$

则 $f(x)$ 的傅里叶级数展开式为

$$f(x) = \sum_{n=1}^{\infty} \frac{2}{n\pi} [1 - (-1)^n] \cdot \sin nx$$

$$= \frac{4}{\pi} \left[\sin x + \frac{1}{3} \sin 3x + \cdots + \right.$$

$$\left. \frac{1}{2k-1} \sin(2k-1)x + \cdots \right],$$

$$(-\infty < x < +\infty; \ x \neq 0, \pm\pi, \pm 2\pi, \cdots).$$

例 10.3.2　设 $f(x)$ 是周期为 2π 的周期函数,它在 $[-\pi, \pi)$ 上的表达式为

$$f(x) = \begin{cases} x, & -\pi \leqslant x < 0, \\ 0, & 0 \leqslant x < \pi, \end{cases} \quad 将 f(x) 展开成傅里叶级数.$$

解　函数的图形如图 $10-3-3$ 所示,可知 $f(x)$ 满足收敛定理条件,在间断点 $x = (2k+1)\pi \ (k = 0, \pm 1, \cdots)$ 处, $f(x)$ 的傅里叶级数收敛于

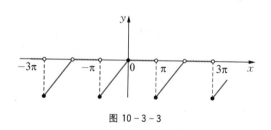

图 $10-3-3$

$$\frac{f(\pi-0)+f(-\pi+0)}{2}=\frac{0-\pi}{2}=-\frac{\pi}{2}.$$

在连续点 $x\ (x\neq(2k+1)\pi)$ 处收敛于 $f(x)$.

计算傅里叶系数如下：

$$a_0=\frac{1}{\pi}\int_{-\pi}^{\pi}f(x)\mathrm{d}x=\frac{1}{\pi}\int_{-\pi}^{0}x\mathrm{d}x=\frac{1}{\pi}\left(\frac{x^2}{2}\right)\bigg|_{-\pi}^{0}=-\frac{\pi}{2}$$

$$a_n=\frac{1}{\pi}\int_{-\pi}^{\pi}f(x)\cos nx\,\mathrm{d}x=\frac{1}{\pi}\int_{-\pi}^{0}x\cos nx\,\mathrm{d}x$$

$$=\frac{1}{\pi}\left(\frac{x\sin nx}{n}+\frac{\cos nx}{n^2}\right)\bigg|_{-\pi}^{0}$$

$$=\frac{1}{n^2\pi}(1-\cos n\pi)$$

$$=\frac{1}{n^2\pi}\cdot\left[1-(-1)^n\right];$$

$$b_n=\frac{1}{\pi}\int_{-\pi}^{\pi}f(x)\sin nx\,\mathrm{d}x$$

$$=\frac{1}{\pi}\int_{-\pi}^{0}x\sin nx\,\mathrm{d}x$$

$$=\frac{1}{\pi}\left(-\frac{x\cos nx}{n}+\frac{\sin nx}{n^2}\right)\bigg|_{-\pi}^{0}$$

$$=-\frac{\cos n\pi}{n}$$

$$=\frac{(-1)^{n+1}}{n}.$$

$f(x)$ 的傅里叶级数展开式为

$$f(x)=-\frac{\pi}{4}+\sum_{n=1}^{\infty}\frac{1-(-1)^n}{n^2\pi}\cdot\cos nx+\frac{(-1)^{n+1}}{n}\cdot$$

$$\sin nx\ (-\infty<x<\infty,\ x\neq\pm\pi,\ \pm3\pi,\ \cdots)$$

能力训练 10.3

1. 设 $f(x)$ 是周期为 2π 的周期函数，它在 $[-\pi,\pi)$ 上的表达式为 $f(x)=x$，试将其展开成傅里叶级数.

2. 设 $f(x)$ 是周期为 2π 的周期函数，它在 $[-\pi,\pi)$ 上的表达式为 $f(x)=\begin{cases}-x,&-\pi\leqslant x<0,\\x,&0\leqslant x<\pi,\end{cases}$ 试将其展开成傅里叶级数.

习题十

1. 写出级数 $\sum\limits_{n=1}^{\infty}(-1)^{n+1}\dfrac{1}{3^n}$ 的前 6 项.

2. 写出级数 $\ln\dfrac{1}{2}+\ln\dfrac{2}{3}+\ln\dfrac{3}{4}+\cdots$ 的通项,并判定该级数是否收敛?

3. 判断下列级数的收敛性.

(1) $\sum\limits_{n=1}^{\infty}(\sqrt{n+1}-\sqrt{n})$;

(2) $\sum\limits_{n=1}^{\infty}\left(-\dfrac{6}{7}\right)^n$;

(3) $\sum\limits_{n=1}^{\infty}2$;

(4) $\sum\limits_{n=1}^{\infty}\left(1+\dfrac{1}{n}\right)^n$;

(5) $\sum\limits_{n=1}^{\infty}\dfrac{2}{n\sqrt{n}}$;

(6) $\sum\limits_{n=1}^{\infty}(-1)^{2n+1}$.

4. 假定某病人每天需要服用 100 mg 的药物,同时人体每天又将 20% 的药物排出体外,试分两种情况

(1) 连续服用该药物 90 天;

(2) 一直服用该药物.

试估计留存在病人体内药物的质量.

5. 求下列幂级数的收敛半径和收敛区间.

(1) $\sum\limits_{n=1}^{\infty}(-1)^n\dfrac{x^n}{n^2}$;

(2) $\sum\limits_{n=1}^{\infty}\dfrac{x^n}{(2n)!}$;

(3) $\sum\limits_{n=1}^{\infty}\dfrac{n^2}{n!}x^n$.

6. 利用逐项微分或积分,求下列幂级数的和函数.

(1) $\sum\limits_{n=1}^{\infty}(-1)^n\dfrac{x^n}{n}$;

(2) $\sum\limits_{n=1}^{\infty}nx^{n-1}$;

(3) $\sum\limits_{n=1}^{\infty}\dfrac{x^n}{n(n+1)}$.

7. 将函数 $f(x)=e^{2x}$ 展开成 x 的幂级数.

8. 将函数 $f(x)=\ln(1+x)$ 展开成 x 的幂级数.

9. 将函数 $f(x)=\sin\dfrac{x}{2}$ 展开成 x 的幂级数.

10. 将函数 $f(x) = \dfrac{1}{2-x}$ 展开成 $x-1$ 的幂级数.

11. 下列是周期为 2π 的周期函数 $f(x)$,试将其展开成傅里叶级数,$f(x)$ 在 $[-\pi, \pi)$ 上的表达式是.

(1) $f(x) = \mathrm{e}^{2x} \ (-\pi \leqslant x < \pi)$;

(2) $f(x) = x^2 \ (-\pi \leqslant x < \pi)$.

文本:习题十参考答案

参考文献

［1］曾庆柏.应用高等数学［M］.北京：高等教育出版社.2015.

［2］田廷彦.诡谲数学［M］.上海：上海辞书出版社.2013.

［3］王江荣.高等应用数学［M］.北京：高等教育出版社.2016.

［4］毛志强,焦江福.高等数学［M］.北京：高等教育出版社.2013.

［5］侯风波,李仁芮.工科高等数学［M］.沈阳：辽宁大学出版社.2008.

［6］曾文斗,侯阔林.高等数学［M］.3 版.北京：高等教育出版社.2015.

［7］李广全,林漪,胡桂荣.高等数学（工科类专业适用）［M］.2 版.北京：高等教育出版社.2017.

郑重声明

高等教育出版社依法对本书享有专有出版权。任何未经许可的复制、销售行为均违反《中华人民共和国著作权法》，其行为人将承担相应的民事责任和行政责任；构成犯罪的，将被依法追究刑事责任。为了维护市场秩序，保护读者的合法权益，避免读者误用盗版书造成不良后果，我社将配合行政执法部门和司法机关对违法犯罪的单位和个人进行严厉打击。社会各界人士如发现上述侵权行为，希望及时举报，本社将奖励举报有功人员。

反盗版举报电话　（010）58581999　58582371　58582488
反盗版举报传真　（010）82086060
反盗版举报邮箱　dd@hep.com.cn
通信地址　北京市西城区德外大街 4 号　高等教育出版社法律事务与版权管理部
邮政编码　100120